線型代数の基礎

上野 喜三雄 著

内田老鶴圃

本書の全部あるいは一部を断わりなく転載または
複写(コピー)することは，著作権および出版権の
侵害となる場合がありますのでご注意下さい．

まえがき

　本書は早稲田大学理工学部，基幹理工学部一年生に対する筆者のここ数年間の授業体験に基づいて書かれた線型代数の入門書である．

　2007年に発足した基幹理工学部の一年次の数学教育には，微分積分の授業の他に，基礎数学と線型代数の授業が設けられている．「基礎の数学」は高校と大学の橋渡しの役目をするためのもので，前期に週一回の授業がある．「線型代数」は前期に週一回，後期は演習を含めて週二回のペースで授業が行われる．これらの授業の内容と形態を念頭に置いて本書は構成されている．

　第1章から第4章は高校のベクトル含む幾何の内容と大学の線型代数の橋渡しをする部分である．平面ベクトル，空間ベクトルの復習から始めて，線型写像と2次行列と3次行列，複素数と複素平面の幾何学がその内容である．

　第5章以降が本格的な線型代数の教程である．第5章で一般次数の行列を導入し，第6章では行列式，そして第7章で行列の標準形と階数，第8章で連立一次方程式を論じる．

　ここまでが「行列と行列式論」であるとすれば，第9章からはベクトル空間と線型写像に関する代数学すなわち「線型代数学」が展開される．

　第9章で抽象的なベクトル空間と線型写像を導入し，有限次元ベクトル空間における基底の存在，線型写像についての次元定理と線型写像の表現について考察する．これらの議論は初学者にとって抽象的で難解なものであろうが，高次元ベクトル空間を目で見て幾何学を展開するために必要不可欠な枠組みが線型代数学である．第10章では内積空間上のエルミート変換，ユニタリ変換を導入する．それらは正規直交基底による表現行列がエルミート行列，ユニタリ行列となるような線型変換のことである．最後の第11章でエルミート行列とユニタリ行列のユニタリ行列による対角化を証明する．

　付録として，「代数学の基本定理」の証明と，「ある行列がユニタリ行列により対角化可能であるための必要十分条件は，その行列が正規行列である」ことの証明を付けた．

　ベクトル空間や線型写像といった概念は極めて抽象的なものである．それを一年間の授業で理解するのは決して容易なことではない．それ故に，全般にわたって丁寧な説明を心掛け，また，読者の理解を助けるために多数の問題を配した（巻末に詳しい解答も付した）．

　それでも，第10章と第11章のエルミート変換（行列），ユニタリ変換（行列）に関する議論を理解するには多くの努力を要するであろう．読者にはこの関門を乗り越えて第11

まえがき

章の最後のパラグラフまでたどり着いてほしい．そこまで行けば，ユニタリ行列による対角化が，実は，正規直交基底への正射影（正射影作用素）を重ね合わせたものに他ならないことが自然に了解できるはずである．

　高校でベクトルを学習する際に，内積の導入と同時に正射影についても学ぶ．正射影とはそれほど基本的な概念である．それが線型代数学の高度な理論においても基本的役割を果たすことに改めて注意を喚起したい．本書でも随所でさまざまな観点から正射影について考察しており，それが本書の一つの特色となっている．

　最後となりましたが，本書の執筆を筆者に勧めて下さった内田老鶴圃社長内田学氏に深甚なる謝意を表すと同時に，筆者の拙い TeX ファイルを素晴らしい本に仕上げて下さった同社の編集制作部スタッフの皆様に感謝する次第です．

2010 年 12 月

上野 喜三雄

目　　次

まえがき ·　i

第 1 章　内積，外積，行列式 ·　*1*
　1.1　平面ベクトルの内積と行列式 ·　*1*
　1.2　空間ベクトルの内積，外積と行列式 · · · · · · · · · · · · · · · · · · ·　*6*

第 2 章　空間における直線と平面 ·　*15*
　2.1　空間における直線の表示 ·　*15*
　2.2　直線同士の位置関係 ·　*16*
　2.3　空間における平面の表示 ·　*19*
　2.4　平面同士の位置関係 ·　*20*
　2.5　ベクトルの平面への正射影 ·　*22*
　2.6　球面とその接平面 ·　*23*
　2.7　$(\mathbf{u}, \mathbf{v}, \mathbf{u} \times \mathbf{v})$ が右手系をなすことの証明 · · · · · · · · · · · · · · · ·　*25*

第 3 章　平面と空間における線型写像と行列 · · · · · · · · · · · · · ·　*29*
　3.1　集合と写像 ·　*29*
　3.2　$\mathbf{R}^2$ と $\mathbf{R}^3$ における線型写像 ·　*35*
　3.3　2 次行列の代数 ·　*42*
　3.4　座標平面上の写像としての線型写像 · · · · · · · · · · · · · · · · · · ·　*48*
　3.5　回転を表す行列 ·　*50*

第 4 章　複素数と複素平面 ·　*55*
　4.1　複素数の演算 ·　*55*
　4.2　複素平面の幾何学と複素数の極表示 · · · · · · · · · · · · · · · · · · ·　*57*
　4.3　複素数の n 乗根 ·　*60*
　4.4　複素ベクトル ·　*62*
　4.5　複素行列 ·　*64*

4.6　2次の複素行列の代数 ・・・・・・・・・・・・・・・・・・・・・・・・・・・・・・・・・・・・　65
　4.7　四元数と複素行列 ・・・・・・・・・・・・・・・・・・・・・・・・・・・・・・・・・・・・・・　67

第5章　一般の次数の行列について ・・・・・・・・・・・・・・・・・・・　71
　5.1　一般の次数の行列の導入 ・・・・・・・・・・・・・・・・・・・・・・・・・・・・・・　71
　5.2　行列の代数 ・・　74
　5.3　正則行列 ・・　79
　5.4　区分けされた行列 ・・・・・・・・・・・・・・・・・・・・・・・・・・・・・・・・・・・・・　82
　5.5　行列の対角化 ・・・　84
　5.6　一般の次数の複素行列と複素ベクトル ・・・・・・・・・・・・・・・　85

第6章　行　列　式 ・・　89
　6.1　3次行列式についてのまとめ ・・・・・・・・・・・・・・・・・・・・・・・・・　89
　6.2　n次行列式の定義 ・・・・・・・・・・・・・・・・・・・・・・・・・・・・・・・・・・・・　93
　6.3　行列式の基本的性質 ・・・・・・・・・・・・・・・・・・・・・・・・・・・・・・・・・・　97
　6.4　行列式の展開 ・・　102
　6.5　行列式の積と逆行列 ・・・・・・・・・・・・・・・・・・・・・・・・・・・・・・・・・　104
　6.6　代数方程式の終結式と判別式 ・・・・・・・・・・・・・・・・・・・・・・・　107

第7章　行列の階数 ・・・・・・・・・・・・・・・・・・・・・・・・・・・・・・・・・・・・・・　117
　7.1　行列の基本変形と階数 ・・・・・・・・・・・・・・・・・・・・・・・・・・・・・・　117
　7.2　正則行列と階数 ・・・・・・・・・・・・・・・・・・・・・・・・・・・・・・・・・・・・・　123
　7.3　行列の階数と小行列式 ・・・・・・・・・・・・・・・・・・・・・・・・・・・・・・　124

第8章　連立一次方程式 ・・・・・・・・・・・・・・・・・・・・・・・・・・・・・・・・・　129
　8.1　連立一次方程式の可解条件 ・・・・・・・・・・・・・・・・・・・・・・・・・　129
　8.2　連立一次方程式と高次元座標空間における幾何学 ・・・　136
　8.3　連立一次方程式と行列式 ・・・・・・・・・・・・・・・・・・・・・・・・・・・　140

第9章　ベクトル空間と線型写像 ・・・・・・・・・・・・・・・・・・・・・・・　145
　9.1　ベクトル空間の定義 ・・・・・・・・・・・・・・・・・・・・・・・・・・・・・・・・　145
　9.2　線型写像の定義と基本的な性質 ・・・・・・・・・・・・・・・・・・・・　148

- 9.3　ベクトル空間の基底 ･････････････････････････････ 151
- 9.4　ベクトル空間の基底の存在と次元 ･････････････････ 155
- 9.5　次元定理とその応用 ･･･････････････････････････ 159
- 9.6　ベクトル空間の直和 ･･･････････････････････････ 165
- 9.7　ベクトル空間の基底の変換と線型写像の行列表示 ･･････ 168

第10章　ベクトル空間の内積 ･･････････････････････ 181
- 10.1　ベクトル空間の内積 ･････････････････････････ 181
- 10.2　正規直交基底 ････････････････････････････････ 183
- 10.3　直交補空間 ･････････････････････････････････ 185
- 10.4　ユニタリ変換，エルミート変換 ･･･････････････････ 187
- 10.5　随伴変換 ･･･････････････････････････････････ 192
- 10.6　正射影作用素 ･･･････････････････････････････ 193

第11章　エルミート行列とユニタリ行列の対角化 ･･････ 199
- 11.1　線型変換の固有値と固有ベクトル ･････････････････ 199
- 11.2　エルミート変換とユニタリ変換の固有値 ･･･････････ 202
- 11.3　エルミート変換とユニタリ変換の固有ベクトル ･････ 203
- 11.4　エルミート行列とユニタリ行列の対角化 ･･･････････ 207
- 11.5　エルミート行列とユニタリ行列の対角化の計算プロセス ････ 209

付録A　「代数学の基本定理」の証明 ･･････････････････ 217

付録B　正規変換，正規行列 ･･････････････････････････ 221

問題の解答 ･･････････････････････････････････････ 225
- 第1章 ･･･････････････････････････････････････ 225
- 第2章 ･･･････････････････････････････････････ 229
- 第3章 ･･･････････････････････････････････････ 233
- 第4章 ･･･････････････････････････････････････ 237
- 第5章 ･･･････････････････････････････････････ 242
- 第6章 ･･･････････････････････････････････････ 248

第 7 章 · *253*
第 8 章 · *255*
第 9 章 · *258*
第 10 章 · *268*
第 11 章 · *271*

あとがき · *277*

索　引 · *279*

第1章

内積，外積，行列式

1.1　平面ベクトルの内積と行列式

平面ベクトルを位置ベクトルと同一視して成分表示をするとき，

$$\mathbf{x} = \begin{pmatrix} x_1 \\ x_2 \end{pmatrix} \tag{1.1}$$

のように成分をタテに並べることにする．このような記法を**列ベクトル表示**と呼ぶ．成分がすべて 0 であるベクトル **0** を**零ベクトル**と呼ぶ．

$$\mathbf{0} = \begin{pmatrix} 0 \\ 0 \end{pmatrix}$$

平面ベクトルの作る集合を $\mathbf{R}^2$ と記すことにする．それは単なる集合ではなく，ベクトル同士の**和**と**スカラー倍**が定義されている．$\mathbf{R}^2$ のベクトル $\mathbf{x} = \begin{pmatrix} x_1 \\ x_2 \end{pmatrix}$, $\mathbf{y} = \begin{pmatrix} y_1 \\ y_2 \end{pmatrix}$ とスカラー a（実数）に対して，$\mathbf{x}$ と $\mathbf{y}$ の和と $\mathbf{x}$ のスカラー倍が

$$\mathbf{x} + \mathbf{y} = \begin{pmatrix} x_1 + y_1 \\ x_2 + y_2 \end{pmatrix}, \qquad a\mathbf{x} = \begin{pmatrix} ax_1 \\ ax_2 \end{pmatrix} \tag{1.2}$$

により定義される．この定義のもとでつぎのことが成立している．

(1) $(\mathbf{x} + \mathbf{y}) + \mathbf{z} = \mathbf{x} + (\mathbf{y} + \mathbf{z})$　　（和の結合法則）

(2) $\mathbf{x} + \mathbf{y} = \mathbf{y} + \mathbf{x}$　　（和の交換法則）

(3) 任意のベクトル $\mathbf{x} \in \mathbf{R}^2$ に対して，$\mathbf{x} + \mathbf{0} = \mathbf{0} + \mathbf{x} = \mathbf{x}$ が成立する．

(4) 任意のベクトル $\mathbf{x} \in \mathbf{R}^2$ に対して，性質 $\mathbf{x} + \mathbf{y} = \mathbf{y} + \mathbf{x} = \mathbf{0}$ をみたすベクトル $\mathbf{y}$ が存在する．このベクトルを $-\mathbf{y}$ と記し，$\mathbf{x}$ の**逆ベクトル**と呼ぶ．$\mathbf{x} = \begin{pmatrix} x_1 \\ x_2 \end{pmatrix}$ のとき，$-\mathbf{x} = \begin{pmatrix} -x_1 \\ -x_2 \end{pmatrix}$ である．また，ベクトルの**差** $\mathbf{x} - \mathbf{y}$ を $\mathbf{x} + (-\mathbf{y})$ により定義する．

(5) スカラー a,b, ベクトル $\mathbf{x} \in \mathbf{R}^2$ に対して, $(a+b)\mathbf{x} = a\mathbf{x} + b\mathbf{x}$ が成立する.
(スカラー倍の分配法則)

(6) スカラー a, ベクトル $\mathbf{x},\mathbf{y} \in \mathbf{R}^2$ に対して, $a(\mathbf{x}+\mathbf{y}) = a\mathbf{x} + a\mathbf{y}$ が成立する.
(和の分配法則)

(7) スカラー a,b, ベクトル $\mathbf{x} \in \mathbf{R}^2$ に対して, $(ab)\mathbf{x} = a(b\mathbf{x})$ が成立する.
(スカラー倍の結合法則)

(8) $1\mathbf{x} = \mathbf{x}$ (1倍の正規化)

このように「和」と「スカラー倍」が定義されている集合で,かつ上の八つの性質をみたすものを**ベクトル空間**と呼ぶ.その一般的な取り扱いについては後の章に譲る.

$\mathbf{R}^2$ を**座標平面**と同一視することもあるが,その際には,座標をヨコに並べて,(x_1, x_2) のように書くことにしよう.つまり,座標平面の点は**行ベクトル表示**をする.

$\mathbf{R}^2$ のベクトル $\mathbf{x} = \begin{pmatrix} x_1 \\ x_2 \end{pmatrix}$, $\mathbf{y} = \begin{pmatrix} y_1 \\ y_2 \end{pmatrix}$ の**内積** $(\mathbf{x},\mathbf{y})$ をつぎのように定義する.

$$(\mathbf{x},\mathbf{y}) = x_1 y_1 + x_2 y_2 \tag{1.3}$$

ベクトルの**長さ** $\|\mathbf{x}\|$ をつぎのように定義する.

$$\|\mathbf{x}\| = \sqrt{(\mathbf{x},\mathbf{x})} = \sqrt{x_1^2 + x_2^2} \tag{1.4}$$

内積が次の性質をみたすことは,その定義より直ちに示すことができる.

(1) $(\mathbf{x}' + \mathbf{x}'', \mathbf{y}) = (\mathbf{x}', \mathbf{y}) + (\mathbf{x}'', \mathbf{y})$

(2) $(\mathbf{x}, \mathbf{y}' + \mathbf{y}'') = (\mathbf{x}, \mathbf{y}') + (\mathbf{x}, \mathbf{y}'')$

(3) $(a\mathbf{x}, \mathbf{y}) = (\mathbf{x}, a\mathbf{y}) = a(\mathbf{x}, \mathbf{y})$ (a はスカラー)

(4) $(\mathbf{x}, \mathbf{y}) = (\mathbf{y}, \mathbf{x})$

(1), (2), (3) の性質を内積の**双線型性**, (4) の性質を内積の**対称性**という. $\mathbf{R}^2$ の**単位ベクトル** $\mathbf{e}_1 = \begin{pmatrix} 1 \\ 0 \end{pmatrix}$, $\mathbf{e}_2 = \begin{pmatrix} 0 \\ 1 \end{pmatrix}$ に対して,

$$(\mathbf{e}_1, \mathbf{e}_1) = (\mathbf{e}_2, \mathbf{e}_2) = 1, \quad (\mathbf{e}_1, \mathbf{e}_2) = (\mathbf{e}_2, \mathbf{e}_1) = 0$$

が成立している．さらに，右図の三角形に対して，余弦定理を用いるとつぎを示すことができる．

$$(\mathbf{x},\mathbf{y}) = \|\mathbf{x}\|\,\|\mathbf{y}\| \cos\theta \tag{1.5}$$

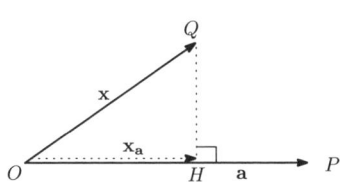

これより，$\mathbf{x}$ と $\mathbf{y}$ が直交するための条件は，$(\mathbf{x},\mathbf{y}) = 0$ であることが分る．

$\mathbf{a}$ は $\mathbf{0}$ でないとする．$\mathbf{x}$ の $\mathbf{a}$ への**正射影**をつぎのように定義する．$\mathbf{a} = \overrightarrow{OP}$, $\mathbf{x} = \overrightarrow{OQ}$, 点 Q から直線 OP に下ろした垂線の足を H とする．ベクトル $\overrightarrow{OH}$ を $\mathbf{x}$ の $\mathbf{a}$ への正射影と定義し，$\mathbf{x_a}$ と記すことにする．

内積の性質 (1.5) より，

$$\mathbf{x_a} = \frac{(\mathbf{x},\mathbf{a})}{\|\mathbf{a}\|^2}\mathbf{a} \tag{1.6}$$

が成立する．また，定義より $\mathbf{x} - \mathbf{x_a} = \overrightarrow{HQ}$ は $\mathbf{a}$ と直交する．すなわち，

$$(\mathbf{x} - \mathbf{x_a}, \mathbf{a}) = 0 \tag{1.7}$$

が成立している．

正射影をベクトル $\mathbf{x}$ に対して $\mathbf{x_a}$ を対応させる対応であると考えれば，正射影は線型である．すなわち，ベクトル $\mathbf{x}, \mathbf{y}$ とスカラー c に対して，

$$(\mathbf{x} + \mathbf{y})_\mathbf{a} = \mathbf{x_a} + \mathbf{y_a}, \quad (c\mathbf{x})_\mathbf{a} = c\mathbf{x_a} \tag{1.8}$$

が成立する．証明は内積の双線型性を用いれば直ちにできる．

問 1.1 (1) つぎの**シュヴァルツの不等式**を示せ．また，等号が成立するための必要十分条件を求めよ．

$$(x_1 y_1 + x_2 y_2)^2 \leq (x_1^2 + x_2^2)(y_1^2 + y_2^2) \tag{1.9}$$

(2) つぎの**三角不等式**を示せ．

$$\|\mathbf{x} + \mathbf{y}\| \leq \|\mathbf{x}\| + \|\mathbf{y}\|$$

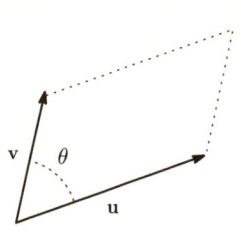

問 1.2 ベクトル $\mathbf{u} = \begin{pmatrix} u_1 \\ u_2 \end{pmatrix}$, $\mathbf{v} = \begin{pmatrix} v_1 \\ v_2 \end{pmatrix}$ の張る平行四辺形の面積を S とするとき，つぎのことを示せ．

(1) $S = \|\mathbf{u}\| \|\mathbf{v}\| \sin\theta = \sqrt{\|\mathbf{u}\|^2 \|\mathbf{v}\|^2 - (\mathbf{u}, \mathbf{v})^2}$

(2) $S = |u_1 v_2 - u_2 v_1|$

問 1.3 平面ベクトル $\mathbf{a}$, $\mathbf{b}$ はともに $\mathbf{0}$ ではなく，かつ，直交しているとする．このとき，任意の平面ベクトル $\mathbf{x}$ はつぎのように表すことができることを示せ．

$$\mathbf{x} = \frac{(\mathbf{x}, \mathbf{a})}{\|\mathbf{a}\|^2} \mathbf{a} + \frac{(\mathbf{x}, \mathbf{b})}{\|\mathbf{b}\|^2} \mathbf{b}$$

問 1.2 に現れた式 $u_1 v_2 - u_2 v_1$ を $\mathbf{u} = \begin{pmatrix} u_1 \\ u_2 \end{pmatrix}$, $\mathbf{v} = \begin{pmatrix} v_1 \\ v_2 \end{pmatrix}$ の **行列式** と呼び，

$$\det(\mathbf{u}, \mathbf{v}) = u_1 v_2 - u_2 v_1 \tag{1.10}$$

と記す．行列式を表すのに，

$$\det \begin{pmatrix} u_1 & v_1 \\ u_2 & v_2 \end{pmatrix}, \qquad \text{または} \qquad \begin{vmatrix} u_1 & v_1 \\ u_2 & v_2 \end{vmatrix} \tag{1.11}$$

などの記号を用いることもある．

問 1.4 行列式がつぎの性質をみたすことを示せ．ただし，a はスカラーである．

(1) $\det(\mathbf{u}' + \mathbf{u}'', \mathbf{v}) = \det(\mathbf{u}', \mathbf{v}) + \det(\mathbf{u}'', \mathbf{v})$

(2) $\det(\mathbf{u}, \mathbf{v}' + \mathbf{v}'') = \det(\mathbf{u}, \mathbf{v}') + \det(\mathbf{u}, \mathbf{v}'')$

(3) $\det(a\mathbf{u}, \mathbf{v}) = \det(\mathbf{u}, a\mathbf{v}) = a \det(\mathbf{u}, \mathbf{v})$

(4) $\det(\mathbf{v}, \mathbf{u}) = -\det(\mathbf{u}, \mathbf{v})$

この問における (1), (2), (3) を行列式の双線型性といい，(4) を **交代性** という．

1.1 平面ベクトルの内積と行列式

問 1.5 つぎのベクトルに対して，行列式 $\det(\mathbf{u}, \mathbf{v})$ を求めよ．また，行列式の符号とベクトルの位置関係について考察せよ．

(1) $\mathbf{u} = \begin{pmatrix} 2 \\ 1 \end{pmatrix}, \mathbf{v} = \begin{pmatrix} -1 \\ 1 \end{pmatrix}$ (2) $\mathbf{u} = \begin{pmatrix} -2 \\ 1 \end{pmatrix}, \mathbf{v} = \begin{pmatrix} 1 \\ 1 \end{pmatrix}$

(3) $\mathbf{u} = \begin{pmatrix} 2 \\ 3 \end{pmatrix}, \mathbf{v} = \begin{pmatrix} -4 \\ -6 \end{pmatrix}$

問 1.6 ベクトル $\mathbf{u} = \begin{pmatrix} u_1 \\ u_2 \end{pmatrix} \neq \mathbf{0}$ に対して，座標平面における直線 $-u_2 x + u_1 y = 0$ を $L_\mathbf{u}$ と表すことにする．ベクトル $\mathbf{v} = \begin{pmatrix} v_1 \\ v_2 \end{pmatrix}$ に対して，以下のことが成立つことを示せ．

(1) $\det(\mathbf{u}, \mathbf{v}) > 0$ であるための必要十分条件は，$\mathbf{u} \neq \mathbf{0}$，かつ，点 (v_1, v_2) が $L_\mathbf{u}$ に関する正の領域 $\{(x,y) \mid -u_2 x + u_1 y > 0\}$ にあることである．

(2) $\det(\mathbf{u}, \mathbf{v}) < 0$ であるための必要十分条件は，$\mathbf{u} \neq \mathbf{0}$，かつ，点 (v_1, v_2) が $L_\mathbf{u}$ に関する負の領域 $\{(x,y) \mid -u_2 x + u_1 y < 0\}$ にあることである．

(3) $\det(\mathbf{u}, \mathbf{v}) = 0$ であるための必要十分条件は，$\mathbf{u} = \mathbf{0}$ であるか，または，$\mathbf{u} \neq \mathbf{0}$，かつ，点 (v_1, v_2) が直線 $L_\mathbf{u}$ 上にあることである．

上の問の (3) より，$\det(\mathbf{u}, \mathbf{v}) = 0$ であるための必要十分条件は，$\mathbf{u}, \mathbf{v}$ を点の位置ベクトルと見なすとき，それらの点が原点を通る直線上にあることである，ということが分る．これはまた，つぎのように言い表すこともできる．ともに 0 ではないスカラー a, b で，

$$a\mathbf{u} + b\mathbf{v} = \mathbf{0}$$

となるものが存在する．

$\mathbf{u}, \mathbf{v}$ がこの条件をみたすことを $\mathbf{u}, \mathbf{v}$ は**線型従属**であるという．また，線型従属の否定概念を線型独立という．すなわち，

定義 1.1 ベクトル $\mathbf{u}, \mathbf{v}$ が**線型独立**であるとは，

$$a\mathbf{u} + b\mathbf{v} = \mathbf{0}$$

をみたすスカラー a, b が $a = b = 0$ に限ることである．

1.2 空間ベクトルの内積，外積と行列式

空間ベクトルも成分表示をするときには，列ベクトル表示を採用する．すなわち，

$$\mathbf{x} = \begin{pmatrix} x_1 \\ x_2 \\ x_3 \end{pmatrix} \tag{1.12}$$

のように成分をタテに並べる．成分がすべて 0 であるベクトルを**零ベクトル**と呼び，**0** と記す．平面ベクトルにおける零ベクトルと空間ベクトルにおける零ベクトルを区別する必要があるときには，$\mathbf{0}_2$, $\mathbf{0}_3$ のように表す．空間ベクトルの作る集合を $\mathbf{R}^3$ と記すことにする．

空間ベクトル同志の和とスカラー倍は，平面ベクトルと同じように定義される．すなわち，$\mathbf{R}^3$ のベクトル $\mathbf{x} = \begin{pmatrix} x_1 \\ x_2 \\ x_3 \end{pmatrix}$, $\mathbf{y} = \begin{pmatrix} y_1 \\ y_2 \\ y_3 \end{pmatrix}$ とスカラー a（実数）に対して

$$\mathbf{x} + \mathbf{y} = \begin{pmatrix} x_1 + y_1 \\ x_2 + y_2 \\ x_3 + y_3 \end{pmatrix}, \qquad a\mathbf{x} = \begin{pmatrix} ax_1 \\ ax_2 \\ ax_3 \end{pmatrix} \tag{1.13}$$

と定義する．これにより，$\mathbf{R}^3$ はベクトル空間となる．また，$\mathbf{R}^3$ を**座標空間**と同一視するときには，座標をヨコに並べて，(x_1, x_2, x_3) のように書く．

$\mathbf{R}^3$ のベクトル $\mathbf{x} = \begin{pmatrix} x_1 \\ x_2 \\ x_3 \end{pmatrix}$, $\mathbf{y} = \begin{pmatrix} y_1 \\ y_2 \\ y_3 \end{pmatrix}$ の**内積** $(\mathbf{x}, \mathbf{y})$ を

$$(\mathbf{x}, \mathbf{y}) = x_1 y_1 + x_2 y_2 + x_3 y_3 \tag{1.14}$$

と定義すれば，平面ベクトルの場合と同様に，双線型性と対称性という性質をみたす．また，ベクトルの長さ $\|\mathbf{x}\|$ は

$$\|\mathbf{x}\| = \sqrt{(\mathbf{x}, \mathbf{x})} = \sqrt{x_1^2 + x_2^2 + x_3^2} \tag{1.15}$$

により定義される．

1.2 空間ベクトルの内積,外積と行列式

$\mathbf{R}^3$ の単位ベクトル

$$\mathbf{e}_1 = \begin{pmatrix} 1 \\ 0 \\ 0 \end{pmatrix}, \quad \mathbf{e}_2 = \begin{pmatrix} 0 \\ 1 \\ 0 \end{pmatrix}, \quad \mathbf{e}_3 = \begin{pmatrix} 0 \\ 0 \\ 1 \end{pmatrix}$$

に対して,

$$(\mathbf{e}_i, \mathbf{e}_i) = 1 \quad (i = 1, 2, 3), \qquad (\mathbf{e}_i, \mathbf{e}_j) = 0 \quad (i \neq j)$$

が成立している.また,ベクトル $\mathbf{x}$ と $\mathbf{y}$ のなす角を θ とするとき,式 (1.5)

$$(\mathbf{x}, \mathbf{y}) = \|\mathbf{x}\| \, \|\mathbf{y}\| \cos \theta$$

が成立することも平面ベクトルの場合と同様に示すことができる.$\mathbf{x}$ と $\mathbf{y}$ が直交するための条件は $(\mathbf{x}, \mathbf{y}) = 0$ である.

問 1.7 (1) つぎの**シュヴァルツの不等式**を示せ.

$$(x_1 y_1 + x_2 y_2 + x_3 y_3)^2 \leq (x_1^2 + x_2^2 + x_3^2)(y_1^2 + y_2^2 + y_3^2) \tag{1.16}$$

また,等号が成立するための必要十分条件を求めよ.

(2) 空間ベクトルに関するつぎの**三角不等式**を示せ.

$$\|\mathbf{x} + \mathbf{y}\| \leq \|\mathbf{x}\| + \|\mathbf{y}\|$$

ベクトルへの正射影も同様に定義される.すなわち,$\mathbf{a} \neq \mathbf{0}$ のとき,式 (1.6) で定義されるベクトル $\mathbf{x_a}$ が $\mathbf{x}$ の $\mathbf{a}$ への正射影である.また,$\mathbf{a}$ と $\mathbf{x} - \mathbf{x_a}$ の直交性 (1.7) も同様に成立している.

問 1.8 $\mathbf{a}$, $\mathbf{b}$, $\mathbf{c}$ は $\mathbf{0}$ ではなく,かつ,互いに直交しているとする.このとき,任意の空間ベクトル $\mathbf{x}$ は,つぎのように表すことができることを示せ.

$$\mathbf{x} = \frac{(\mathbf{x}, \mathbf{a})}{\|\mathbf{a}\|^2} \mathbf{a} + \frac{(\mathbf{x}, \mathbf{b})}{\|\mathbf{b}\|^2} \mathbf{b} + \frac{(\mathbf{x}, \mathbf{c})}{\|\mathbf{c}\|^2} \mathbf{c}$$

問 1.9 $\mathbf{u}, \mathbf{v}, \mathbf{w}$ は $\mathbf{0}$ ではなく,それらの位置ベクトルは同一の直線上にはないとする(すなわち,図のように $\mathbf{u} = \overrightarrow{OP}$, $\mathbf{v} = \overrightarrow{OQ}$, $\mathbf{w} = \overrightarrow{OR}$ とするとき,点 P, Q, R が三角形をなす).
このとき,$\mathbf{u}_1, \mathbf{v}_1, \mathbf{w}_1$ をつぎのように定める.

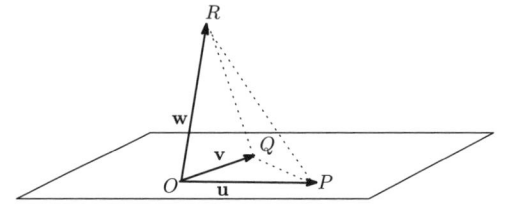

$$\mathbf{u}_1 = \frac{\mathbf{u}}{\|\mathbf{u}\|}, \quad \mathbf{v}_1 = \frac{\widetilde{\mathbf{v}}}{\|\widetilde{\mathbf{v}}\|}, \quad \mathbf{w}_1 = \frac{\widetilde{\mathbf{w}}}{\|\widetilde{\mathbf{w}}\|}.$$

ただし $\widetilde{\mathbf{v}} = \mathbf{v} - (\mathbf{v}, \mathbf{u}_1)\mathbf{u}_1, \quad \widetilde{\mathbf{w}} = \mathbf{w} - (\mathbf{w}, \mathbf{u}_1)\mathbf{u}_1 - (\mathbf{w}, \mathbf{v}_1)\mathbf{v}_1$

このとき, $\mathbf{u}_1, \mathbf{v}_1, \mathbf{w}_1$ は互いに直交し, かつ, 長さが 1 であることを示せ.

上の問で述べた, 互いに直交するベクトルの構成法を**シュミットの直交化法**と呼ぶ.

問 1.10 ベクトル $\mathbf{u} = \begin{pmatrix} u_1 \\ u_2 \\ u_3 \end{pmatrix}, \mathbf{v} = \begin{pmatrix} v_1 \\ v_2 \\ v_3 \end{pmatrix}$ が張る平行四辺形の面積を S とするとき,

$$S = \sqrt{(u_2v_3 - u_3v_2)^2 + (u_3v_1 - u_1v_3)^2 + (u_1v_2 - u_2v_1)^2}$$

であることを示せ.

ベクトル $\mathbf{u} = \begin{pmatrix} u_1 \\ u_2 \\ u_3 \end{pmatrix}, \mathbf{v} = \begin{pmatrix} v_1 \\ v_2 \\ v_3 \end{pmatrix}$ の**外積**を

$$\mathbf{u} \times \mathbf{v} = \begin{pmatrix} u_2v_3 - u_3v_2 \\ -(u_1v_3 - u_3v_1) \\ u_1v_2 - u_2v_1 \end{pmatrix} \tag{1.17}$$

により定義する. 問 1.10 により,

$$\mathbf{u} \text{ と } \mathbf{v} \text{ の張る平行四辺形の面積} = \|\mathbf{u} \times \mathbf{v}\| \tag{1.18}$$

であり, また, 簡単な計算により, ベクトル $\mathbf{u}, \mathbf{v}$ とその外積 $\mathbf{u} \times \mathbf{v}$ は直交することが分る. すなわち

$$(\mathbf{u}, \mathbf{u} \times \mathbf{v}) = (\mathbf{v}, \mathbf{u} \times \mathbf{v}) = 0 \tag{1.19}$$

が成立する．また，ベクトルの組 $(\mathbf{u}, \mathbf{v}, \mathbf{u} \times \mathbf{v})$ が**右手系**をなすことも知られている（下図参照．$\mathbf{u}$ を(右手の)親指，$\mathbf{v}$ を人差し指，$\mathbf{u} \times \mathbf{v}$ を中指に対応させることを右手系という．証明は第 2 章で行う）．

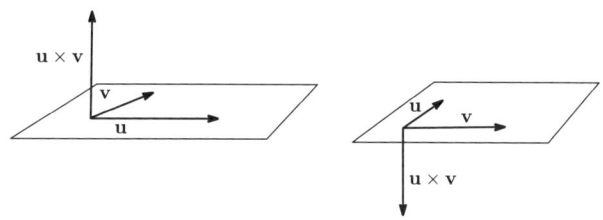

問 1.11 式 (1.19) を示せ．また，つぎのことを示せ．

$$\mathbf{e}_1 \times \mathbf{e}_2 = \mathbf{e}_3, \quad \mathbf{e}_2 \times \mathbf{e}_3 = \mathbf{e}_1, \quad \mathbf{e}_3 \times \mathbf{e}_1 = \mathbf{e}_2$$

問 1.12 つぎを示せ．a はスカラーである．

(1) $(\mathbf{u}' + \mathbf{u}'') \times \mathbf{v} = \mathbf{u}' \times \mathbf{v} + \mathbf{u}'' \times \mathbf{v}$

(2) $\mathbf{u} \times (\mathbf{v}' + \mathbf{v}'') = \mathbf{u} \times \mathbf{v}' + \mathbf{u} \times \mathbf{v}''$

(3) $(a\mathbf{u}) \times \mathbf{v} = \mathbf{u} \times (a\mathbf{v}) = a(\mathbf{u} \times \mathbf{v})$

(4) $\mathbf{v} \times \mathbf{u} = -\mathbf{u} \times \mathbf{v}$

すなわち，空間ベクトルの外積は**双線型性**と**交代性**をみたす．

空間ベクトルについても線型従属，線型独立の概念が平面ベクトルのときと同じように定義される．ここで，一般的な定義をまとめておく．

定義 1.2 r 個の（平面，あるいは，空間）ベクトル $\mathbf{v}_1, \mathbf{v}_2, \ldots, \mathbf{v}_r$ が**線型従属**であるとは，すべてが 0 ではないスカラー $a_1, a_2, \ldots, a_r$ が存在して，

$$a_1 \mathbf{v}_1 + a_2 \mathbf{v}_2 + \cdots + a_r \mathbf{v}_r = \mathbf{0}$$

が成立つことである．また，$\mathbf{v}_1, \mathbf{v}_2, \ldots, \mathbf{v}_r$ が**線型独立**とは，上の関係式を成立たせるスカラーが，$a_1 = a_2 = \cdots = a_r = 0$ に限ることである．

三個以上の平面ベクトル，四個以上の空間ベクトルはかならず線型従属になる．この事実は後の章で示される．

問 1.13 $\mathbf{u} \times \mathbf{v} = \mathbf{0}$ であるための必要十分条件は，$\mathbf{u}, \mathbf{v}$ が線型従属であることを示せ．

三つのベクトル $\mathbf{u} = \begin{pmatrix} u_1 \\ u_2 \\ u_3 \end{pmatrix}, \mathbf{v} = \begin{pmatrix} v_1 \\ v_2 \\ v_3 \end{pmatrix}, \mathbf{w} = \begin{pmatrix} w_1 \\ w_2 \\ w_3 \end{pmatrix}$ に対して

$$(\mathbf{u}, \mathbf{v} \times \mathbf{w}) = u_1(v_2 w_3 - v_3 w_2) - u_2(v_1 w_3 - v_3 w_1) + u_3(v_1 w_2 - v_2 w_1) \tag{1.20}$$

を $\det(\mathbf{u}, \mathbf{v}, \mathbf{w})$ と記すことにしよう．これを $(\mathbf{u}, \mathbf{v}, \mathbf{w})$ の**行列式**と呼ぶ．

$$\det \begin{pmatrix} u_1 & v_1 & w_1 \\ u_2 & v_2 & w_2 \\ u_3 & v_3 & w_3 \end{pmatrix}, \quad \text{または} \quad \begin{vmatrix} u_1 & v_1 & w_1 \\ u_2 & v_2 & w_2 \\ u_3 & v_3 & w_3 \end{vmatrix}$$

などと記すこともある．

$\mathbf{u} = \overrightarrow{OP}, \mathbf{v} = \overrightarrow{OQ}, \mathbf{w} = \overrightarrow{OR}$ として，四点 O, P, Q, R は同一平面上にないとする．これは，ベクトル $\mathbf{u}, \mathbf{v}, \mathbf{w}$ が線型独立ということと同値である．このとき，$\mathbf{u}, \mathbf{v}, \mathbf{w}$ によって張られる平行六面体（下図参照）の体積を V とする．

$V = $ 底面積（$\mathbf{v}$ と $\mathbf{w}$ が張る平行四辺形の面積）× 高さ（$\mathbf{u}$ の $\mathbf{v} \times \mathbf{w}$ への正射影の大きさ）

$$= \|\mathbf{v} \times \mathbf{w}\| \|\mathbf{u}\| |\cos\theta|$$
$$= |(\mathbf{u}, \mathbf{v} \times \mathbf{w})|$$

すなわち，

$$V = |\det(\mathbf{u}, \mathbf{v}, \mathbf{w})| \tag{1.21}$$

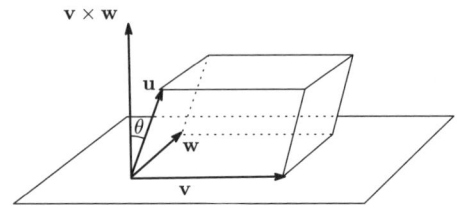

命題 1.1 つぎが成立する．

$$\{\mathbf{u}, \mathbf{v}, \mathbf{w}\} \text{ が線型従属} \iff \det(\mathbf{u}, \mathbf{v}, \mathbf{w}) = 0$$
$$\{\mathbf{u}, \mathbf{v}, \mathbf{w}\} \text{ が線型独立} \iff \det(\mathbf{u}, \mathbf{v}, \mathbf{w}) \neq 0$$

問 1.14 つぎの行列式を求めよ．

(1) $\begin{vmatrix} a & 0 & 0 \\ 0 & b & 0 \\ 0 & 0 & c \end{vmatrix}$ (2) $\begin{vmatrix} 1 & 2 & 3 \\ 0 & -1 & 2 \\ 0 & 0 & -5 \end{vmatrix}$ (3) $\begin{vmatrix} 3 & 0 & 0 \\ 0 & -2 & 3 \\ 0 & 1 & -4 \end{vmatrix}$

問 1.15 つぎを示せ．

(1) $\det(\mathbf{u}' + \mathbf{u}'', \mathbf{v}, \mathbf{w}) = \det(\mathbf{u}', \mathbf{v}, \mathbf{w}) + \det(\mathbf{u}'', \mathbf{v}, \mathbf{w})$ $\mathbf{v}, \mathbf{w}$ 変数についても同様．

(2) $\det(\mathbf{u}, \mathbf{v}, \mathbf{w}) = \det(\mathbf{w}, \mathbf{u}, \mathbf{v}) = \det(\mathbf{v}, \mathbf{w}, \mathbf{u})$

(3) $\det(\mathbf{v}, \mathbf{u}, \mathbf{w}) = \det(\mathbf{u}, \mathbf{w}, \mathbf{v}) = \det(\mathbf{w}, \mathbf{v}, \mathbf{u}) = -\det(\mathbf{u}, \mathbf{v}, \mathbf{w})$

(4) $\det(a\mathbf{u}, \mathbf{v}, \mathbf{w}) = a \det(\mathbf{u}, \mathbf{v}, \mathbf{w})$ $\mathbf{v}, \mathbf{w}$ 変数についても同様．

(5) $\det(\mathbf{e}_1, \mathbf{e}_2, \mathbf{e}_3) = 1$

すなわち，行列式 $\det(\mathbf{u}, \mathbf{v}, \mathbf{w})$ は，各変数についても線型性（三つの変数があるので，**三重線型性**という）と変数の入れ換えについての**交代性**をみたしている．

問 1.16 つぎの四点が同一平面上にあるかどうか判定せよ．

(a) $(0, -1, 0), (1, -1, 2), (-1, -2, -1), (-1, -3, 0)$

(b) $(0, -1, -1), (2, 1, 1), (1, 0, 2), (-1, 3, 1)$

行列式がつぎのように書き直すことができることに注意する．

$$\det(\mathbf{u}, \mathbf{v}, \mathbf{w}) = u_1(v_2 w_3 - w_2 v_3) - v_1(u_2 w_3 - w_2 u_3) + w_1(u_2 v_3 - v_2 u_3)$$

この書き換えはつぎの式の成立を意味する．

$$\det \begin{pmatrix} u_1 & v_1 & w_1 \\ u_2 & v_2 & w_2 \\ u_3 & v_3 & w_3 \end{pmatrix} = \det \begin{pmatrix} u_1 & u_2 & u_3 \\ v_1 & v_2 & v_3 \\ w_1 & w_2 & w_3 \end{pmatrix} \tag{1.22}$$

等式 (1.22) は，行列式の性質において，列ベクトルに関して成立つことは行ベクトル（ヨコの数の並び）についても同時に成立つことを意味する．そこで，行列式を

$$\det \begin{pmatrix} \hat{\mathbf{u}} \\ \hat{\mathbf{v}} \\ \hat{\mathbf{w}} \end{pmatrix} \tag{1.23}$$

のように書くことを考えよう．ここで $\hat{\mathbf{u}}$ は行ベクトル (u_1, v_1, w_1) を表し，$\hat{\mathbf{v}}$ は (u_2, v_2, w_2) を表し，$\hat{\mathbf{w}}$ は (u_3, v_3, w_3) を表すものとする．

これまでに分った行列式の性質をまとめておく．

命題 1.2 (1) 行列式 $\det(\mathbf{u}, \mathbf{v}, \mathbf{w})$（列ベクトル表示）は，各変数についての線型性（三重線型性）と変数の入れ換えに関する交代性を持つ．

(2) 行列式の表示において，列 *(タテの数の並び)* と行（ヨコの数の並び）を入れ換えて得られる行列式は等しい．すなわち，つぎが成立する．

$$\det \begin{pmatrix} u_1 & v_1 & w_1 \\ u_2 & v_2 & w_2 \\ u_3 & v_3 & w_3 \end{pmatrix} = \det \begin{pmatrix} u_1 & u_2 & u_3 \\ v_1 & v_2 & v_3 \\ w_1 & w_2 & w_3 \end{pmatrix}$$

(3) 行列式を $\det \begin{pmatrix} \hat{\mathbf{u}} \\ \hat{\mathbf{v}} \\ \hat{\mathbf{w}} \end{pmatrix}$ と表示するとき（行ベクトル表示），各変数についての線型性（三重線型性）と変数の入れ換えに関する交代性を持つ．

(4) 行列式は**正規化条件** $\det(\mathbf{e}_1, \mathbf{e}_2, \mathbf{e}_3) = 1$ をみたす．

交代性より，

$$\det(\mathbf{u}, \mathbf{u}, \mathbf{w}) = \det(\mathbf{u}, \mathbf{v}, \mathbf{u}) = \det(\mathbf{u}, \mathbf{v}, \mathbf{v}) = 0 \tag{1.24}$$

が成立つ．行ベクトルについても同じ性質が成立つ．

$$\det\begin{pmatrix}\widehat{\mathbf{u}}\\ \widehat{\mathbf{u}}\\ \widehat{\mathbf{w}}\end{pmatrix} = \det\begin{pmatrix}\widehat{\mathbf{u}}\\ \widehat{\mathbf{v}}\\ \widehat{\mathbf{u}}\end{pmatrix} = \det\begin{pmatrix}\widehat{\mathbf{u}}\\ \widehat{\mathbf{v}}\\ \widehat{\mathbf{v}}\end{pmatrix} = 0 \tag{1.25}$$

これと双線型性を使うと，つぎの等式を導くことができる．

$$\det(\mathbf{u}, \mathbf{v} + a\mathbf{u}, \mathbf{w}) = \det(\mathbf{u}, \mathbf{v}, \mathbf{w} + a\mathbf{u}) = \det(\mathbf{u}, \mathbf{v}, \mathbf{w}) \tag{1.26}$$

$$\det\begin{pmatrix}\widehat{\mathbf{u}}\\ \widehat{\mathbf{v}} + a\widehat{\mathbf{u}}\\ \widehat{\mathbf{w}}\end{pmatrix} = \det\begin{pmatrix}\widehat{\mathbf{u}}\\ \widehat{\mathbf{v}}\\ \widehat{\mathbf{w}} + a\widehat{\mathbf{u}}\end{pmatrix} = \det\begin{pmatrix}\widehat{\mathbf{u}}\\ \widehat{\mathbf{v}}\\ \widehat{\mathbf{w}}\end{pmatrix} \tag{1.27}$$

行列式を計算するときは，これらの等式を用いて，行列式をなるべく簡単な形に変形して計算するとよい．例えば，

例 1.1

$$\begin{vmatrix} 1 & 2 & 3 \\ 3 & 1 & 2 \\ 2 & 3 & 1 \end{vmatrix} = \begin{vmatrix} 1+2+3 & 2 & 3 \\ 3+1+2 & 1 & 2 \\ 2+3+1 & 3 & 1 \end{vmatrix} = \begin{vmatrix} 6 & 2 & 3 \\ 6 & 1 & 2 \\ 6 & 3 & 1 \end{vmatrix}$$

$$= 6\begin{vmatrix} 1 & 2 & 3 \\ 1 & 1 & 2 \\ 1 & 3 & 1 \end{vmatrix} = 6\begin{vmatrix} 1 & 2 & 3 \\ 1-1 & 1-2 & 2-3 \\ 1-1 & 3-2 & 1-3 \end{vmatrix} = 6\begin{vmatrix} 1 & 2 & 3 \\ 0 & -1 & -1 \\ 0 & 1 & -2 \end{vmatrix}$$

$$= 6\begin{vmatrix} 1 & 2 & 3 \\ 0 & -1 & -1 \\ 0 & 0 & -3 \end{vmatrix} = 6\begin{vmatrix} 1 & 2 & 3 \\ 0 & 1 & 1 \\ 0 & 0 & 3 \end{vmatrix} = 6\begin{vmatrix} 1 & 0 & 0 \\ 0 & 1 & 0 \\ 0 & 0 & 3 \end{vmatrix} = 18$$

演習問題

問 1.17 つぎの行列式を計算せよ．ただし，複雑な式は因数分解して答えを表示すること．

(1) $\begin{vmatrix} a & e & f \\ 0 & b & d \\ 0 & 0 & c \end{vmatrix}$, (2) $\begin{vmatrix} 0 & 0 & a \\ 0 & b & 0 \\ c & 0 & 0 \end{vmatrix}$, (3) $\begin{vmatrix} a & b & c \\ c & a & b \\ b & c & a \end{vmatrix}$, (4) $\begin{vmatrix} 0 & a & b \\ -a & 0 & d \\ -b & -d & 0 \end{vmatrix}$

問 1.18 つぎの等式を証明せよ．

(1) $\begin{vmatrix} 1 & x & x^2 \\ 1 & y & y^2 \\ 1 & z & z^2 \end{vmatrix} = (y-x)(z-x)(z-y)$

（左辺の行列式を**ヴァンデルモンドの行列式**，右辺の多項式を変数 x, y, z の**差積**という）．

(2) $\begin{vmatrix} x & -1 & 0 \\ 0 & x & -1 \\ a_3 & a_2 & x+a_1 \end{vmatrix} = x^3 + a_1 x^2 + a_2 x + a_3$

(3) $\begin{vmatrix} a+b+2c & a & b \\ c & b+c+2a & b \\ c & a & c+a+2b \end{vmatrix} = 2(a+b+c)^3$

第2章 空間における直線と平面

2.1 空間における直線の表示

空間において異なる二点を通る直線は唯一つ定まる．そこで，直線上の異なる二点 P, Q を選んで，

$$\overrightarrow{OP} = \mathbf{p} = \begin{pmatrix} p \\ q \\ r \end{pmatrix}, \quad \overrightarrow{PQ} = \mathbf{a} = \begin{pmatrix} l \\ m \\ n \end{pmatrix}$$

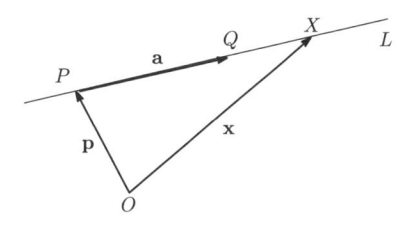

とする．このベクトル $\mathbf{a}$ を**直線の方向ベクトル**と呼ぶことにしよう．直線上の点を X として，$\mathbf{x} = \overrightarrow{OX} = \begin{pmatrix} x \\ y \\ z \end{pmatrix}$ とすれば，

$$\mathbf{x} = \mathbf{p} + t\mathbf{a} \quad (-\infty < t < \infty) \tag{2.1}$$

がみたされる．

これが**直線のベクトル表示**である．つまり，通過する点と方向ベクトルを与えれば直線は決るといってもよい．ただし，通過する点はいくらでも変えることができるので，それに応じてベクトル表示も無数に考えることができる．

問 2.1 つぎの三つの表示がすべて同一の直線のベクトル表示であることを示せ．

(1) $\mathbf{x} = \begin{pmatrix} 1 \\ 2 \\ 3 \end{pmatrix} + t \begin{pmatrix} 1 \\ -1 \\ 2 \end{pmatrix}$, (2) $\mathbf{x} = \begin{pmatrix} 2 \\ 1 \\ 5 \end{pmatrix} + t' \begin{pmatrix} 1 \\ -1 \\ 2 \end{pmatrix}$,

(3) $\mathbf{x} = \begin{pmatrix} 1 \\ 2 \\ 3 \end{pmatrix} + t'' \begin{pmatrix} -2 \\ 2 \\ -4 \end{pmatrix}$

さて，(2.1) を成分ごとに書くと

$$x = p + tl, \quad y = q + tm, \quad z = r + tn$$

である．これから t を消去すれば容易に

$$\frac{x-p}{l} = \frac{y-q}{m} = \frac{z-r}{n} \tag{2.2}$$

を得る．この式が**空間直線の方程式**である．この方程式をみたす点 (x, y, z) の全体（集合）が直線 (2.2) なのである．方程式 (2.2) において $l = 0$ の場合，方程式は

$$x = p, \quad \frac{y-q}{m} = \frac{z-r}{n} \tag{2.3}$$

の形を取り，$l = m = 0$ であればつぎの形を取ることに注意しよう．

$$x = p, \quad y = q \tag{2.4}$$

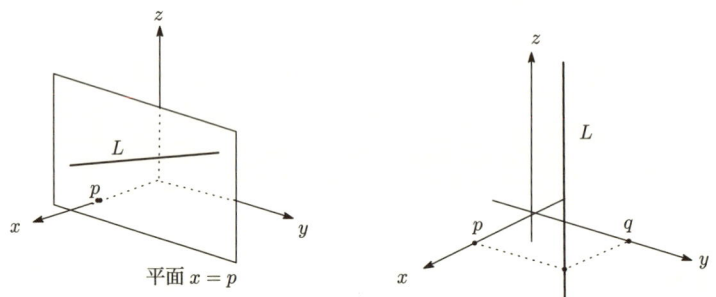

2.2 直線同士の位置関係

二つの直線 L_1, L_2 のベクトル表示を

$$L_1 : \mathbf{x} = \mathbf{p} + t\mathbf{a} \quad (-\infty < t < \infty),$$
$$L_2 : \mathbf{x} = \mathbf{q} + s\mathbf{b} \quad (-\infty < s < \infty)$$

とする．これらの位置関係は次のように分類される．

(i) L_1 と L_2 は一致する．

(ii) L_1 と L_2 は平行である.

(iii) L_1 と L_2 は一点で交わる.

(iv) L_1 と L_2 は**ねじれの位置**にある. すなわち, 平行でもなく共有する点もない.

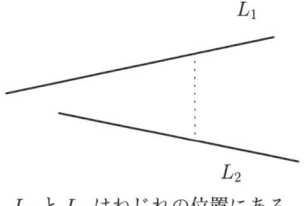

L_1 と L_2 はねじれの位置にある

(i), (ii) のときは, $\mathbf{a}$ と $\mathbf{b}$ は平行であり, (iii), (iv) のときは, $\mathbf{a}$ と $\mathbf{b}$ は平行でない. (iii), (iv) の例を考察しよう. L_1, L_2 をつぎの直線とする.

$$L_1: \mathbf{x} = \begin{pmatrix} 1 \\ 1 \\ 2 \end{pmatrix} + t \begin{pmatrix} 3 \\ -2 \\ 1 \end{pmatrix}, \quad (-\infty < t < +\infty)$$

$$L_2: \mathbf{x} = \begin{pmatrix} -4 \\ 3 \\ 2 \end{pmatrix} + s \begin{pmatrix} 2 \\ 0 \\ -1 \end{pmatrix} \quad (-\infty < s < +\infty)$$

この二直線の交点を求めるには, 方程式

$$\begin{pmatrix} 1 \\ 1 \\ 2 \end{pmatrix} + t \begin{pmatrix} 3 \\ -2 \\ 1 \end{pmatrix} = \begin{pmatrix} -4 \\ 3 \\ 2 \end{pmatrix} + s \begin{pmatrix} 2 \\ 0 \\ -1 \end{pmatrix}$$

をみたすように, t, s を決めないといけない. つまり, t, s を未知数とする連立一次方程式

$$\begin{cases} 3t - 2s = -5 \\ -2t = 2 \\ t + s = 0 \end{cases} \tag{2.5}$$

を解かねばならない. この連立方程式においては

未知数の個数 $= 2 <$ 方程式の個数 $= 3$

であるが,

第 1 式 $\times 2 +$ 第 2 式 $\times 5 =$ 第 3 式 $\times (-4)$

が成立しているので, 実際には, 第 1 式と第 2 式を連立させて解けばよい. その結果, $t = -1$, $s = 1$ が解である. よって, L_1, L_2 は点

$$(1,1,2) - (3,-2,1) = (-2,3,1)$$

において交わることが分る．

つぎに，この L_1 と第三の直線 L_3

$$L_3: \quad \mathbf{x} = \begin{pmatrix} -4 \\ 3 \\ 3 \end{pmatrix} + s \begin{pmatrix} 2 \\ 0 \\ -1 \end{pmatrix} \quad (-\infty < s < \infty)$$

が交わるかどうかを検討しよう．前と同様に，方程式

$$\begin{pmatrix} 1 \\ 1 \\ 2 \end{pmatrix} + t \begin{pmatrix} 3 \\ -2 \\ 1 \end{pmatrix} = \begin{pmatrix} -4 \\ 3 \\ 3 \end{pmatrix} + s \begin{pmatrix} 2 \\ 0 \\ -1 \end{pmatrix}$$

を考察すればよいのであるが，これから導かれる連立方程式

$$\begin{cases} 3t - 2s = -5 \\ -2t = 2 \\ t + s = 1 \end{cases} \tag{2.6}$$

は解を持たない．何故ならば，第 2 式より $t = -1$ であるが，これを第 1 式と第 3 式に代入して s を求めると第 1 式からは $s = 1$，第 3 式からは $s = 2$ となり矛盾した結果が生じるからである．よって，L_1 と L_3 は交わることもなく，また，平行でもない．つまり，ねじれの位置関係にある．連立方程式の観点から見れば，方程式 (2.5) は**可解**（解を持つ）であり，方程式 (2.6) は解を持たないのである．

問 2.2 (1) 点 $P(1,0,1)$ を通り，方向ベクトル $\mathbf{a} = \begin{pmatrix} 2 \\ 3 \\ -1 \end{pmatrix}$ の直線の方程式を求めよ．

(2) 点 $P(2,3,-1)$ を通り，方向ベクトル $\mathbf{a} = \begin{pmatrix} 1 \\ 0 \\ -2 \end{pmatrix}$ の直線の方程式を求めよ．

(3) 点 $P(2,3,1)$ を通り，方向ベクトル $\mathbf{a} = \begin{pmatrix} 0 \\ 2 \\ 0 \end{pmatrix}$ の直線の方程式を求めよ．

問 2.3 (1) 点 $A(1,1,-3)$, $B(3,3,-2)$ を通る直線 L_1 の方程式を求めよ．

(2) 点 $C(1,-3,-2)$, $D(2,-4,-1)$ を通る直線 L_2 と直線 L_1 の交点 P の座標を求めよ．

問 2.4 直線 $L: \mathbf{x} = \mathbf{p} + t\mathbf{a}$ ($-\infty < t < \infty$) に対して，L の上にない点 Q から L に下した垂線の足を H とする．$\mathbf{p} = \overrightarrow{OP}$, $\mathbf{v} = \overrightarrow{PQ}$ とおくとき，

$$\overrightarrow{OH} = \mathbf{p} + \mathbf{v_a}$$

であることを示せ．

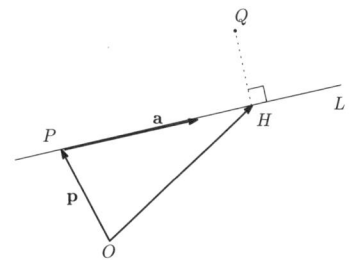

2.3 空間における平面の表示

空間における平面を考察しよう．一直線上にない三つの点 P, Q, R を与えると，その三点を通る平面は唯一つ定まるが，この平面を π とする．$\mathbf{p} = \overrightarrow{OP}$, $\mathbf{u} = \overrightarrow{PQ}$, $\mathbf{v} = \overrightarrow{PR}$ とおく．P, Q, R が一直線上にないことから $\mathbf{u}$ と $\mathbf{v}$ は線型独立である．X を平面 π 上の任意の点として，$\mathbf{x} = \overrightarrow{OX}$ とおく．下右図のように，直線 PQ 上に点 Q'，直線 PR 上に点 R' を取り，四辺形 $PQ'XR'$ が平行四辺形になるようにすれば，ベクトル $\overrightarrow{PX} = \mathbf{x} - \mathbf{p}$ が $\mathbf{u}$, $\mathbf{v}$ の線型結合として表すことができることが分る．これよりベクトル $\mathbf{x}$ は

$$\mathbf{x} = \mathbf{p} + s\mathbf{u} + t\mathbf{v} \quad (-\infty < s, t < \infty) \tag{2.7}$$

と表示される．この式を**平面のベクトル表示**と呼ぶことにする．

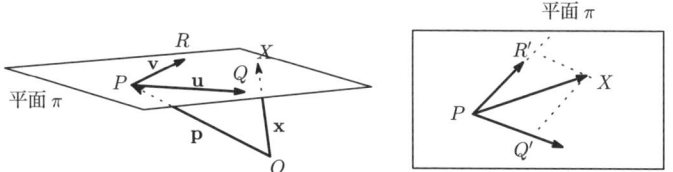

平面上の三点を選ぶ選び方は無数にあるのだから，それに応じてベクトル表示も無数にあることに注意する．直線のときと同じく，ベクトル表示からパラメータ s, t を消去して，平面を表す方程式を求めたい．そこで，$\mathbf{a}$ を平面 π の**法線ベクトル**としよう．つまり，平面 π に直交するベクトルである（このようなベクトルの方向は，明らかに，マイナスの方向を無視すれば，ただ一通りである）．ベクトル表示 (2.7) において，

$$(\mathbf{u}, \mathbf{a}) = (\mathbf{v}, \mathbf{a}) = 0$$

であるから,

$$(\mathbf{x}-\mathbf{p},\mathbf{a})=s(\mathbf{u},\mathbf{a})+t(\mathbf{v},\mathbf{a})=0.$$

これより, $\mathbf{a}=\begin{pmatrix}a\\b\\c\end{pmatrix}$, $\mathbf{p}=\begin{pmatrix}x_0\\y_0\\z_0\end{pmatrix}$ とすると, 点 $X(x,y,z)$ が平面 π 上にあるための必要十分条件は,

$$a(x-x_0)+b(y-y_0)+c(z-z_0)=0 \tag{2.8}$$

がみたされることである.これがこの平面を表す方程式である.

これまでの考察を命題としてまとめておく.

命題 2.1 (1) 点 $P(x_0,y_0,z_0)$ を通り,ベクトル $\mathbf{a}=\begin{pmatrix}a\\b\\c\end{pmatrix}$ を法線ベクトルとする平面の方程式は (2.8) で与えられる.

(2) 平面 π のベクトル表示が (2.7) で与えられるとき,法線ベクトル $\mathbf{a}$ は

$$\mathbf{a}=\mathbf{u}\times\mathbf{v} \tag{2.9}$$

で与えられる.

(3) 一般に方程式

$$ax+by+cz=d \tag{2.10}$$

で表される点の集合は,ベクトル $\mathbf{a}=\begin{pmatrix}a\\b\\c\end{pmatrix}$ を法線ベクトルとする平面である.

(4) (2.10) において,この平面が原点を通るための必要十分条件は $d=0$ である.

2.4 平面同士の位置関係

平面同士の位置関係について考察する.平面 π_1, π_2 の方程式を

2.4 平面同士の位置関係

$$\pi_1 : a_1 x + b_1 y + c_1 z = d_1$$
$$\pi_2 : a_2 x + b_2 y + c_2 z = d_2$$

とする．π_1, π_2 の位置関係は次のように区別される．

(i) π_1 と π_2 は一致する．これは，$a_1 : b_1 : c_1 : d_1 = a_2 : b_2 : c_2 : d_2$ の成立と同値である．

(ii) π_1 と π_2 は平行．これは，$a_1 : b_1 : c_1 = a_2 : b_2 : c_2$ かつ $a_1 : b_1 : c_1 : d_1 \neq a_2 : b_2 : c_2 : d_2$ の成立と同値．

(iii) π_1 と π_2 が交わりを持つ．交わりは直線になる．これは，$a_1 : b_1 : c_1 \neq a_2 : b_2 : c_2$ の成立と同値（つまり，法線ベクトルが平行でない）．

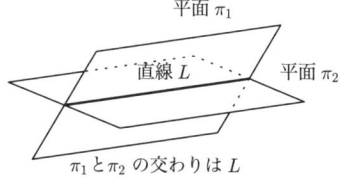

問 2.5 ベクトル表示

$$\mathbf{x} = \begin{pmatrix} 1 \\ 2 \\ -1 \end{pmatrix} + s \begin{pmatrix} 1 \\ 1 \\ 2 \end{pmatrix} + t \begin{pmatrix} 1 \\ -1 \\ 1 \end{pmatrix} \quad (-\infty < s, t < \infty)$$

を持つ平面の方程式を求めよ．

問 2.6 (1) 三点 $(1, 2, 3), (2, -1, 3), (3, 1, 0)$ を通る平面の方程式を求めよ．

(2) 四点 $(1, 1, -3), (3, 3, -2), (1, -3, -2), (2, -4, -1)$ が同一の平面上にあることを示し，その平面の方程式を求めよ．

問 2.7 方程式 $2x - 3y + z = -2$ で定まる平面のベクトル表示を求めよ．

問 2.8 三点 $(a, 0, 0), (0, b, 0), (0, 0, c)$（ただし $abc \neq 0$）を通る平面は

$$\frac{x}{a} + \frac{y}{b} + \frac{z}{c} = 1 \tag{2.11}$$

で与えられることを示せ．

問 2.9 二つの平面 $\pi_1 : 2x - 3y + z = -2$, $\pi_2 : x + y + z = 2$ の交わりとして得られる直線の方程式を求めよ．

問 2.10 二点 $P(1, 2, 3), Q(2, 1, 5)$ を通る直線と平面 $\pi : x + y + z = 2$ の交点を求めよ．

2.5 ベクトルの平面への正射影

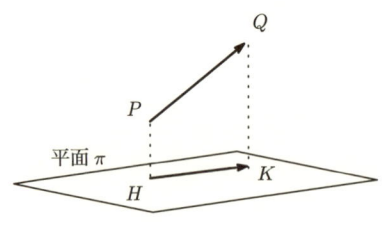

平面 π とベクトル $\mathbf{v} = \overrightarrow{PQ}$ が与えられているとする.点 P, Q から平面 π に下ろした垂線の足をそれぞれ H, K とするとき,

$$\mathbf{v}_\pi = \overrightarrow{HK} \tag{2.12}$$

をベクトル $\mathbf{v}$ の**平面 π への正射影**と呼ぶことにしよう.

平面 π の方程式を

$$ax + by + cz = d \tag{2.13}$$

とする.点 P から π に下ろした垂線の足を H とする.このとき,

$$\overrightarrow{OH} = \overrightarrow{OP} + \frac{d - (\overrightarrow{OP}, \mathbf{a})}{\|\mathbf{a}\|^2} \mathbf{a} \tag{2.14}$$

が成立する.ただし,$\mathbf{a} = \begin{pmatrix} a \\ b \\ c \end{pmatrix}$ である.同様に,点 Q から π に下ろした垂線の足を K とすれば,

$$\overrightarrow{OK} = \overrightarrow{OQ} + \frac{d - (\overrightarrow{OQ}, \mathbf{a})}{\|\mathbf{a}\|^2} \mathbf{a}$$

も成立する.これらの両辺を引き算すれば,つぎを得る.

$$\mathbf{v}_\pi = \mathbf{v} - \frac{(\mathbf{v}, \mathbf{a})}{\|\mathbf{a}\|^2} \mathbf{a} \tag{2.15}$$

正射影をベクトル $\mathbf{v}$ に対して $\mathbf{v}_\pi$ を対応させる対応であると考えれば,正射影は線型である.すなわち,ベクトル $\mathbf{u}$, $\mathbf{v}$ とスカラー a に対して,

$$(\mathbf{u} + \mathbf{v})_\pi = \mathbf{u}_\pi + \mathbf{v}_\pi, \quad (a\mathbf{v})_\pi = a(\mathbf{v}_\pi) \tag{2.16}$$

が成立つ(証明は,内積の双線型性に注意すれば容易であるので各自試みてほしい).

つぎに,式 (2.14) より,

である．すなわち，

$$\text{点 } P(x_0, y_0, z_0) \text{ から平面 } \pi \text{ までの距離} = \frac{|ax_0 + by_0 + cz_0 - d|}{\sqrt{a^2 + b^2 + c^2}} \tag{2.17}$$

である．ここで，点 P が π と平行な平面 $\pi' : ax + by + cz = d'$ 上にあると考えれば，

$$\text{平面 } \pi \text{ と平面 } \pi' \text{ の距離} = \frac{|d - d'|}{\sqrt{a^2 + b^2 + c^2}} \tag{2.18}$$

であることも導かれる．

問 2.11 ねじれの位置にある二つの直線 $L_1 : \mathbf{x} = \mathbf{p} + s\mathbf{a}$ $(-\infty < s < \infty)$, $L_2 : \mathbf{x} = \mathbf{q} + t\mathbf{b}$ $(-\infty < t < \infty)$ の間の距離は，つぎの式で与えられることを示せ．

$$\frac{|(\mathbf{p} - \mathbf{q}, \mathbf{a} \times \mathbf{b})|}{\|\mathbf{a} \times \mathbf{b}\|}$$

問 2.12 平面 $\pi : (\mathbf{a}, \mathbf{x}) = d$ を考える．点 P と平面 π に関して対称な点を Q とする．

$$\overrightarrow{OQ} = \overrightarrow{OP} + \frac{2(d - (\overrightarrow{OP}, \mathbf{a}))}{\|\mathbf{a}\|^2} \mathbf{a}$$

が成立することを示せ（点 P と点 Q は平面 π に関して**鏡映**の位置関係にあるともいう）．

2.6　球面とその接平面

球面とその接平面についてまとめておく．

つぎの方程式で定まる点集合を中心を (a, b, c)，半径 r の**球面**と呼ぶ．

$$(x - a)^2 + (y - b)^2 + (z - c)^2 = r^2 \tag{2.19}$$

すなわち，球面とはある点からの距離が一定値である点からなる点集合のことである．

式 (2.19) を展開すると，

$$x^2 + y^2 + z^2 - 2ax - 2by - 2cz + h = 0$$

という形の式が見えてくる．上の方程式の定数項は，$h = -r^2 + a^2 + b^2 + c^2$ で与えられている．これを逆に辿ればつぎの命題が得られる．

命題 2.2 つぎの方程式で定まる集合 S を考える.

$$S: x^2 + y^2 + z^2 - 2ax - 2by - 2cz + h = 0$$

このとき, $a^2 + b^2 + c^2 - h > 0$ であれば, S は中心 (a,b,c), 半径 $\sqrt{a^2 + b^2 + c^2 - h}$ の球面であり, $a^2 + b^2 + c^2 - h = 0$ であれば, S は一点 (a,b,c) からなる集合であり, $a^2 + b^2 + c^2 - h < 0$ であれば, S は**空集合**である. すなわち, S の点は存在しない.

つぎに, 球面の**接平面**について議論しておく. 平面における円

$$C: (x-a)^2 + (y-b)^2 = r^2$$

の点 $(x_0, y_0) \in C$ における接線とは, この点を通り, 動径ベクトル $\begin{pmatrix} x_0 - a \\ y_0 - b \end{pmatrix}$ を法線ベクトルとする直線のことである. したがって, その方程式は

$$(x_0 - a)(x - x_0) + (y_0 - b)(y - y_0) = 0$$

となる. これを整理して,

$$(x_0 - a)(x - a) + (y_0 - b)(y - b) = r^2$$

と書いても同じである. 球面の接平面も同じように定義される. すなわち, 中心が $A(a,b,c)$, 半径 r の球面

$$S: (x-a)^2 + (y-b)^2 + (z-c)^2 = r^2$$

の点 $X_0(x_0, y_0, z_0) \in S$ における接平面とは, この点を通り, 動径ベクトル $\mathbf{x}_0 = \begin{pmatrix} x_0 - a \\ y_0 - b \\ z_0 - c \end{pmatrix}$ を法線ベクトルとする平面のことである.

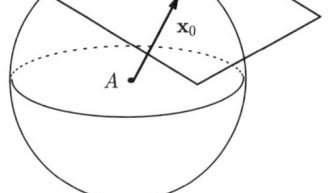

したがって, その方程式は

$$(x_0 - a)(x - x_0) + (y_0 - b)(y - y_0) + (z_0 - c)(z - z_0) = 0 \quad (2.20)$$

となる. これを整理すれば, 円の接線のときと同様に,

$$(x_0 - a)(x - a) + (y_0 - b)(y - b) + (z_0 - c)(z - c) = r^2 \quad (2.21)$$

と表すことができる.

問 2.13 異なる二点 $A(a_1, a_2, a_3)$, $B(b_1, b_2, b_3)$ を直径の両端に持つ球面の方程式は，

$$(x-a_1)(x-b_1)+(y-a_2)(y-b_2)+(z-a_3)(z-b_3)=0$$

で与えられることを示せ．

問 2.14 球面 $S: x^2+y^2+z^2=1$ 上の点 $P\left(\dfrac{\sqrt{2}}{2}, \dfrac{\sqrt{3}}{3}, \dfrac{\sqrt{6}}{6}\right)$ における球面の接平面の方程式の正規形を求めよ．

2.7 $(\mathbf{u}, \mathbf{v}, \mathbf{u} \times \mathbf{v})$ が右手系をなすことの証明

ベクトル $\mathbf{u}$, $\mathbf{v}$ に対して，それが張る平行四辺形の面積を S とする．$\mathbf{u} \wedge \mathbf{v}$ を，$\mathbf{u}$, $\mathbf{v}$ が線型従属のときは $\mathbf{0}$ として，$\mathbf{u}$, $\mathbf{v}$ が線型独立のときは，$\mathbf{u}$, $\mathbf{v}$ に直交し大きさ S で $(\mathbf{u}, \mathbf{v}, \mathbf{u} \wedge \mathbf{v})$ が右手系をなすベクトルとして定義する．ここでは $\mathbf{u} \wedge \mathbf{v}$ を $\mathbf{u}$ と $\mathbf{v}$ のウェッジ積と呼ぶことにする．

$(\mathbf{u}, \mathbf{v}, \mathbf{u} \times \mathbf{v})$ が右手系をなすことを示すには，

$$\mathbf{u} \times \mathbf{v} = \mathbf{u} \wedge \mathbf{v} \tag{2.22}$$

を証明すればよい．そのためにウェッジ積がつぎの性質をみたすことを示す．

(i) $\mathbf{v} \wedge \mathbf{u} = -\mathbf{u} \wedge \mathbf{v}$

(ii) $(\mathbf{u}' + \mathbf{u}'') \wedge \mathbf{v} = \mathbf{u}' \wedge \mathbf{v} + \mathbf{u}'' \wedge \mathbf{v}$

(iii) $\mathbf{u} \wedge (\mathbf{v}' + \mathbf{v}'') = \mathbf{u} \wedge \mathbf{v}' + \mathbf{u} \wedge \mathbf{v}''$

(iv) $(a\mathbf{u}) \wedge \mathbf{v} = \mathbf{u} \wedge (a\mathbf{v}) = a(\mathbf{u} \wedge \mathbf{v})$

(v) $\mathbf{e}_1 \wedge \mathbf{e}_2 = \mathbf{e}_3$, $\quad \mathbf{e}_2 \wedge \mathbf{e}_3 = \mathbf{e}_1$, $\quad \mathbf{e}_3 \wedge \mathbf{e}_1 = \mathbf{e}_2$

(i), (iv), (v) は定義から明らかである．(ii), (iii) については後で証明することにして，これら五つの性質から (2.22) を導こう．

$$\mathbf{u} = \begin{pmatrix} u_1 \\ u_2 \\ u_3 \end{pmatrix} = u_1 \mathbf{e}_1 + u_2 \mathbf{e}_2 + u_3 \mathbf{e}_3, \quad \mathbf{v} = \begin{pmatrix} v_1 \\ v_2 \\ v_3 \end{pmatrix} = v_1 \mathbf{e}_1 + v_2 \mathbf{e}_2 + v_3 \mathbf{e}_3$$

とおく．(ii), (iii), (iv) より，

$$\mathbf{u} \wedge \mathbf{v} = (u_1 \mathbf{e}_1 + u_2 \mathbf{e}_2 + u_3 \mathbf{e}_3) \wedge (v_1 \mathbf{e}_1 + v_2 \mathbf{e}_2 + v_3 \mathbf{e}_3)$$
$$= \sum_{i,j=1}^{3} u_i v_j \mathbf{e}_i \wedge \mathbf{e}_j$$

ここで (i), (v) を用いれば,

$$\mathbf{u} \wedge \mathbf{v} = (u_1 v_2 - u_2 v_1) \mathbf{e}_1 \wedge \mathbf{e}_2 + (u_2 v_3 - u_3 v_2) \mathbf{e}_2 \wedge \mathbf{e}_3 + (u_1 v_3 - u_3 v_1) \mathbf{e}_1 \wedge \mathbf{e}_3$$
$$= (u_1 v_2 - u_2 v_1) \mathbf{e}_3 + (u_2 v_3 - u_3 v_2) \mathbf{e}_1 - (u_1 v_3 - u_3 v_1) \mathbf{e}_2$$
$$= \begin{pmatrix} u_1 v_2 - u_2 v_1 \\ -(u_1 v_3 - u_3 v_1) \\ u_1 v_2 - u_2 v_1 \end{pmatrix} = \mathbf{u} \times \mathbf{v}.$$

このようにして (2.22) が示される. そこで, (ii), (iii) の成立を示そう. 交代性 (i) があるので, (iii) $\mathbf{u} \wedge (\mathbf{v} + \mathbf{w}) = \mathbf{u} \wedge \mathbf{v} + \mathbf{u} \wedge \mathbf{w}$ を示せばよい.

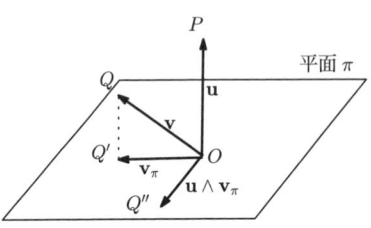

$\mathbf{u} = \overrightarrow{OP}, \mathbf{v} = \overrightarrow{OQ}$ とする. 点 O を通って $\mathbf{u}$ に直交する平面を π として, この平面への $\mathbf{v}$ の正射影 $\mathbf{v}_\pi = \overrightarrow{OQ'}$ を考える. ベクトル $\overrightarrow{OQ'}$ を平面 π 上で点 O のまわりに点 P の側から見て反時計回りに $90°$ 回転して, $\|\mathbf{u}\|$ 倍して得られるベクトルを $\overrightarrow{OQ''}$ とする.

このベクトルは, その作り方から $\mathbf{u}, \mathbf{v}_\pi$ と直交し, その大きさは $\|\mathbf{u}\|\|\mathbf{v}_\pi\|$, また $(\mathbf{u}, \mathbf{v}_\pi, \overrightarrow{OQ''})$ は右手系をなしている. よって, $\overrightarrow{OQ''} = \mathbf{u} \wedge \mathbf{v}_\pi$ である. ここで,

$$\|\mathbf{u}\| \|\mathbf{v}_\pi\| = \mathbf{u}, \mathbf{v} \text{ が張る平行四辺形の面積} \tag{2.23}$$

が成立している. 実際, $\mathbf{u}$ と平面 π が直交しているので, $\mathbf{u}$ と $\mathbf{v}_\pi$ が張る平行四辺形は長方形でありその面積は $\|\mathbf{u}\|\|\mathbf{v}_\pi\|$ である. また,

$$\mathbf{u} \times \mathbf{v}_\pi = \mathbf{u} \times \left(\mathbf{v} - \frac{(\mathbf{v}, \mathbf{u})}{\|\mathbf{u}\|^2} \mathbf{u} \right) = \mathbf{u} \times \mathbf{v}$$

が成立っているので, 両辺の長さを取れば (2.23) を得ることができる.

しかも, $\overrightarrow{OQ''}$ は上の図からも明らかなように $\mathbf{u}, \mathbf{v}$ と直交し, $(\mathbf{u}, \mathbf{v}, \overrightarrow{OQ''})$ は右手系を作っている. 結局,

$$\overrightarrow{OQ''} = \mathbf{u} \wedge \mathbf{v}_\pi = \mathbf{u} \wedge \mathbf{v}$$

なのである．つぎに，$\mathbf{w} = \overrightarrow{OR}$, $\mathbf{v}+\mathbf{w} = \overrightarrow{OS}$ として，上と同様にしてベクトル $\overrightarrow{OR''}$, $\overrightarrow{OS''}$ を作ると

$$\overrightarrow{OR''} = \mathbf{u} \wedge \mathbf{w}_\pi = \mathbf{u} \wedge \mathbf{w}, \quad \overrightarrow{OS''} = \mathbf{u} \wedge (\mathbf{v}+\mathbf{w})_\pi = \mathbf{u} \wedge (\mathbf{v}+\mathbf{w})$$

が成立っている．正射影の線型性より，$(\mathbf{v}+\mathbf{w})_\pi = \mathbf{v}_\pi + \mathbf{w}_\pi$ であり，$(\mathbf{v}+\mathbf{w})_\pi$ を平面 π 上で点 O のまわりに反時計回りに $90°$ 回転して $\|\mathbf{u}\|$ 倍したものは，$\mathbf{v}_\pi$, $\mathbf{w}_\pi$ のそれぞれを平面 π 上で点 O のまわりに反時計回りに $90°$ 回転して $\|\mathbf{u}\|$ 倍したものの和に等しい．すなわち，$\overrightarrow{OS''}$ は $\overrightarrow{OQ''}$ と $\overrightarrow{OR''}$ の和である．よって，(iii) が成立している．□

演習問題

問 2.15 (1) 二つの平面 $\pi_1 : 2x - y + z = 1$, $\pi_2 : x + y + z = -1$ に直交し，かつ，点 $(1, 0, -2)$ を通る平面 π の方程式を求めよ．

(2) 平面 π_1, π_2 のなす角の余弦を求めよ．

問 2.16 四点 $A(a,0,0)$, $B(0,b,0)$, $C(0,0,c)$, $P(\alpha, \beta, \gamma)$ $(a,b,c > 0)$ を頂点に持つ四面体 $ABCP$ を考える．

(1) $\triangle ABC$ の面積を求めよ．

(2) 四面体 $ABCP$ の体積がつぎの式で与えられることを示せ．

$$\frac{1}{6} \left| abc \left(\frac{\alpha}{a} + \frac{\beta}{b} + \frac{\gamma}{c} - 1 \right) \right|$$

問 2.17 四点 $(a,0,0)$, $(0,b,0)$, $(0,0,c)$, $(0,0,0)$ $(abc \neq 0)$ を頂点に持つ四面体に外接する球面の方程式と点 $(0,0,0)$ における接平面の方程式を求めよ．

問 2.18 (1) 平面において，三点 A, B, C は三角形をなしているとする．$\triangle ABC$ の内接円の半径を r, 中心を P とする．また，$\overrightarrow{AB} = c$, $\overrightarrow{BC} = a$, $\overrightarrow{CA} = b$, $\triangle ABC$ の面積を S で表すとする．つぎが成立つことを示せ．

$$r = \frac{2S(ABC)}{a+b+c}, \qquad \overrightarrow{OP} = \frac{a\overrightarrow{OA} + b\overrightarrow{OB} + c\overrightarrow{OC}}{a+b+c}$$

(2) 空間の四点 A, B, C, D は**一般の**位置にあるとする（つまり，この四点を含む平面が存在しないとする）．$S(ABC)$ で $\triangle ABC$ の面積を，また，$V(ABCD)$ で四面体 $ABCD$ の体積を表すことにする．四面体 $ABCD$ の内接球の半径を r, 中心を P とするとき，つぎの公式が成立することを示せ．

$$r = \frac{3V(ABCD)}{S(ABC) + S(BCD) + S(CDA) + S(DAB)}$$

$$\overrightarrow{OP} = \frac{S(BCD)\overrightarrow{OA} + S(CDA)\overrightarrow{OB} + S(DAB)\overrightarrow{OC} + S(ABC)\overrightarrow{OD}}{S(ABC) + S(BCD) + S(CDA) + S(DAB)}$$

問 2.19 三つの空間ベクトル $\mathbf{u}$, $\mathbf{v}$, $\mathbf{w}$ について，$\det(\mathbf{u}, \mathbf{v}, \mathbf{w}) > 0$ であるための必要十分条件は，$(\mathbf{u}, \mathbf{v}, \mathbf{w})$ が右手系をなすことであることを証明せよ．

第3章

平面と空間における線型写像と行列

3.1 集合と写像

幾何学を記述するのに有効な概念である集合と写像について，基礎的な事項をまとめておく．

一般に，集合 X に属する「もの」のことをその集合の**要素**，あるいは**元**という．そして，x が集合 X の要素であることを

$$x \in X \quad \text{または} \quad X \ni x$$

と表す．

集合の例として，以下のものを挙げておく．これらは点集合の例である．

例 3.1 (1) 平面ベクトルの全体である $\mathbf{R}^2$（座標平面），空間ベクトルの全体 $\mathbf{R}^3$（座標空間）．あるいは，スカラーの全体 $\mathbf{R}$（これを**数直線**ともいう）など．

(2) つぎの集合は，数直線，座標平面，座標空間の**部分集合**である．

- (2.1) $(a,b) = \{x \in \mathbf{R} \mid a < x < b\}$, $[a,b] = \{x \in \mathbf{R} \mid a \leq x \leq b\}$ など．
- (2.2) 座標平面における直線 $\{(x,y) \in \mathbf{R}^2 \mid y = x+1\}$ や曲線 $\{(x,y) \in \mathbf{R}^2 \mid y = x^2 + 1\}$．
- (2.3) 座標平面において不等式で表される領域．例えば，$\{(x,y) \mid x < y+1\}$，（開円板）$\{(x,y) \mid x^2 + y^2 < 1\}$．
- (2.4) 座標空間における直線，平面，球面や不等式で表される領域など．

集合 A が集合 X の部分集合であることを

$$A \subset X \quad \text{または} \quad X \supset A$$

と表す．

集合 A, B に対して共通部分 $A \cap B$ と和 $A \cup B$ が

$$A \cap B = \{x \mid x \in A \text{ かつ } x \in B\}, \quad A \cup B = \{x \mid x \in A \text{ または } x \in B\}$$

と定義される.

$$A \cap B \subset A, \quad A \cap B \subset B$$
$$A \subset A \cup B, \quad B \subset A \cup B$$

が成立している.

X の部分集合 A に対してその**補集合** A^c を

$$A^c = \{x \in X \mid x \notin A\}$$

で定義する. よく知られているように X の部分集合 A, B に対して**ド・モルガンの法則**

$$(A \cup B)^c = A^c \cap B^c, \quad (A \cap B)^c = A^c \cup B^c$$

が成立する.

例 3.2 (1) 数直線 $\mathbf{R}$ の部分集合 $J = \{x \in \mathbf{R} \mid x \leq 0\}$, $K = \{x \in \mathbf{R} \mid 0 \leq x\}$ に対して, $J \cap K = \{0\}$, $J \cup K = \mathbf{R}$ である. また, $K^c = \{x \in \mathbf{R} \mid 0 < x\}$ である.

(2) 座標平面 $\mathbf{R}^2$ において次の三つの部分集合を考える.

$$L_1 = \{(x,y) \in \mathbf{R}^2 \mid x - y = 0\}$$
$$L_2 = \{(x,y) \in \mathbf{R}^2 \mid x + y = 0\}$$
$$S = \{(x,y) \in \mathbf{R}^2 \mid x^2 - y^2 = 0\}$$

このとき, $L_1 \cap L_2 = \{(0,0)\}$, $L_1 \cup L_2 = S$ である.

(3) 座標空間 $\mathbf{R}^3$ で次の三つの部分集合を考える.

$$\pi_1 = \{(x,y,z) \in \mathbf{R}^3 \mid x + y + z = 0\}$$
$$\pi_2 = \{(x,y,z) \in \mathbf{R}^3 \mid x - y - 2z = 1\}$$
$$L = \{(x,y,z) \in \mathbf{R}^3 \mid 2(x-1) = y = z + 1\}$$

$\pi_1 \cap \pi_2$ は直線であり, $\pi_1 \cap L$ は平面 π_1 と直線 L の交点である.

問 3.1 上の例 (3) において, $\pi_1 \cap \pi_2$, $\pi_1 \cap L$ を求めよ. また, $\pi_1 \cup \pi_2$ を式として表せ.

3.1 集合と写像

定義 3.1 集合 X の要素に対して Y の要素を**対応**させる規則において，X の各要素に対して Y の一つの要素が対応しているとき，この対応を X から Y への**写像**という．

注意 3.1 一般の対応においては，X の一つの要素に対して Y の二つ以上の要素が対応することが許される．

X から Y への写像 f を

$$f : X \longrightarrow Y$$

のように記す．これは，X の要素 $x \in X$ が Y の要素 $f(x) \in Y$ に対応することを意味する記号である．

定義 3.2 二つの写像 $f, g : X \longrightarrow Y$ が等しいとは，すべての元 $x \in X$ に対して

$$f(x) = g(x)$$

が成立することである．

写像の中で最も重要なものは**関数**と**線型写像**である．線型写像については改めて論じるので，まず，関数の例を挙げよう．

例 3.3 (1) $f(x) = x^2 + 1$，$g(z) = \sqrt{1-x^2}$ を考える．これらは 1 変数の関数である．$f(x)$ は写像 $f : \mathbf{R} \longrightarrow \mathbf{R}$ と見なすことができる．$g(x)$ は写像 $g : [-1, 1] \longrightarrow \mathbf{R}$ と見なすことができる．

(2) $f(x,y) = x^2 + y^2$，$g(x,y) = \sqrt{1-x^2-y^2}$ を考える．これらは 2 変数の関数である．$f(x,y)$ は，$\mathbf{R}^2$ を座標平面とするとき，写像 $f : \mathbf{R}^2 \longrightarrow \mathbf{R}$ と見なすことができる．$g(x,y)$ は，$B = \{(x,y) \in \mathbf{R}^2 \,|\, x^2 + y^2 \leq 1\}$（閉円板）とするとき，写像 $g : B \longrightarrow \mathbf{R}$ と見なすことができる．

定義 3.3 写像 $f : X \longrightarrow Y$，$g : Y \longrightarrow Z$ に対して，その**合成** $g \circ f$ を

$$g \circ f : X \longrightarrow Z, \quad (g \circ f)(x) = g\bigl(f(x)\bigr) \tag{3.1}$$

と定義する．

定義 3.4 写像 $f: X \longrightarrow Y$，部分集合 $A \subset X$ に対して，f の A への**制限** $f|_A$ を

$$f|_A : A \longrightarrow Y, \quad (f|_A)(x) = f(x) \quad (x \in A) \tag{3.2}$$

により定義する．また，写像 $g: A \longrightarrow Y$ がある写像 $f: X \longrightarrow Y$ の制限になっているとき，f を g の X への**拡大**という．

写像の中には**恒等写像**

$$\mathrm{id}_X : X \longrightarrow X, \quad \mathrm{id}_X(x) = x \tag{3.3}$$

と呼ばれる特別な写像がある．これは写像 $f: X \longrightarrow Y$ との合成において

$$f \circ \mathrm{id}_X = f, \quad \mathrm{id}_Y \circ f = f \tag{3.4}$$

という性質を持つ．また，部分集合 $A \subset X$ に対して，

$$j_A : A \longrightarrow X, \quad j_A(x) = x \quad (x \in A) \tag{3.5}$$

を**包含写像**と呼ぶ．写像 $f: X \longrightarrow Y$ に対して，つぎが成立する．

$$f|_A = f \circ j_A \tag{3.6}$$

定義 3.5 写像 $f: X \longrightarrow Y$ と部分集合 $A \subset X$ に対して，A の f による**像** $f(A) \subset Y$ を

$$f(A) = \{f(x) \,|\, x \in A\} \tag{3.7}$$

により定義する．また，部分集合 $B \subset Y$ に対して，B の f に関する**原像**（または**逆像**）$f^{-1}(B) \subset X$ を

$$f^{-1}(B) = \{x \in X \,|\, f(x) \in B\} \tag{3.8}$$

により定義する．B が一点からなる部分集合 $B = \{y\}$ であるとき，$f^{-1}(\{y\})$ と書く代わりに $f^{-1}(y)$ と書くのが普通である．

問 3.2 (1) 関数 $f(x) = x^2$ について，$f(\mathbf{R}) = \{y \in \mathbf{R} \,|\, 0 \leq y\}$ であることを示せ．また，$I = (1, 2) \subset \mathbf{R}$ とおく．$f^{-1}(I)$ を求めよ．

(2) $J = [-1, 1]$ とする．関数 $g(x) = \sqrt{1-x^2}$ に対して，$g(J)$ を求めよ．また，$g^{-1}(0)$ を求めよ．

(3) 関数の合成 $(f \circ g)(x)$ を求めよ．また，関数 f の定義域を $J = [-1, 1]$ に制限する．このとき，合成 $(g \circ f)(x)$ を求めよ．

問 3.3 (1) 関数 $f(x, y) = x^2 + y^2$ について，$f(\mathbf{R}^2)$ と $f^{-1}(1)$ を求めよ．

(2) 関数 $f(x, y)$ の定義域を $B = \{(x, y) \in \mathbf{R}^2 \mid x^2 + y^2 \leq 1\}$ に制限する．このとき，関数 $g(t) = \sqrt{1-t}$ に対して合成 $g \circ f$ を求めよ．

定義 3.6 (1) 写像 $f \colon X \longrightarrow Y$ が**単射**であるとは，
$$f(x) = f(x') \text{ であるとき，} x = x' \tag{3.9}$$
が成立することである．任意の要素 $x \in X$ に対して，$f^{-1}\bigl(f(x)\bigr) = \{x\}$ が成立するといっても同じことである．包含写像は単射である．

(2) 写像 $f \colon X \longrightarrow Y$ が**全射**であるとは，任意の要素 $y \in Y$ に対して，$y = f(x)$ をみたす要素 $x \in X$ が存在することである．つぎが成立するといっても同じことである．
$$Y = f(X) \tag{3.10}$$

(3) 写像 $f \colon X \longrightarrow Y$ が単射かつ全射であるとき，**全単射**（または**双射**）という．恒等写像は全単射である．

例 3.4 (1) 写像 $j \colon \mathbf{R}^2 \longrightarrow \mathbf{R}^3$, $j(x, y) = (x, y, 0)$ は単射である．

(2) 写像 $p \colon \mathbf{R}^3 \longrightarrow \mathbf{R}^2$, $p(x, y, z) = (x, y)$ は全射である．

(3) 関数 $f \colon [-\pi/2, \pi/2] \longrightarrow [-1, 1]$, $f(x) = \sin x$ は全単射である．

(4) 関数 $g \colon (-\pi/2, \pi/2) \longrightarrow \mathbf{R}$, $g(x) = \tan x$ は全単射である．

命題 3.1 写像 $f \colon X \longrightarrow Y$ が全単射であるための必要十分条件は，写像 $g \colon Y \longrightarrow X$ で
$$g \circ f = \mathrm{id}_X, \quad f \circ g = \mathrm{id}_Y \tag{3.11}$$

をみたすものが存在することである．また，このような g は唯一つ定まる．

証明 $f: X \longrightarrow Y$ が全単射であるとすると，任意の $y \in Y$ に対して，唯一つの $x \in X$ が存在して，$y = f(x)$ をみたす．これより，写像 $g: Y \longrightarrow X$ が，$g(y) = x$（ただし $y = f(x)$ である）により定義できることが分る．このとき，$x \in X$ に対して，

$$\begin{aligned}(g \circ f)(x) &= g\bigl(f(x)\bigr) \\ &= g(y) \quad (y = f(x) \text{ とおいた}) \\ &= x \quad (g \text{ の定義})\end{aligned}$$

が成立する．よって，$g \circ f = \mathrm{id}_X$ である．また，任意の $y \in Y$ に対して，

$$\begin{aligned}(f \circ g)(y) &= f\bigl(g(y)\bigr) \\ &= f(x) \quad (x = g(y) \text{ とおいた}) \\ &= y \quad (x = g(y) \text{ は } y = f(x) \text{ に他ならない})\end{aligned}$$

が成立する．よって，$f \circ g = \mathrm{id}_Y$ である．以上で，必要性が示された．

十分性を示そう．$g \circ f = \mathrm{id}_X$ より，$f(x) = f(x')$ であるとき，

$$\begin{aligned}x &= (g \circ f)(x) = g\bigl(f(x)\bigr) \\ &= g\bigl(f(x')\bigr) \quad \bigl(f(x) = f(x')\bigr) \\ &= (g \circ f)(x') \\ &= x'\end{aligned}$$

これより，f は単射である．つぎに，$f \circ g = \mathrm{id}_Y$ とすると，$y \in Y$ に対して $x = g(y)$ とおくとき，

$$\begin{aligned}y &= (f \circ g)(y) \\ &= f\bigl(g(y)\bigr) \\ &= f(x)\end{aligned}$$

が成立つ．よって，f は全射である．以上で，十分性も示された． □

定義 3.7 写像 $f: X \longrightarrow Y$ が全単射であるとき，上の条件をみたす写像 $g: Y \longrightarrow X$

を f の**逆写像**と呼び，f^{-1} と記す（関数に対しては，**逆関数**と呼ぶ）．つまり，
$$f^{-1} \circ f = \mathrm{id}_X, \quad f \circ f^{-1} = \mathrm{id}_Y \tag{3.12}$$
をみたしている．

注意 3.2 逆写像を表す $f^{-1}(y)$ と原像を表す $f^{-1}(B)$ は同じ記号を使うが，意味は異なるので注意を要する．

問 3.4 区間 (a, b) から 数直線 $\mathbf{R}$ への全単射な写像（関数）を一つ構成せよ．また，その逆写像を求めよ．

問 3.5 写像 $f : X \longrightarrow Y$ と $g : Y \longrightarrow Z$ に対して，つぎのことを証明せよ．

(1) 合成写像 $g \circ f$ が単射であるとき，f は単射である．

(2) 合成写像 $g \circ f$ が全射であるとき，g は全射である．

問 3.6 写像 $f : X \longrightarrow Y$，部分集合 $A, A_1, A_2 \subset X$，$B, B_1, B_2 \subset Y$ とする．つぎのことを示せ．

(1) $f(A_1 \cup A_2) = f(A_1) \cup f(A_2)$.

(2) $f(A_1 \cap A_2) \subset f(A_1) \cap f(A_2)$.

(3) $f^{-1}(B_1 \cup B_2) = f^{-1}(B_1) \cup f^{-1}(B_2)$.

(4) $f^{-1}(B_1 \cap B_2) = f^{-1}(B_1) \cap f^{-1}(B_2)$.

(5) $A \subset f^{-1}(f(A)) \quad (A \subset X)$.

(6) $f(f^{-1}(B)) = B \cap f(X)$. f が全射ならば，$f(f^{-1}(B)) = B$ が成立つ．

(7) $f(A^c) \supset f(X) \setminus f(A)$. ここで，$A \setminus B$ は**差集合**を表す．
$$A \setminus B = \{a \,|\, a \in A, \text{ かつ}, a \notin B\}$$

(8) $f^{-1}(Y \setminus B) = X \setminus f^{-1}(B)$.

(9) 写像 $f : X \longrightarrow Y$, $g : Y \longrightarrow Z$ と，$C \subset Z$ に対して，$(g \circ f)^{-1}(C) = f^{-1}(g^{-1}(C))$ であることを示せ．

3.2　$\mathbf{R}^2$ と $\mathbf{R}^3$ における線型写像

平面ベクトルの集合 $\mathbf{R}^2$ や空間ベクトルの集合 $\mathbf{R}^3$ は**ベクトル空間**の大切な例である．ベクトル空間と線型写像の一般的な定義については後で行う．ここでは，V を $\mathbf{R}^2$, $\mathbf{R}^3$ として，V から V への線型写像を考察することにする．

定義 3.8 写像 $T: V \longrightarrow V$ がつぎの条件をみたすとき，この写像を**線型写像**という．

$$T(\mathbf{x} + \mathbf{y}) = T(\mathbf{x}) + T(\mathbf{y}) \quad (\mathbf{x}, \mathbf{y} \in V) \tag{3.13}$$

$$T(a\mathbf{x}) = aT(\mathbf{x}) \quad (\mathbf{x} \in V, \, a \in \mathbf{R}) \tag{3.14}$$

例 3.5 (1) V の恒等写像 id_V は線型写像である．

(2) V の各ベクトル $\mathbf{x}$ を零ベクトル $\mathbf{0}$ に対応させる写像 O_V は線型写像である．

(3) $V = \mathbf{R}^2,\, \mathbf{R}^3$ において，ベクトル $\mathbf{a} \neq \mathbf{0}$ を選ぶ．ベクトル $\mathbf{x} \in V$ を $\mathbf{a}$ への正射影 $\mathbf{x_a}$ に対応させる写像

$$T(\mathbf{x}) = \mathbf{x_a} \left(= \frac{(\mathbf{x}, \mathbf{a})}{\|\mathbf{a}\|^2} \mathbf{a} \right)$$

は線型写像である．

(4) $V = \mathbf{R}^3$ において，平面 $\pi: ax + by + cz = d$ を一つ選ぶ．ベクトル $\mathbf{x} \in \mathbf{R}^3$ を平面 π への正射影に対応させる写像

$$S(\mathbf{x}) = \mathbf{x}_\pi \left(= \mathbf{x} - \frac{(\mathbf{x}, \mathbf{a})}{\|\mathbf{a}\|^2} \mathbf{a} \right)$$

は線型写像である．ただし，$\mathbf{a} = \begin{pmatrix} a \\ b \\ c \end{pmatrix}$ である．

問 3.7 上の例を証明せよ．

線型写像 $T: V \longrightarrow V$ は，

$$T(\mathbf{0}) = \mathbf{0} \tag{3.15}$$

をみたす．なぜならば，$\mathbf{0} = \mathbf{0} + \mathbf{0}$ であるから，写像の線型性 (3.13) より，

$$T(\mathbf{0}) = T(\mathbf{0}) + T(\mathbf{0})$$

である．これより，(3.15) を得る．

命題 3.2 $T: V \longrightarrow V$ を線型写像とする．

(1) T が全射であることは $T(V) = V$ が成立することと同じである．

(2) T が単射であることは

$$T(\mathbf{x}) = \mathbf{0} \implies \mathbf{x} = \mathbf{0} \tag{3.16}$$

の成立することと同じである．原像の概念を使うならば，この条件は

$$T^{-1}(\mathbf{0}) = \{\mathbf{0}\} \tag{3.17}$$

と表すこともできる．

証明 (1) は (3.10) より明らかである．
(2) を証明しよう．単射の定義は，

$$T(\mathbf{x}_1) = T(\mathbf{x}_2) \implies \mathbf{x}_1 = \mathbf{x}_2 \tag{3.18}$$

であるが，これは，T の線型性より，

$$T(\mathbf{x}_1 - \mathbf{x}_2) = \mathbf{0} \implies \mathbf{x}_1 - \mathbf{x}_2 = \mathbf{0}$$

と同じである．したがって，(3.16) が成立すれば単射である．

逆に，(3.15) に注意すると，単射であるとき (3.16) が成立する ((3.18) において，$\mathbf{x}_1 = \mathbf{x}$, $\mathbf{x}_2 = \mathbf{0}$ とすればよい)． □

写像の線型性の条件 (3.13) をまとめて表現すると，任意の $\mathbf{x}, \mathbf{y} \in V$, $a, b \in \mathbf{R}$ に対して

$$T(a\mathbf{x} + b\mathbf{y}) = aT(\mathbf{x}) + bT(\mathbf{y}) \tag{3.19}$$

が成立することであるといってもよい．帰納的に

$$T(a_1\mathbf{x}_1 + \cdots + a_n\mathbf{x}_n) = a_1T(\mathbf{x}_1) + \cdots + a_nT(\mathbf{x}_n) \tag{3.20}$$

が成立することを証明できる．

問 3.8 n に関する帰納法により，(3.20) を証明せよ．

$V = \mathbf{R}^2$ の場合の線型写像を詳しく考察しよう．$\mathbf{e}_1, \mathbf{e}_2 \in \mathbf{R}^2$ を単位ベクトルとする．線型写像 $T: \mathbf{R}^2 \longrightarrow \mathbf{R}^2$ に対して，

$$T(\mathbf{e}_1) = \mathbf{a}_1 = \begin{pmatrix} a_{11} \\ a_{21} \end{pmatrix}, \quad T(\mathbf{e}_2) = \mathbf{a}_1 = \begin{pmatrix} a_{12} \\ a_{22} \end{pmatrix}$$

とおく．ベクトル $\mathbf{x} \in \mathbf{R}^2$ を

$$\mathbf{x} = \begin{pmatrix} x_1 \\ x_2 \end{pmatrix} = x_1 \mathbf{e}_1 + x_2 \mathbf{e}_2$$

として，T の線型性を用いると

$$\begin{aligned} T(\mathbf{x}) &= T(x_1 \mathbf{e}_1 + x_2 \mathbf{e}_2) \\ &= x_1 T(\mathbf{e}_1) + x_2 T(\mathbf{e}_2) = x_1 \mathbf{a}_1 + x_2 \mathbf{a}_2 \\ &= x_1 \begin{pmatrix} a_{11} \\ a_{21} \end{pmatrix} + x_2 \begin{pmatrix} a_{12} \\ a_{22} \end{pmatrix} = \begin{pmatrix} a_{11} x_1 + a_{12} x_2 \\ a_{21} x_1 + a_{22} x_2 \end{pmatrix} \end{aligned} \tag{3.21}$$

を得る．ここで，四つの数 $a_{11}, a_{21}, a_{12}, a_{22}$ を 2 行 2 列に配置した

$$A = \begin{pmatrix} a_{11} & a_{12} \\ a_{21} & a_{22} \end{pmatrix} \tag{3.22}$$

という記号を導入しよう．これを**行列**という．行列において，横の数の並びを**行**といい，縦の数の並びを**列**という．この例は 2 行 2 列なので，このような行列を **2 次行列**という．

A の表示 (3.22) において，平面ベクトル $\mathbf{a}_1 = \begin{pmatrix} a_{11} \\ a_{21} \end{pmatrix}$，$\mathbf{a}_2 = \begin{pmatrix} a_{12} \\ a_{22} \end{pmatrix}$ を用いて，

$$A = (\mathbf{a}_1, \mathbf{a}_2) \tag{3.23}$$

のようにベクトルを並べた形で行列を表すことを行列の**列ベクトル表示**と呼ぶことにする（内積と混同しないように注意する）．行列とベクトルの**積** $A\mathbf{x}$ を

$$A\mathbf{x} = \begin{pmatrix} a_{11} x_1 + a_{12} x_2 \\ a_{21} x_1 + a_{22} x_2 \end{pmatrix} \tag{3.24}$$

と定義すれば，(3.21) は，$T(\mathbf{x}) = A\mathbf{x}$ とまとめることができる．

命題 3.3 線型写像 $T: \mathbf{R}^2 \longrightarrow \mathbf{R}^2$ に対して，

$$\mathbf{a}_1 = T(\mathbf{e}_1) = \begin{pmatrix} a_{11} \\ a_{21} \end{pmatrix}, \quad \mathbf{a}_1 = T(\mathbf{e}_2) = \begin{pmatrix} a_{12} \\ a_{22} \end{pmatrix}$$

として，行列 A を

3.2 $\mathbf{R}^2$ と $\mathbf{R}^3$ における線型写像

$$A = \begin{pmatrix} a_{11} & a_{12} \\ a_{21} & a_{22} \end{pmatrix}$$

とおけば,

$$T(\mathbf{x}) = A\mathbf{x} \tag{3.25}$$

と表すことができる. 逆に, この式で表すことのできる写像 $T: \mathbf{R}^2 \longrightarrow \mathbf{R}^2$ は線型写像である.

証明 命題の後半部分を示せばよい. 写像 $T: \mathbf{R}^2 \longrightarrow \mathbf{R}^2$ が (3.25) で表されているとすると,

$$\begin{aligned} T(\mathbf{x}+\mathbf{y}) &= A(\mathbf{x}+\mathbf{y}) \\ &= \begin{pmatrix} a_{11}(x_1+y_1) + a_{12}(x_2+y_2) \\ a_{21}(x_1+y_1) + a_{22}(x_2+y_2) \end{pmatrix} \\ &= \begin{pmatrix} a_{11}x_1 + a_{12}x_2 \\ a_{21}x_1 + a_{22}x_2 \end{pmatrix} + \begin{pmatrix} a_{11}y_1 + a_{12}y_2 \\ a_{21}y_1 + a_{22}y_2 \end{pmatrix} \\ &= A\mathbf{x} + A\mathbf{y} \\ &= T(\mathbf{x}) + T(\mathbf{y}) \end{aligned}$$

また,

$$\begin{aligned} T(k\mathbf{x}) &= A(k\mathbf{x}) \\ &= \begin{pmatrix} a_{11}(kx_1) + a_{12}(kx_2) \\ a_{21}(kx_1) + a_{22}(kx_2) \end{pmatrix} = k \begin{pmatrix} a_{11}x_1 + a_{12}x_2 \\ a_{21}x_1 + a_{22}x_2 \end{pmatrix} \\ &= kT(\mathbf{x}) \end{aligned}$$

も成立する. よって, T は線型写像である. □

この命題における行列 A を線型写像 T の**表現行列**と呼ぶことにする.

ベクトル空間 $\mathbf{R}^3$ における線型写像についても同様のことがいえることに注意しよう. 九つの数 a_{ij} ($1 \leq i, j \leq 3$) を 3 行 3 列に配置した

$$A = \begin{pmatrix} a_{11} & a_{12} & a_{13} \\ a_{21} & a_{22} & a_{23} \\ a_{31} & a_{32} & a_{33} \end{pmatrix} \tag{3.26}$$

という記号を導入し，これを **3 次行列** と呼ぶ．この場合も，空間ベクトル $\mathbf{a}_1 = \begin{pmatrix} a_{11} \\ a_{21} \\ a_{31} \end{pmatrix}$,

$\mathbf{a}_2 = \begin{pmatrix} a_{12} \\ a_{22} \\ a_{32} \end{pmatrix}, \mathbf{a}_3 = \begin{pmatrix} a_{13} \\ a_{23} \\ a_{33} \end{pmatrix}$ を用いて，

$$A = (\mathbf{a}_1, \mathbf{a}_2, \mathbf{a}_3) \tag{3.27}$$

と表すことがある．これが 3 次行列に対する**列ベクトル表示**である．

3 次行列と空間ベクトルの**積** $A\mathbf{x}$ を

$$A\mathbf{x} = \begin{pmatrix} a_{11}x_1 + a_{12}x_2 + a_{13}x_3 \\ a_{21}x_1 + a_{22}x_2 + a_{23}x_3 \\ a_{31}x_1 + a_{32}x_2 + a_{33}x_3 \end{pmatrix} \tag{3.28}$$

とすれば，命題 3.3 とまったく同じように次の命題を示すことができる．

命題 3.4 線型写像 $T: \mathbf{R}^3 \longrightarrow \mathbf{R}^3$ に対して，

$$\mathbf{a}_i = T(\mathbf{e}_i) = \begin{pmatrix} a_{1i} \\ a_{2i} \\ a_{3i} \end{pmatrix}, \quad (i = 1, 2, 3)$$

($\mathbf{e}_i$ ($i = 1, 2, 3$) は $\mathbf{R}^3$ の単位ベクトル) として，行列 A を

$$A = \begin{pmatrix} a_{11} & a_{12} & a_{13} \\ a_{21} & a_{22} & a_{23} \\ a_{31} & a_{32} & a_{33} \end{pmatrix}$$

とおけば，

$$T(\mathbf{x}) = A\mathbf{x} \tag{3.29}$$

と表すことができる．逆に，この式で表すことのできる写像 $T: \mathbf{R}^3 \longrightarrow \mathbf{R}^3$ は線型写像である．

3.2 $\mathbf{R}^2$ と $\mathbf{R}^3$ における線型写像

例 3.6 (1) 恒等写像 $\mathrm{id}_{\mathbf{R}^2} : \mathbf{R}^2 \longrightarrow \mathbf{R}^2$, $\mathrm{id}_{\mathbf{R}^2}(\mathbf{x}) = \mathbf{x}$ は線型写像であり, $\mathrm{id}_{\mathbf{R}^2}(\mathbf{x}) = E_2 \mathbf{x}$ である. ここで, E_2 は 2 次の**単位行列**である.

$$E = E_2 = \begin{pmatrix} 1 & 0 \\ 0 & 1 \end{pmatrix} \tag{3.30}$$

(2) 恒等写像 $\mathrm{id}_{\mathbf{R}^3} : \mathbf{R}^3 \longrightarrow \mathbf{R}^3$ の表現行列は 3 次の単位行列である.

$$E = E_3 = \begin{pmatrix} 1 & 0 & 0 \\ 0 & 1 & 0 \\ 0 & 0 & 1 \end{pmatrix} \tag{3.31}$$

(3) 零写像 $O_{\mathbf{R}^2} : \mathbf{R}^2 \longrightarrow \mathbf{R}^2$, $O_{\mathbf{R}^2}(\mathbf{x}) = \mathbf{0}$ は線型写像であり, $O_{\mathbf{R}^2}(\mathbf{x}) = O_2 \mathbf{x}$ である. ここで, O_2 は 2 次の**零行列**である.

$$O = O_2 = \begin{pmatrix} 0 & 0 \\ 0 & 0 \end{pmatrix} \tag{3.32}$$

(4) 零写像 $O_{\mathbf{R}^3} : \mathbf{R}^3 \longrightarrow \mathbf{R}^3$ の表現行列は 3 次の零行列である.

$$O = O_3 = \begin{pmatrix} 0 & 0 & 0 \\ 0 & 0 & 0 \\ 0 & 0 & 0 \end{pmatrix} \tag{3.33}$$

例 3.7 $\mathbf{a} = \begin{pmatrix} a_1 \\ a_2 \end{pmatrix} \neq \mathbf{0}$ とする. 線型写像 $T : \mathbf{R}^2 \longrightarrow \mathbf{R}^2$

$$T(\mathbf{x}) = \frac{(\mathbf{x}, \mathbf{a})}{\|\mathbf{a}\|^2} \mathbf{a}$$

に対応する表現行列を求める. $T(\mathbf{e}_1)$, $T(\mathbf{e}_2)$ を計算すると

$$T(\mathbf{e}_1) = \frac{1}{a_1^2 + a_2^2} \begin{pmatrix} a_1^2 \\ a_1 a_2 \end{pmatrix}, \quad T(\mathbf{e}_2) = \frac{1}{a_1^2 + a_2^2} \begin{pmatrix} a_1 a_2 \\ a_2^2 \end{pmatrix}$$

したがって, T の表現行列 A_T は

$$A_T = \begin{pmatrix} \frac{a_1^2}{a_1^2 + a_2^2} & \frac{a_1 a_2}{a_1^2 + a_2^2} \\ \frac{a_1 a_2}{a_1^2 + a_2^2} & \frac{a_2^2}{a_1^2 + a_2^2} \end{pmatrix}$$

問 3.9 $\mathbf{a} = \begin{pmatrix} a_1 \\ a_2 \end{pmatrix} \neq \mathbf{0}$ とする．以下の問に答えよ．

(1) 線型写像 $S: \mathbf{R}^2 \longrightarrow \mathbf{R}^2$

$$S(\mathbf{x}) = \mathbf{x} - \frac{(\mathbf{x}, \mathbf{a})}{\|\mathbf{a}\|^2} \mathbf{a}$$

の表現行列 A_S を求めよ．

(2) 線型写像 $M: \mathbf{R}^2 \longrightarrow \mathbf{R}^2$

$$M(\mathbf{x}) = \mathbf{x} - 2\frac{(\mathbf{x}, \mathbf{a})}{\|\mathbf{a}\|^2} \mathbf{a}$$

の表現行列 A_M を求めよ．

問 3.10 線型写像 T, S, M は例 3.7 と問 3.9 にあるものとする．つぎを求めよ．

(1) $T(T(\mathbf{x}))$ (2) $S(S(\mathbf{x}))$ (3) $M(M(\mathbf{x}))$

問 3.11 線型写像 T, S, M は例 3.7 と問 3.9 にあるものとする．つぎを求めよ．

(1) $T(\mathbf{R}^2)$ (2) $S(\mathbf{R}^2)$ (3) $M(\mathbf{R}^2)$

また，これらの線型写像の中で単射であるものはどれか．

3.3　2次行列の代数

2次行列の和，スカラー倍，積について定義を与える．
$A = \begin{pmatrix} a_{11} & a_{12} \\ a_{21} & a_{22} \end{pmatrix}$, $B = \begin{pmatrix} b_{11} & b_{12} \\ b_{21} & b_{22} \end{pmatrix}$, $k \in \mathbf{R}$ とする．A と B の和と A のスカラー倍を

$$A + B = \begin{pmatrix} a_{11} + b_{11} & a_{12} + b_{12} \\ a_{21} + b_{21} & a_{22} + b_{22} \end{pmatrix} \tag{3.34}$$

$$kA = \begin{pmatrix} ka_{11} & ka_{12} \\ ka_{21} & ka_{22} \end{pmatrix} \tag{3.35}$$

と定義する．また，A と B の積を

$$AB = \begin{pmatrix} a_{11}b_{11} + a_{12}b_{21} & a_{11}b_{12} + a_{12}b_{22} \\ a_{21}b_{11} + a_{22}b_{21} & a_{21}b_{12} + a_{22}b_{22} \end{pmatrix} \tag{3.36}$$

と定義する．

ここで，積については，$B = (\mathbf{b}_1, \mathbf{b}_2)$ とすると，

$$AB = A(\mathbf{b}_1, \mathbf{b}_2) = (A\mathbf{b}_1, A\mathbf{b}_2) \tag{3.37}$$

と計算できる．また，$A = (\mathbf{a}_1, \mathbf{a}_2)$ とすると，

$$AB = (\mathbf{a}_1, \mathbf{a}_2) \begin{pmatrix} b_{11} & b_{12} \\ b_{21} & b_{22} \end{pmatrix} = (b_{11}\mathbf{a}_1 + b_{21}\mathbf{a}_2, b_{12}\mathbf{a}_1 + b_{22}\mathbf{a}_2) \tag{3.38}$$

が成立している．

行列の中において，零行列 O と単位行列 E は特別な働きをする：

$$O = \begin{pmatrix} 0 & 0 \\ 0 & 0 \end{pmatrix}, \quad E = \begin{pmatrix} 1 & 0 \\ 0 & 1 \end{pmatrix}$$

和と積の定義より，

$$A + O = O + A = A, \quad AO = OA = O \tag{3.39}$$

$$AE = EA = A \tag{3.40}$$

が成立している．また，

$$kE = \begin{pmatrix} k & 0 \\ 0 & k \end{pmatrix}$$

の形の行列を**スカラー行列**と呼ぶ．行列のスカラー倍に対してつぎが成立する．

$$kA = (kE)A = A(kE)$$

行列の和，積についてはつぎの規則が成立している．

命題 3.5 (1) $A + B = B + A$ （和の交換法則）

(2) $A + (B + C) = (A + B) + C$ （和の結合法則）

(3) A に対して，$A + B = B + A = O$ をみたす行列 $-A$ が存在する．$-A = (-1)A$ である．（和に関する逆元）そして，「差」$A - B$ を $A + (-B)$ で定義する．

(4) 積の結合法則 $A(BC) = (AB)C$ が成立する．しかし，積の交換法則 $AB = BA$ は一般には成立しない．

(5) $(A+B)C = AC+BC$, $A(B+C) = AB+AC$ （分配法則）

問 3.12 命題 3.5 を証明せよ．

定義 3.9 線型写像 $T: \mathbf{R}^2 \longrightarrow \mathbf{R}^2$, $S: \mathbf{R}^2 \longrightarrow \mathbf{R}^2$ の和とスカラー倍を

$$(T+S)(\mathbf{x}) = T(\mathbf{x})+S(\mathbf{x}), \quad (kT)(\mathbf{x}) = kT(\mathbf{x}) \tag{3.41}$$

により定義する．

つぎの命題の成立は明らかであろう．

命題 3.6 (1) 線型写像 $T: \mathbf{R}^2 \longrightarrow \mathbf{R}^2$, $S: \mathbf{R}^2 \longrightarrow \mathbf{R}^2$ の和 $T+S$, スカラー倍 kT は線型写像である．

(2) $T(\mathbf{x}) = A\mathbf{x}$, $S(\mathbf{x}) = B\mathbf{x}$ とするとき，つぎのようになる．

$$(T+S)(\mathbf{x}) = (A+B)\mathbf{x}, \quad (kT)(\mathbf{x}) = kA\mathbf{x} \tag{3.42}$$

線型写像の合成についてはつぎの命題が成立する．

命題 3.7 (1) 線型写像 $T: \mathbf{R}^2 \longrightarrow \mathbf{R}^2, S: \mathbf{R}^2 \longrightarrow \mathbf{R}^2$ の合成写像 $T \circ S: \mathbf{R}^2 \longrightarrow \mathbf{R}^2$,

$$(T \circ S)(\mathbf{x}) = T(S(\mathbf{x}))$$

は線型写像である．

(2) $T(\mathbf{x}) = A\mathbf{x}$, $S(\mathbf{x}) = B\mathbf{x}$ とするとき，

$$(T \circ S)(\mathbf{x}) = (AB)\mathbf{x} \tag{3.43}$$

である．

証明 (1) 写像の合成の定義により，

$$(T \circ S)(\mathbf{x}+\mathbf{y}) = T(S(\mathbf{x}+\mathbf{y})) = T(S(\mathbf{x})+S(\mathbf{y}))$$
$$= T(S(\mathbf{x})) + T(S(\mathbf{y})) = (T \circ S)(\mathbf{x}) + (T \circ S)(\mathbf{y})$$

また，つぎのようになる．

$$(T \circ S)(k\mathbf{x}) = T\bigl(S(k\mathbf{x})\bigr) = T\bigl(kS(\mathbf{x})\bigr) = kT\bigl(S(\mathbf{x})\bigr) = k(T \circ S)(\mathbf{x})$$

(2) B の列ベクトル表示を $B = (\mathbf{b}_1, \mathbf{b}_2)$ とすると，

$$(T \circ S)(\mathbf{e}_i) = T(B\mathbf{e}_i) = T(\mathbf{b}_i) = A\mathbf{b}_i \quad (i = 1, 2)$$

であるので，$T \circ S$ の表現行列は $(A\mathbf{b}_1, A\mathbf{b}_2) = AB$ である． □

問 3.13 線型写像 T, S, M は例 3.7 と問 3.9 にあるものとして，その表現行列を A_T, A_S, A_M とする．つぎのことを示せ．

(1) $A_T^2 = A_T$，ただし，$A^n = \underbrace{A \cdots A}_{n}$ である． (2) $A_S^2 = A_S$， (3) $A_M^2 = E$

定義 3.10 行列 A に対して，

$$AB = BA = E \tag{3.44}$$

をみたす行列 B を A の**逆行列**と呼ぶ．

命題 3.8 A の逆行列は存在するならば唯一つである．

証明 (1) B_1, B_2 がともに，$AB_i = B_iA = E$ $(i = 1, 2)$ をみたすとすると，

$$B_2 = B_2 E = B_2(AB_1) = (B_2 A)B_1 = EB_1 = B_1$$

が成立する．これは逆行列の一意性を意味している． □

A が逆行列を持つとき，これを A^{-1} と記す．

$$AA^{-1} = A^{-1}A = E$$

である．また，逆行列を持つ行列を**正則行列**（または**可逆行列**）という．

命題 3.9 (1) A が正則ならば，A^{-1} も正則であり，つぎが成立する．

$$(A^{-1})^{-1} = A \tag{3.45}$$

(2) A, B が正則ならば，積 AB も正則であり，その逆行列はつぎのようになる．

$$(AB)^{-1} = B^{-1}A^{-1} \tag{3.46}$$

証明 (1) $X = A$ とおくと，$XA^{-1} = A^{-1}X = E$ であるから，X は A^{-1} の逆行列である．

(2) $X = B^{-1}A^{-1}$ とおくと，積の結合法則と (3.40) を用いて，

$$X(AB) = B^{-1}(A^{-1}A)B = B^{-1}EB = B^{-1}B = E$$
$$(AB)X = A(BB^{-1})A^{-1} = AEA^{-1} = AA^{-1} = E$$

であるから，X は AB の逆行列である． □

定義 3.11 行列 $A = \begin{pmatrix} a_{11} & a_{12} \\ a_{21} & a_{22} \end{pmatrix}$ に対して，その行列式 $\det A$ を

$$\det A = \begin{vmatrix} a_{11} & a_{12} \\ a_{21} & a_{22} \end{vmatrix} = a_{11}a_{22} - a_{12}a_{21} \tag{3.47}$$

と定義する．

命題 3.10 (1) $\det(AB) = \det A \det B$ が成立つ．

(2) A が正則行列であるための必要十分条件は $\det A \neq 0$ である．また，$A = \begin{pmatrix} a_{11} & a_{12} \\ a_{21} & a_{22} \end{pmatrix}$ の逆行列はつぎのように与えられる．

$$A^{-1} = \frac{1}{\det A} \begin{pmatrix} a_{22} & a_{12} \\ a_{21} & a_{11} \end{pmatrix} \tag{3.48}$$

(3) A が正則行列であるとき，$\det(A^{-1}) = (\det A)^{-1}$ が成立する．

証明 (1) (3.38) より，

$$\det(AB) = (a_{11}b_{11} + a_{12}b_{21})(a_{21}b_{12} + a_{22}b_{22}) - (a_{11}b_{12} + a_{12}b_{22})(a_{21}b_{11} + a_{22}b_{21})$$
$$= (a_{11}a_{22} - a_{12}a_{21})(b_{11}b_{22} - b_{12}b_{21})$$
$$= \det A \det B$$

である．

(2) 式 (3.48) が A の逆行列を与えることは計算によって示すことができる．

(3) (1) より，$\det(AA^{-1}) = \det A \det A^{-1} = \det E = 1$．よって，$\det A \neq 0$ であり，$\det(A^{-1}) = (\det A)^{-1}$ が成立する． □

線型写像の逆写像と逆行列の関係をまとめておく．

命題 3.11 (1) 線型写像 $T: \mathbf{R}^2 \longrightarrow \mathbf{R}^2$ が全単射であるとき，その逆写像 $T^{-1}: \mathbf{R}^2 \longrightarrow \mathbf{R}^2$ も線型写像である．

(2) 線型写像 $T: \mathbf{R}^2 \longrightarrow \mathbf{R}^2$, $T(\mathbf{x}) = A\mathbf{x}$ が全単射であるための必要十分条件 A は正則行列となることである．また，T が全単射であるとき，$T^{-1}(\mathbf{x}) = A^{-1}\mathbf{x}$ が成立する．

証明 (1) 任意の $\mathbf{y}_1, \mathbf{y}_2 \in \mathbf{R}^2$, $a, b \in \mathbf{R}$ に対して，$\mathbf{x}_1, \mathbf{x}_2$ が一意的に定まり，$\mathbf{y}_i = T(\mathbf{x}_i)$ $(i = 1, 2)$ が成立している．これは，$\mathbf{x}_i = T^{-1}(\mathbf{y}_i)$ $(i = 1, 2)$ と同値である．よって，

$$a\mathbf{y}_1 + b\mathbf{y}_2 = aT(\mathbf{x}_1) + bT(\mathbf{x}_2)$$
$$= T(a\mathbf{x}_1 + b\mathbf{x}_2)$$

よって，

$$T^{-1}(a\mathbf{y}_1 + b\mathbf{y}_2) = T^{-1}\bigl(T(a\mathbf{x}_1 + b\mathbf{x}_2)\bigr)$$
$$= a\mathbf{x}_1 + b\mathbf{x}_2$$
$$= aT^{-1}(\mathbf{y}_1) + bT^{-1}(\mathbf{y}_2)$$

したがって，T^{-1} も線型写像である．

(2) (1) より，T の逆写像は線型写像であるので，$T^{-1}(\mathbf{x}) = B\mathbf{x}$ とおくことができる．$T \circ T^{-1} = T^{-1} \circ T = \mathrm{id}_{\mathbf{R}^2}$ より，$AB = BA = E$ が成立する．したがって，A は正則行列であり，$T^{-1}(\mathbf{x}) = A^{-1}\mathbf{x}$ が成立する．A が正則行列であるとき，$S(\mathbf{x}) = A^{-1}\mathbf{x}$ は T の逆写像である．よって，全単射である． □

問 3.14 線型写像 T, S, M は例 3.7 と問 3.9 にあるものとし，その表現行列 A_T, A_S, A_M を考える．
　それらの行列式を計算せよ．A_T, A_S, A_M の中で正則行列であるものはどれか．また，そのときの逆行列も求めよ．

3.4　座標平面上の写像としての線型写像

線型写像 $T: \mathbf{R}^2 \longrightarrow \mathbf{R}^2$ を，座標平面 $\mathbf{R}^2$ から座標平面 $\mathbf{R}^2$ への写像と見なすことができる．両者とも同じ記号で表すことにすれば，座標平面の点 P の写像 T による行き先 $T(P)$ を

$$T(P) = T(\overrightarrow{OP}) \tag{3.49}$$

で定義するのである．このときつぎの命題が成立つ．

命題 3.12 (1) 線型写像 $T: \mathbf{R}^2 \longrightarrow \mathbf{R}^2$ は直線を直線，または，一点に写す．とくに，原点を通る直線をは原点を通る直線か，または，原点に写す．

(2) 線型写像 $T: \mathbf{R}^2 \longrightarrow \mathbf{R}^2$ は平行な直線を平行な直線に写すか，または，点に写す．

(3) 線型写像 $T: \mathbf{R}^2 \longrightarrow \mathbf{R}^2$ は平行四辺形を平行四辺形に写すか，または，線分，点に写す．

(4) $T(\mathbf{x}) = M\mathbf{x}$ とする．T が全単射であるとき，平行四辺形は面積が $|\det M|$ 倍の平行四辺形に写される．

証明 直線 L のベクトル表示を

$$\mathbf{x} = \mathbf{p} + t\mathbf{u} \quad (-\infty < t < \infty)$$

とする．これを線型写像 T で写すと，

$$\mathbf{y} = T(\mathbf{x}) = T(\mathbf{p}) + tT(\mathbf{u}) \quad (-\infty < t < \infty)$$

である．$T(\mathbf{u}) \neq \mathbf{0}$ であれば，L の像 $T(L)$ は，点 $T(\mathbf{p})$ を通り方向ベクトル $T(\mathbf{u})$ の直線であり，$T(\mathbf{u}) = \mathbf{0}$ であれば，像 $T(L)$ は一点 $T(\mathbf{p})$ からなる集合である．L が原点を通るとき，そのベクトル表示は

$$\mathbf{x} = t\mathbf{u} \quad (-\infty < t < \infty)$$

とすることができる．これを T で写すと，

$$\mathbf{y} = T(\mathbf{x}) = tT(\mathbf{u}) \quad (-\infty < t < \infty)$$

となる．これは原点を通る直線か，または，原点のみからなる集合を表す．

二つの平行な直線は，方向ベクトルを同じに取ることができる．

$$L_1 : \mathbf{x} = \mathbf{p}_1 + t_1\mathbf{u} \quad (-\infty < t_1 < \infty), \quad L_2 : \mathbf{x} = \mathbf{p}_2 + t_2\mathbf{u} \quad (-\infty < t_2 < \infty)$$

を T で写せば，

$$T(L_1) : \mathbf{y} = T(\mathbf{p}_1) + t_1 T(\mathbf{u}),$$
$$T(L_2) : \mathbf{y} = T(\mathbf{p}_2) + t_2 T(\mathbf{u})$$

となる．$T(L_1)$, $T(L_2)$ は平行な直線か点を表す．

(3) 平行四辺形 $ABCD$ の辺 AB, AD のベクトル表示を

(AB): $\mathbf{x} = \mathbf{a} + s\mathbf{u} \quad (0 \leq s \leq 1)$

(AD): $\mathbf{x} = \mathbf{a} + t\mathbf{v} \quad (0 \leq t \leq 1)$

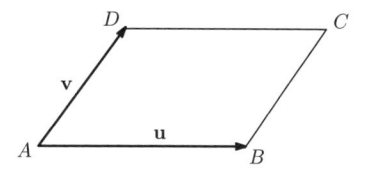

とする．

これを T で写せば，

$$T(\text{AB}): \mathbf{y} = T(\mathbf{a}) + sT(\mathbf{u}) \quad (0 \leq s \leq 1)$$
$$T(\text{AD}): \mathbf{y} = T(\mathbf{a}) + tT(\mathbf{v}) \quad (0 \leq t \leq 1)$$

となるが，ここでいずれかが生じる．

(i) $T(\mathbf{u})$, $T(\mathbf{v})$ が線型独立． (ii) $T(\mathbf{u})$, $T(\mathbf{v})$ が線型従属．

(i) の場合は $T(A)T(B)T(C)T(D)$ は平行四辺形であり，(ii) の場合は線分，または点となる．

(4) 行列 U を $U = (\mathbf{u}, \mathbf{v})$ とおくと, 平行四辺形の面積は $|\det U|$ である. 平行四辺形 $T(A)T(B)T(C)T(D)$ は, ベクトル $M\mathbf{u}$, $M\mathbf{v}$ で張られるので, その面積は, $|\det(M\mathbf{u}, M\mathbf{v})|$ $= |\det MU| = |\det M||\det U|$ である. すなわち, 面積は $|\det M|$ 倍される. □

問 3.15 行列 $M = \begin{pmatrix} 2 & 1 \\ -2 & 1 \end{pmatrix}$ で定まる線型写像 $T(\mathbf{x}) = M\mathbf{x}$ と, 四点

$$A(2,1), \quad B(1,2), \quad C(4,3), \quad D(5,2)$$

を頂点とする平行四辺形を考える. つぎの設問に答えよ.

(1) 直線 AB のベクトル表示と直線 CD のベクトル表示を求めよ.

(2) 直線 AD のベクトル表示と直線 BC のベクトル表示を求めよ.

(3) 平行四辺形 $ABCD$ のベクトル表示を求めよ.

(4) 直線 AB, 直線 CD が線型写像 T によってどのような図形に写されるか述べよ.

(5) 平行四辺形 $ABCD$ は線型写像 T によってどのような図形に写されるか述べよ. また, この図形の面積を求めよ.

(6) $N = \begin{pmatrix} 2 & 1 \\ 2 & 1 \end{pmatrix}$ で定まる線型写像 $S(\mathbf{x}) = N\mathbf{x}$ について, (4) と (5) と同じ内容の問を考察せよ.

3.5 回転を表す行列

原点を中心とする角度 θ の回転を T_θ で表す. これは座標平面 $\mathbf{R}^2$ から座標平面 $\mathbf{R}^2$ への写像である. そこで,

$$T_\theta(\overrightarrow{OP}) = T_\theta(P)$$

により, T_θ をベクトル空間 $\mathbf{R}^2$ からベクトル空間 $\mathbf{R}^2$ への写像と見なす. このとき, 回転は三角形を合同な三角形に写すことから, つぎが成立つ.

$$T_\theta(\overrightarrow{OP} + \overrightarrow{OQ}) = T_\theta(\overrightarrow{OP}) + T_\theta(\overrightarrow{OQ})$$
$$T_\theta(k\overrightarrow{OP}) = kT_\theta(\overrightarrow{OP})$$

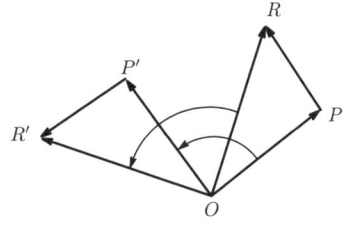

よって，T_θ は線型写像である．$\mathbf{e}_1, \mathbf{e}_2 \in \mathbf{R}^2$ を単位ベクトルとすると，

$$T_\theta(\mathbf{e}_1) = \begin{pmatrix} \cos\theta \\ \sin\theta \end{pmatrix}, \quad T_\theta(\mathbf{e}_2) = \begin{pmatrix} -\sin\theta \\ \cos\theta \end{pmatrix}$$

である．命題 3.3 より，

$$R_\theta = \begin{pmatrix} \cos\theta & -\sin\theta \\ \sin\theta & \cos\theta \end{pmatrix} \tag{3.50}$$

とおくと，

$$T_\theta(\mathbf{x}) = R_\theta \mathbf{x}$$

が成立する．この行列を**回転行列**と呼ぶ．回転角度 θ_1 と θ_2 の回転を合成すれば角度 $\theta_1 + \theta_2$ の回転になるので，命題 3.7 より

$$R_{\theta_1} R_{\theta_2} = R_{\theta_1 + \theta_2} \tag{3.51}$$

が成立している．また，$\det R_\theta = 1$ であるから，R_θ は正則行列であり，

$$(R_\theta)^{-1} = R_{-\theta}$$

が成立している（$R_0 = E$ に注意）．式 (3.51) から，$\sin, \cos$ の加法公式

$$\sin(\theta_1 + \theta_2) = \sin\theta_1 \cos\theta_2 + \cos\theta_1 \sin\theta_2$$
$$\cos(\theta_1 + \theta_2) = \cos\theta_1 \cos\theta_2 - \sin\theta_1 \sin\theta_2$$

が従う．

演習問題

問 3.16 (1) 2 次行列 A が $A^2 = A$ をみたすとき，$\det A = 0$，または，$\det A = 1$ であることを示せ．$\det A = 1$ ならば，$A = E$ であることを示せ．

(2) 2 次行列 A が $A^2 = E$ をみたすとき，$\det A = \pm 1$ であることを示せ．

問 3.17 A を 2 次行列，P を 2 次の正則行列とする．$\det(P^{-1}AP) = \det A$ であることを示せ．

問 3.18 2次行列 $A = \begin{pmatrix} a_{11} & a_{12} \\ a_{21} & a_{22} \end{pmatrix}$ に対して

$$\operatorname{tr} A = a_{11} + a_{22}$$

とおいて，これを A の**トレース**という．A, B を 2 次行列，P を 2 次正則行列とするときつぎのことを示せ．

(1) $\operatorname{tr}(AB) = \operatorname{tr}(BA)$

(2) $\operatorname{tr}(P^{-1}AP) = \operatorname{tr} A$

(3) $f(t) = \det(tE + A)$ とおく．t はパラメータである．$f(t)$ を求めよ．

問 3.19 $\mathbf{a} = \begin{pmatrix} a_1 \\ a_2 \\ a_3 \end{pmatrix} \neq \mathbf{0}$ とする．以下の問に答えよ．

(1) 線型写像 $T : \mathbf{R}^3 \longrightarrow \mathbf{R}^3$
$$T(\mathbf{x}) = \frac{(\mathbf{x}, \mathbf{a})}{\|\mathbf{a}\|^2}\mathbf{a}$$
の表現行列 A_T を求めよ．

(2) 線型写像 $S : \mathbf{R}^3 \longrightarrow \mathbf{R}^3$
$$S(\mathbf{x}) = \mathbf{x} - \frac{(\mathbf{x}, \mathbf{a})}{\|\mathbf{a}\|^2}\mathbf{a}$$
の表現行列 A_S を求めよ．

(3) 線型写像 $M : \mathbf{R}^3 \longrightarrow \mathbf{R}^3$
$$M(\mathbf{x}) = \mathbf{x} - 2\frac{(\mathbf{x}, \mathbf{a})}{\|\mathbf{a}\|^2}\mathbf{a}$$
の表現行列 A_M を求めよ．

問 3.20 線型写像 $T : \mathbf{R}^2 \longrightarrow \mathbf{R}^2$ を

$$T(\mathbf{x}) = \mathbf{x} - t\frac{(\mathbf{x}, \mathbf{a})}{\|\mathbf{a}\|^2}\mathbf{a}, \quad \mathbf{a} = \begin{pmatrix} a_1 \\ a_2 \end{pmatrix} \neq \mathbf{0}, \quad t : \text{パラメータ}$$

と定義する．つぎの問に答えよ．

(1) T の表現行列を求めよ．

(2) T が全単射となるための，t の条件を求めよ．

(3) T が全単射であるとき，その逆写像 T^{-1} を

$$T^{-1}(\mathbf{x}) = \mathbf{x} + s\frac{(\mathbf{x}, \mathbf{a})}{\|\mathbf{a}\|^2}\mathbf{a}$$

の形で求めよ（s を t を用いて表せ）．

問 3.21 原点を通る直線 L

$$L: -\sin\theta\, x_1 + \cos\theta\, x_2 = 0$$

（点の座標を (x_1, x_2) としている）を考える．点の位置ベクトルを $\mathbf{x}$ とする．点 $\mathbf{x}$ の直線 L に関して対称な点を $T(\mathbf{x})$ とする．これにより，座標平面 $\mathbf{R}^2$ から座標平面 $\mathbf{R}^2$ への写像 T を定義する．

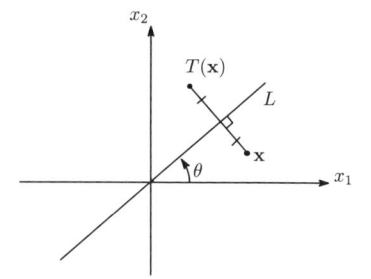

(1) ベクトル $\mathbf{n}$ を $\mathbf{n} = \begin{pmatrix} -\sin\theta \\ \cos\theta \end{pmatrix}$ とする．

$$T(\mathbf{x}) = \mathbf{x} - 2(\mathbf{x}, \mathbf{n})\mathbf{n}$$

であることを示せ．また，これより，T が線型写像であることを示せ．

(2) $T(\mathbf{x}) = M_\theta \mathbf{x}$ とするとき，2 次行列 M_θ を求めよ．また，その行列式 $\det M_\theta$ を求めよ．

(3) $T^2 = \mathrm{id}_{\mathbf{R}^2}$ を示せ．ただし，$T^n = \underbrace{T \circ \cdots \circ T}_{n}$ と定める．また，$M_\theta{}^2 = E$ であることを確認せよ．

(4) $T(\mathbf{x}) = \mathbf{x}$ をみたすベクトルをすべて求めよ．

(5) $T(\mathbf{x}) = -\mathbf{x}$ をみたすベクトルをすべて求めよ．

第4章

複素数と複素平面

4.1 複素数の演算

複素数とは，二つの実数 $x, y \in \mathbf{R}$ を**虚数単位** $i = \sqrt{-1}$ と組み合わせて得られる数

$$z = x + yi \tag{4.1}$$

のことである．x を z の**実部**，y を z の**虚部**と呼び，

$$x = \operatorname{Re} z, \quad y = \operatorname{Im} z \tag{4.2}$$

と記す．二つの複素数が等しいとは，それぞれの実部，虚部が等しいことである．複素数の全体を $\mathbf{C}$ と表そう．実数は，虚部が 0 である複素数であると考えれば，$\mathbf{R}$ は $\mathbf{C}$ の部分集合である．

複素数にはつぎのように和と積が定義される．$z = a + bi$, $w = c + di$ $(a, b, c, d \in \mathbf{R})$ とするとき，

$$z + w = (a + c) + (b + d)i \tag{4.3}$$
$$zw = (ac - bd) + (ad + bc)i \tag{4.4}$$

和と積に関して，次の法則が成立する．

(i) $z + w = w + z$　（和の交換法則）

(ii) $u, v, w \in \mathbf{C}$ に対して，$(u + v) + w = u + (v + w)$　（和の結合法則）

(iii) $0 + 0i$ を単に 0 と記せば，$z + 0 = 0 + z = z$ が成立する．　（零元の存在）

(iv) $z = a + bi$ に対して，$-z = (-a) + (-b)i$ とすると，$z + (-z) = (-z) + z = 0$ が成立する（和に関する逆元（マイナス元）の存在）．そして，二つの複素数の差を $z - w = z + (-w)$ によって定義する．

(v) $zw = wz$　（積の交換法則）

(vi) $u, v, w \in \mathbf{C}$ に対して, $(uv)w = u(vw)$　　（積の結合法則）

(vii) $1 + 0i$ を単に 1 と記せば, $1z = z1 = z$ が成立する.　　（単位元の存在）

(viii) $u(z+w) = uz + uw$,　$(u+v)z = uz + vz$　　（和と積の分配法則）

積に関する逆元を定義しよう．そのために複素数の共役を定義する．$z = a+bi$ $(a, b \in \mathbf{R})$ に対して,

$$\overline{z} = a - bi \tag{4.5}$$

を z の**共役複素数**と呼ぶ．実部, 虚部について

$$\mathrm{Re}\, z = \frac{1}{2}(z + \overline{z}), \quad \mathrm{Im}\, z = \frac{1}{2i}(z - \overline{z}) \tag{4.6}$$

が成立する．また,

$$z\overline{z} = \overline{z}z = a^2 + b^2 \tag{4.7}$$

が成立する．この関係式より, 複素数の積に関する逆元（逆数）について次のことが分る．$a^2 + b^2 \neq 0$ ($\Longleftrightarrow z \neq 0$) のときに限って, z は逆数 $\dfrac{1}{z}$ を持ち, それは

$$\frac{1}{z} = \frac{\overline{z}}{z\overline{z}} = \frac{a - bi}{a^2 + b^2} \tag{4.8}$$

により与えられる．

複素数の絶対値を $z = a+bi$ $(a, b \in \mathbf{R})$ に対して,

$$|z| = \sqrt{z\overline{z}} = \sqrt{a^2 + b^2} \tag{4.9}$$

により定義する．この記号を使えば, z の逆数は

$$\frac{1}{z} = \frac{\overline{z}}{|z|^2}$$

と表すことができる．また,

$$|z| = |-z| = |\overline{z}| \tag{4.10}$$

は明らかであろう．z, w を複素数とするとき,

$$\overline{zw} = \overline{z}\,\overline{w}$$

の成立は容易に分る．これより，$|zw|^2 = zw \cdot \overline{zw} = z\overline{z} \cdot w\overline{w} = |z|^2|w|^2$ であるので，

$$|zw| = |z||w| \tag{4.11}$$

を得る．とくにつぎのようになる．

$$\left|\frac{1}{z}\right| = \frac{1}{|z|} \tag{4.12}$$

4.2 複素平面の幾何学と複素数の極表示

複素数 $z = x + yi$ $(x, y \in \mathbf{R})$ に対して座標平面上の点 (x, y) を対応させることで，複素数の集合 $\mathbf{C}$ を座標平面と同一視することができる．これを**複素平面**と呼ぶ．原点 $O(0,0)$ は 0 と同一視され，実数の集合 $\mathbf{R}$ は x 軸と，純虚数の集合 $\mathbf{R}i$ は y 軸と同一視される．

複素平面において，z の絶対値 $|z|$ は原点 0 と点 z との間の距離を意味する．$z_1 = x_1 + y_1 i$, $z_2 = x_2 + y_2 i$ とすると，

$$|z_1 - z_2| = \sqrt{(x_1 - x_2)^2 + (y_1 - y_2)^2} \tag{4.13}$$

は，複素平面における点 z_1 と z_2 の間の距離である．また，$\triangle 0 z_1 z_2$ を考えることにより，**三角不等式**

$$||z_1| - |z_2|| \leq |z_1 \pm z_2| \leq |z_1| + |z_2| \tag{4.14}$$

の成立が分る．

複素数を平面ベクトルと見なすこともできる．複素数 z に対して，その位置ベクトル $\overrightarrow{0z}$ を対応させるのである．この対応のもとで，

$$\overrightarrow{0z_1} + \overrightarrow{0z_2} = z_1 + z_2$$
$$\overrightarrow{0z_1} - \overrightarrow{0z_2} = \overrightarrow{z_2 z_1} = z_1 - z_2$$

が複素数の和の定義から従う．このように考えると平面における直線のベクトル表示の類推から，複素平面における直線（$z_0 = x_0 + y_0 i$ を通り，方向が $u = p + qi$ の直線）は

$$z = z_0 + tu \quad (-\infty < t < \infty) \tag{4.15}$$

のように表示できる．また，座標平面における直線の方程式は

という形を取る．ここで，$\alpha = a + bi$ とおく．複素平面では (4.16) はつぎのように書き換えることができる．

$$\overline{\alpha}z + \alpha\overline{z} + 2c = 0 \tag{4.17}$$

また，中心を (a,b)，半径 r の円を複素平面で表すには，$\alpha = a + bi$ として，方程式

$$|z - \alpha| = r \tag{4.18}$$

を考えればよい．とくに，原点を中心として半径が 1 の円（これを単位円と呼ぶ）は，

$$|z| = 1 \tag{4.19}$$

で表される．

$$ax + by + c = 0 \tag{4.16}$$

問 4.1 複素平面における円 $|z| = \sqrt{2}$ の $z_0 = 1 + i$ における接線を，(4.15) の形で求めよ．また，(4.17) の形で求めるとどうなるか．

問 4.2 z が実軸を動くとき，つぎで定まる複素数 w は単位円周上を動くことを示せ．

$$w = \frac{i - z}{i + z}$$

問 4.3 平面の四辺形 $ABCD$ において，つねにつぎが成立することを示せ．

$$\overline{AB} \cdot \overline{CD} + \overline{AD} \cdot \overline{BC} \geq \overline{AC} \cdot \overline{BD}$$

問 4.4 複素数 α, β は，$|\alpha| < 1$, $|\beta| < 1$ をみたすとする．このとき

$$\left| \frac{\alpha - \beta}{1 - \overline{\alpha}\beta} \right| < 1$$

が成立することを示せ．また，$|\alpha| < 1$, $|\beta| = 1$ ならばつぎが成立することを示せ．

$$\left| \frac{\alpha - \beta}{1 - \overline{\alpha}\beta} \right| = 1$$

複素数 $z = x + yi \neq 0$ に対して，$r = |z|$ とおき，θ をベクトル $\overrightarrow{0z}$ と実軸の正の向きのなす角度（これは 2π を法として決る）とする．

$$x = r\cos\theta, \quad y = r\sin\theta$$

であるから，

$$z = r(\cos\theta + i\sin\theta) \tag{4.20}$$

が成立つ．これを複素数 z の**極表示**という．また，θ を z の**偏角**といい，

$$\arg z \tag{4.21}$$

と記す．式 (4.5), (4.8), (4.10), (4.12) などより，つぎの命題を得る．

命題 4.1 複素数 z の極表示を $z = r(\cos\theta + i\sin\theta)$ とする（偏角に関しては 2π を法として，つまり 2π の整数倍を無視して，考えることにする）．

(1) z が実数 $\iff z = \bar{z} \iff z = 0$，または $\arg z = 0$，または $\arg z = \pi$.

(2) $\bar{z} = r\bigl(\cos(-\theta) + i\sin(-\theta)\bigr)$ が成立つ．よって，$\arg \bar{z} = -\arg z$.

(3) $1/z = r^{-1}\bigl(\cos(-\theta) + i\sin(-\theta)\bigr)$ が成立つ．よって，$\arg(1/z) = -\arg z$.

(4) $-z = r\bigl(\cos(\theta+\pi) + i\sin(\theta+\pi)\bigr)$ が成立つ．よって，$\arg(-z) = \arg z + \pi$.

三角関数の加法公式

$$\cos(\theta_1 + \theta_2) = \cos\theta_1\cos\theta_2 - \sin\theta_1\sin\theta_2 \tag{4.22}$$
$$\sin(\theta_1 + \theta_2) = \cos\theta_1\sin\theta_2 + \cos\theta_1\sin\theta_2 \tag{4.23}$$

を認めることにすれば，つぎの**ド・モワブルの公式**が直ちに従う．

命題 4.2 複素数 z_1, z_2 の極表示を $z_1 = r_1(\cos\theta_1 + i\sin\theta_1)$, $z_2 = r_2(\cos\theta_2 + i\sin\theta_2)$ とする．このとき，

$$z_1 z_2 = r_1 r_2\bigl(\cos(\theta_1 + \theta_2) + i\sin(\theta_1 + \theta_2)\bigr) \tag{4.24}$$
$$\frac{z_1}{z_2} = \frac{r_1}{r_2}\bigl(\cos(\theta_1 - \theta_2) + i\sin(\theta_1 - \theta_2)\bigr) \tag{4.25}$$

が成立する．よって，(2π を法として)

$$\arg(z_1 z_2) = \arg z_1 + \arg z_2 \tag{4.26}$$
$$\arg\left(\frac{z_1}{z_2}\right) = \arg z_1 - \arg z_2 \tag{4.27}$$

である．この公式の特別な場合として，

$$z^n = r^n(\cos n\theta + i\sin n\theta) \tag{4.28}$$

を得る．これはすべての整数 n に対して成立する．

問 4.5 (1) $1, i, -1, -i$ の極表示を求めよ．また，これらを複素平面上で図示せよ．

(2) $1+i$ の極表示を求めよ．

(3) $\dfrac{1+\sqrt{3}i}{1+i}$ を求めよ．

(4) $\cos 15°$, $\sin 15°$ を求めよ．

問 4.6 複素数 α, β, γ, α', β', γ' の間に

$$\frac{\beta-\alpha}{\gamma-\alpha} = \frac{\beta'-\alpha'}{\gamma'-\alpha'}$$

という関係があるとき，$\triangle\alpha\beta\gamma$ と $\triangle\alpha'\beta'\gamma'$ は同じ向きに相似であることを示せ．

4.3 複素数の n 乗根

ド・モワヴルの公式の応用として複素数の n 乗根について考察しよう．$\alpha = r_0(\cos\theta_0 + i\sin\theta_0)$ を 0 ではない複素数の極表示とする．これに対して，

$$z^n = \alpha \tag{4.29}$$

となる複素数 z を α の **n 乗根**と呼ぶ．$n=2$ であれば平方根と呼び，$n=3$ ならば立方根と呼ぶ．

$z = r(\cos\theta + i\sin\theta)$ を z の極表示として，これを (4.29) に代入して，ド・モワヴルの公式を用いればつぎを得る．

$$r^n = r_0, \quad \cos(n\theta) = \cos\theta_0, \quad \sin(n\theta) = \sin\theta_0$$

これより，

$$r = \sqrt[n]{r_0}, \quad n\theta = \theta_0 + 2k\pi$$

を得る．ただし，$\sqrt[n]{r_0}$ は r_0 の正の n 乗根であり k は整数である．よって，θ は 2π を法

として,
$$\theta = \frac{\theta_0}{n} + \frac{2k\pi}{n}, \quad k = 0, 1, \ldots, n-1$$
である.以上をまとめてつぎの命題を得る.

命題 4.3 0 でない複素数 $\alpha = r_0(\cos\theta_0 + i\sin\theta_0) = 0$ の n 乗根は n 個存在して,
$$z = \sqrt[n]{r_0}\left(\cos\left(\frac{\theta_0}{n} + \frac{2k\pi}{n}\right) + i\sin\left(\frac{\theta_0}{n} + \frac{2k\pi}{n}\right)\right) \quad k = 0, 1, \ldots, n-1 \quad (4.30)$$
により与えられる.とくに,1 の n 乗根はつぎにより与えられる.
$$z = \cos\left(\frac{2k\pi}{n}\right) + i\sin\left(\frac{2k\pi}{n}\right) \quad k = 0, 1, \ldots, n-1 \quad (4.31)$$

問 4.7 虚数単位 i の平方根をすべて求めよ.また,それらを複素平面上に図示せよ.

問 4.8 2 次方程式 $z^2 + 2(1-2i)z - 6 = 0$ を解け.

問 4.9 (1) 1 の立方根をすべて求め,それらを複素平面上に図示せよ.

(2) ω を 1 の立方根で 1 ではないものとする.ω はつぎの 2 次方程式の根であることを示せ.
$$z^2 + z + 1 = 0$$

(3) $z^3 - 1 = (z-1)(z-\omega)(z-\omega^2)$ と因数分解されることを示せ.

問 4.10 (1) ω を 1 の立方根で 1 ではないものとする(前問で見たように,それは二つあるが,そのうちの一方を選ぶことにする).つぎのように因数分解されることを示せ.
$$\alpha^2 + \beta^2 + \gamma^2 - \alpha\beta - \beta\gamma - \gamma\alpha = (\alpha + \omega\beta + \omega^2\gamma)(\alpha + \omega^2\beta + \omega\gamma)$$

(2) 三つの複素数 α, β, γ の表す点が正三角形をなすための必要十分条件は
$$\alpha^2 + \beta^2 + \gamma^2 = \alpha\beta + \beta\gamma + \gamma\alpha$$
であることを示せ.

問 4.11 複素数 ω を
$$\omega = \cos\left(\frac{2\pi}{n}\right) + i\sin\left(\frac{2\pi}{n}\right)$$
とする.

(1) ω はつぎの $n-1$ 次方程式の根であることを示せ.

$$z^{n-1} + z^{n-2} + \cdots + z + 1 = 0$$

(2) 多項式 $z^n - 1$ が，つぎのように因数分解されることを示せ.

$$z^n - 1 = (z-1)(z-\omega)(z-\omega^2)\cdots(z-\omega^{n-1})$$

4.4 複素ベクトル

平面ベクトル，空間ベクトルは，実数の組として同一視され，その全体は実数をスカラーとして（実）ベクトル空間を作るのであった．これを複素数の組に拡張すれば，**2 項複素列ベクトル，3 項複素列ベクトル**を考えることができる．その全体を $\mathbf{C}^2$, $\mathbf{C}^3$ と表すことにしよう．すなわち，

$$\mathbf{x} = \begin{pmatrix} x_1 \\ x_2 \end{pmatrix} \in \mathbf{C}^2, \quad x_1, x_2 \in \mathbf{C} \quad (\text{2 項複素列ベクトル}) \tag{4.32}$$

$$\mathbf{x} = \begin{pmatrix} x_1 \\ x_2 \\ x_3 \end{pmatrix} \in \mathbf{C}^3, \quad x_1, x_2, x_3 \in \mathbf{C} \quad (\text{3 項複素列ベクトル}) \tag{4.33}$$

和とスカラー倍の定義は実ベクトルのときと同様である．$\mathbf{C}^2$ ならば，$\mathbf{x} = \begin{pmatrix} x_1 \\ x_2 \end{pmatrix}$, $\mathbf{y} = \begin{pmatrix} y_1 \\ y_2 \end{pmatrix}$，およびスカラー a （複素数）に対して，

$$\mathbf{x} + \mathbf{y} = \begin{pmatrix} x_1 + y_1 \\ x_2 + y_2 \end{pmatrix}, \qquad a\mathbf{x} = \begin{pmatrix} ax_1 \\ ax_2 \end{pmatrix} \tag{4.34}$$

と定義し，$\mathbf{C}^3$ ならば，$\mathbf{x} = \begin{pmatrix} x_1 \\ x_2 \\ x_3 \end{pmatrix}$, $\mathbf{y} = \begin{pmatrix} y_1 \\ y_2 \\ y_3 \end{pmatrix}$，およびスカラー a （複素数）に対して，

$$\mathbf{x} + \mathbf{y} = \begin{pmatrix} x_1 + y_1 \\ x_2 + y_2 \\ x_3 + y_3 \end{pmatrix}, \qquad a\mathbf{x} = \begin{pmatrix} ax_1 \\ ax_2 \\ ax_3 \end{pmatrix} \tag{4.35}$$

4.4 複素ベクトル

と定義する．この定義により，$\mathbf{C}^2$, $\mathbf{C}^3$ は複素数をスカラーとしてベクトル空間となる．実のベクトル空間と区別するために，**複素ベクトル空間**，または，$\mathbf{C}$ 上のベクトル空間と呼ぶ．零ベクトル $\mathbf{0}$ は，いうまでもなく，成分がすべて 0 の列ベクトルである．

$\mathbf{C}^2$, $\mathbf{C}^3$ につぎのようにして**内積**を導入する．$\mathbf{C}^2$ ならば，$\mathbf{x} = \begin{pmatrix} x_1 \\ x_2 \end{pmatrix}$, $\mathbf{y} = \begin{pmatrix} y_1 \\ y_2 \end{pmatrix}$ に対して

$$(\mathbf{x}, \mathbf{y}) = x_1 \overline{y_1} + x_2 \overline{y_2} \tag{4.36}$$

と定義するのである．$\mathbf{C}^3$ においても同様で，$\mathbf{x} = \begin{pmatrix} x_1 \\ x_2 \\ x_3 \end{pmatrix}$, $\mathbf{y} = \begin{pmatrix} y_1 \\ y_2 \\ y_3 \end{pmatrix}$ に対して

$$(\mathbf{x}, \mathbf{y}) = x_1 \overline{y_1} + x_2 \overline{y_2} + x_3 \overline{y_3} \tag{4.37}$$

と定義する．（実）ベクトル空間の内積と区別するために，**エルミート積**ということもある．

命題 4.4 内積はつぎの性質をみたす．

(1) $(\mathbf{x}' + \mathbf{x}'', \mathbf{y}) = (\mathbf{x}', \mathbf{y}) + (\mathbf{x}'', \mathbf{y})$

(2) $(\mathbf{x}, \mathbf{y}' + \mathbf{y}'') = (\mathbf{x}, \mathbf{y}') + (\mathbf{x}, \mathbf{y}'')$

(3) $(a\mathbf{x}, \mathbf{y}) = a(\mathbf{x}, \mathbf{y}),\qquad (\mathbf{x}, a\mathbf{y}) = \overline{a}(\mathbf{x}, \mathbf{y})$

(4) $(\mathbf{y}, \mathbf{x}) = \overline{(\mathbf{x}, \mathbf{y})}$

(5) $(\mathbf{x}, \mathbf{x})$ は非負実数であり，$(\mathbf{x}, \mathbf{x}) = 0$ となるのは，$\mathbf{x} = \mathbf{0}$ の場合に限る．

(1)〜(3) の性質を**双線型性**，(4) を**対称性**と呼び，(5) を**正値性**と呼ぶ．

問 4.12 (1) 不等式 $|x_1 \overline{y_1} + x_2 \overline{y_2}|^2 \leq (|x_1|^2 + |x_2|^2)(|y_1|^2 + |y_2|^2)$ を示せ．

(2) 不等式 $|x_1 \overline{y_1} + x_2 \overline{y_2} + x_3 \overline{y_3}|^2 \leq (|x_1|^2 + |x_2|^2 + |x_3|^2)(|y_1|^2 + |y_2|^2 + |y_3|^2)$ を示せ．

2 項（3 項）複素列ベクトル $\mathbf{x}$ に対して，

$$\|\mathbf{x}\| = \sqrt{(\mathbf{x}, \mathbf{x})} = \sqrt{|x_1|^2 + |x_2|^2}, \quad \left(= \sqrt{|x_1|^2 + |x_2|^2 + |x_3|^2}\right) \tag{4.38}$$

を $\mathbf{x}$ の**長さ**という．上の問により，つぎの不等式を得る．

$$|(\mathbf{x},\mathbf{y})| \leq \|\mathbf{x}\|^2\|\mathbf{y}\|^2 \quad (シュヴァルツの不等式) \tag{4.39}$$

$$\|\mathbf{x}+\mathbf{y}\| \leq \|\mathbf{x}\| + \|\mathbf{y}\| \quad (三角不等式) \tag{4.40}$$

シュヴァルツの不等式は上の問そのものであるから，三角不等式を証明する．

$$\begin{aligned}
\|\mathbf{x}+\mathbf{y}\|^2 &= (\mathbf{x}+\mathbf{y},\mathbf{x}+\mathbf{y}) \\
&= (\mathbf{x},\mathbf{x}) + (\mathbf{x},\mathbf{y}) + \overline{(\mathbf{x},\mathbf{y})} + (\mathbf{y},\mathbf{y}) \\
&= \|\mathbf{x}\|^2 + 2\mathrm{Re}\,(\mathbf{x},\mathbf{y}) + \|\mathbf{y}\|^2 \\
&\leq \|\mathbf{x}\|^2 + 2|(\mathbf{x},\mathbf{y})| + \|\mathbf{y}\|^2 \\
&\leq \|\mathbf{x}\|^2 + 2\|\mathbf{x}\|\|\mathbf{y}\| + \|\mathbf{y}\|^2 = (\|\mathbf{x}\|+\|\mathbf{y}\|)^2
\end{aligned}$$

両辺の平方根を取れば三角不等式を得る．

問 4.13 内積に関するつぎの等式を示せ．

$$(\mathbf{x},\mathbf{y}) = \frac{\|\mathbf{x}+\mathbf{y}\|^2 - \|\mathbf{x}-\mathbf{y}\|^2}{4} + i\frac{\|\mathbf{x}+i\mathbf{y}\|^2 - \|\mathbf{x}-i\mathbf{y}\|^2}{4}$$

4.5 複素行列

V を $\mathbf{C}^2$ または $\mathbf{C}^3$ とする．V における線型写像 $T:V \longrightarrow V$ とは，

$$T(\mathbf{x}+\mathbf{y}) = T(\mathbf{x}) + T(\mathbf{y}), \quad T(a\mathbf{x}) = aT(\mathbf{x}) \tag{4.41}$$

が，すべての $\mathbf{x},\mathbf{y}\in V$，すべてのスカラー $a \in \mathbf{C}$ に対してみたされることである．

複素の場合の線型写像には**複素行列**が対応する．線型写像 $T: \mathbf{C}^2 \longrightarrow \mathbf{C}^2$ を考えよう．単位ベクトル $\mathbf{e}_1 = \begin{pmatrix} 1 \\ 0 \end{pmatrix}$，$\mathbf{e}_2 = \begin{pmatrix} 0 \\ 1 \end{pmatrix}$ の T による像を $\mathbf{a}_1, \mathbf{a}_2$ とする．

$$T(\mathbf{e}_1) = \mathbf{a}_1 = \begin{pmatrix} a_{11} \\ a_{21} \end{pmatrix} \in \mathbf{C}^2, \quad T(\mathbf{e}_2) = \mathbf{a}_2 = \begin{pmatrix} a_{12} \\ a_{22} \end{pmatrix} \in \mathbf{C}^2$$

任意のベクトル $\mathbf{x} = \begin{pmatrix} x_1 \\ x_2 \end{pmatrix} = x_1\mathbf{e}_1 + x_2\mathbf{e}_2$ の T による像は，実のときの線型写像と同じように，

$$T(\mathbf{x}) = T(x_1\mathbf{e}_1 + x_2\mathbf{e}_2)$$

$$= x_1 T(\mathbf{e}_1) + x_2 T(\mathbf{e}_2)$$
$$= \begin{pmatrix} a_{11}x_1 + a_{12}x_2 \\ a_{21}x_1 + a_{22}x_2 \end{pmatrix}$$

と計算できる．そこで，2次の複素行列 A を

$$A = \begin{pmatrix} a_{11} & a_{12} \\ a_{21} & a_{22} \end{pmatrix} \quad (a_{ij} \in \mathbf{C}) \tag{4.42}$$

として，複素行列と複素列ベクトルの積 $A\mathbf{x}$ を

$$A\mathbf{x} = \begin{pmatrix} a_{11}x_1 + a_{12}x_2 \\ a_{21}x_1 + a_{22}x_2 \end{pmatrix}$$

と定義すれば，

$$T(\mathbf{x}) = A\mathbf{x} \tag{4.43}$$

が成立つことになる．逆に，(4.43) で定義される写像 $T: \mathbf{C}^2 \longrightarrow \mathbf{C}^2$ は複素の場合の線型写像である．実の場合と同じく，(4.43) における複素行列 A を線型写像 T の表現行列と呼ぶことにする（第3章命題 3.3 を参照）．

線型写像 $T: \mathbf{C}^3 \longrightarrow \mathbf{C}^3$ の表現行列は，3次の複素行列

$$A = \begin{pmatrix} a_{11} & a_{12} & a_{13} \\ a_{21} & a_{22} & a_{23} \\ a_{31} & a_{32} & a_{33} \end{pmatrix} \quad (a_{ij} \in \mathbf{C}) \tag{4.44}$$

である（第3章命題 3.4 を参照）．

4.6 2次の複素行列の代数

2次の複素行列の和，スカラー倍，積は，実行列の場合と同様に定義される．ただし，スカラーは複素数である．

線型写像 $S: V \longrightarrow V, T: V \longrightarrow V$ の和 $T+S$，スカラー倍 kT （k は複素数），および合成写像 $T \circ S: V \longrightarrow V$ は線型写像であり，$T(\mathbf{x}) = A\mathbf{x}$, $S(\mathbf{x}) = B\mathbf{x}$ とするとき，第3章命題 3.6，命題 3.7 で見たように，$(T+S)(\mathbf{x}) = (A+B)\mathbf{x}$, $(kT)(\mathbf{x}) = kA\mathbf{x}$, および，$(T \circ S)(\mathbf{x}) = AB\mathbf{x}$ となる．

また，逆行列，正則行列といった概念や行列式の定義も同じである．複素行列 $A = \begin{pmatrix} a_{11} & a_{12} \\ a_{21} & a_{22} \end{pmatrix}$ に対して，その行列式は

$$\det A = \begin{vmatrix} a_{11} & a_{12} \\ a_{21} & a_{22} \end{vmatrix} = a_{11}a_{22} - a_{12}a_{21}$$

そして，A が正則行列である必要十分条件は，$\det A$ が 0 でないことであり，そのとき，逆行列 A^{-1} は，

$$A^{-1} = \frac{1}{\det A} \begin{pmatrix} a_{22} & -a_{12} \\ -a_{21} & a_{11} \end{pmatrix}$$

で与えられる（第 3 章命題 3.10 を参照）．

例 4.1 複素行列 $P = \begin{pmatrix} 1 & -i \\ -i & 1 \end{pmatrix}$ は正則行列であり，その逆行列 P^{-1} は

$$P^{-1} = \frac{1}{2} \begin{pmatrix} 1 & i \\ i & 1 \end{pmatrix}$$

である．

複素行列を導入することにより，実行列の範囲では不可能の操作が可能となることがある．例えば，

$$\begin{pmatrix} \cos\theta & -\sin\theta \\ \sin\theta & \cos\theta \end{pmatrix}^{-1} \begin{pmatrix} \cos 2\theta & \sin 2\theta \\ \sin 2\theta & -\cos 2\theta \end{pmatrix} \begin{pmatrix} \cos\theta & -\sin\theta \\ \sin\theta & \cos\theta \end{pmatrix} = \begin{pmatrix} 1 & 0 \\ 0 & -1 \end{pmatrix}$$

すなわち行列 $M = \begin{pmatrix} \cos 2\theta & \sin 2\theta \\ \sin 2\theta & -\cos 2\theta \end{pmatrix}$ は，適当な実の正則行列 P を取ると，$P^{-1}MP$ を対角行列にできる．しかし，M とよく似た行列である $R = \begin{pmatrix} \cos\theta & -\sin\theta \\ \sin\theta & \cos\theta \end{pmatrix}$ は，一般の角度 θ に対してはどのような実の正則行列 P を取っても $P^{-1}RP$ を対角行列にすることができないことが証明できる．しかし，複素行列まで範囲を広げて P を選べば $P^{-1}RP$ を対角行列にすることができる（つぎの問を参照）．

問 4.14 (1) 上の行列 R に対して，θ が π の整数倍でないときは，どのような実正則行列 P を取っても，$P^{-1}RP$ を対角行列にできないことを示せ．

(2) 行列 P として，$P = \dfrac{1}{\sqrt{2}} \begin{pmatrix} 1 & -i \\ -i & 1 \end{pmatrix}$ を取る．このとき，$P^{-1}RP$ を求めよ．

4.7　四元数と複素行列

複素数はさらに**四元数**まで拡張できることが知られている．

四元数とはつぎの形式により表される数である．

$$\alpha = a_0 + a_1 i + a_2 j + a_3 k \tag{4.45}$$

ここで，a_0, a_1, a_2, a_3 は実数であり，i は虚数単位である．j と k は第二，第三の四元数単位ともいうべき数である．四元数の全体の集合を $\mathbf{H}$ で表すことにしよう．すると，実数の集合 $\mathbf{R}$，複素数の集合 $\mathbf{C}$ は $\mathbf{H}$ の部分集合である．すなわち $\mathbf{R} \subset \mathbf{C} \subset \mathbf{H}$ である．ここで，$\mathbf{H}$ につぎのように和と積を導入する：$\alpha = a_0 + a_1 i + a_2 j + a_3 k$, $\beta = b_0 + b_1 i + b_2 j + b_3 k \in \mathbf{H}$ に対して

$$\alpha + \beta = (a_0 + b_0) + (a_1 + b_1)i + (a_2 + b_2)j + (a_3 + b_3)k \tag{4.46}$$

と和を定義し，積については

$$\begin{aligned}\alpha\beta = (a_0 b_0 - a_1 b_1 - a_2 b_2 - a_3 b_3) + (a_0 b_1 + a_1 b_0 + a_2 b_3 - a_3 b_2)i + \\ + (a_0 b_2 - a_1 b_3 + a_2 b_0 + a_3 b_1)j + (a_0 b_3 + a_1 b_2 - a_2 b_1 + a_3 b_0)k\end{aligned} \tag{4.47}$$

と定義するのである．すなわち，実数 $x \in \mathbf{R}$ と四元数 $\alpha \in \mathbf{H}$ の積は，$x\alpha = \alpha x$ を仮定し，i, j, k については

$$i^2 = j^2 = k^2 = -1, \quad ij = -ji = k, \quad jk = -kj = i, \quad ki = -ik = j \tag{4.48}$$

とするのである（このとき，(4.47) が回復される）．積の交換可能性

$$\alpha\beta = \beta\alpha$$

は成立しない．しかし，積の結合律

$$(\alpha\beta)\gamma = \alpha(\beta\gamma)$$

は成立している．

また，実行列を使うと複素数を実現でき，複素行列を使うと四元数を実現できることが知られている．章末の演習問題を参照してほしい．

演習問題

問 4.15 複素数 $\alpha,\ \beta,\ \gamma,\ \delta$ が同一円周上（または同一直線上）にあるための必要十分条件は

$$\frac{(\alpha-\gamma)(\beta-\delta)}{(\beta-\gamma)(\alpha-\delta)}$$

が実数であることである．

問 4.16 $\alpha,\ \beta,\ \gamma$ を相異なる複素数とする．$\triangle\alpha\beta\gamma$ の内心，外心が次式で与えられることを示せ．

$$\text{内心} = \frac{|\beta-\gamma|\alpha + |\gamma-\alpha|\beta + |\alpha-\beta|\gamma}{|\beta-\gamma| + |\gamma-\alpha| + |\alpha-\beta|},$$

$$\text{外心} = \frac{|\alpha|^2(\beta-\gamma) + |\beta|^2(\gamma-\alpha) + |\gamma|^2(\alpha-\beta)}{\overline{\alpha}(\beta-\gamma) + \overline{\beta}(\gamma-\alpha) + \overline{\gamma}(\alpha-\beta)}$$

問 4.17 $\left(\dfrac{1+\sin\theta+i\cos\theta}{1+\sin\theta-i\cos\theta}\right)^n = \cos\left(\dfrac{n\pi}{2}-n\theta\right) + i\sin\left(\dfrac{n\pi}{2}-n\theta\right)$ を証明せよ．

問 4.18 $z + z^2 + \cdots + z^n = \dfrac{z(1-z^n)}{1-z}$ において，$z = \cos\theta + i\sin\theta$ を代入して，

$$\cos\theta + \cos 2\theta + \cdots + \cos n\theta = \frac{\sin\dfrac{n\theta}{2}\cos\dfrac{(n+1)\theta}{2}}{\sin\dfrac{\theta}{2}}$$

$$\sin\theta + \sin 2\theta + \cdots + \sin n\theta = \frac{\sin\dfrac{n\theta}{2}\sin\dfrac{(n+1)\theta}{2}}{\sin\dfrac{\theta}{2}}$$

を証明せよ．

問 4.19 $n \geq 2$ とするとき，つぎが成立つことを示せ．

$$\sin\left(\frac{\pi}{n}\right)\sin\left(\frac{2\pi}{n}\right)\cdots\sin\left(\frac{(n-1)\pi}{n}\right) = \frac{n}{2^{n-1}}$$

問 4.20 $\alpha = a + bi$（$a,\ b$ は実数）に対して，

$$\begin{pmatrix} a & b \\ -b & a \end{pmatrix}$$

という 2 次行列を $A(\alpha)$ と表すことにする．これに関するつぎの性質を証明せよ．

(1) $A(\alpha) = A(\beta) \Longrightarrow \alpha = \beta$ 　(5) $A(\alpha\beta) = A(\alpha)A(\beta)$

(2) $A(\alpha+\beta) = A(\alpha) + A(\beta)$ 　(6) $A(1) = E$

(3) $A(0) = O$ 　(7) $A(\alpha^{-1}) = A(\alpha)^{-1}$

(4) $A(-\alpha) = -A(\alpha)$ 　(8) $\det A(\alpha) = |\alpha|^2$

問 4.21 つぎの四つの 2 次複素行列を考える.

$$E = \begin{pmatrix} 1 & 0 \\ 0 & 1 \end{pmatrix}, \quad I = \begin{pmatrix} 0 & 1 \\ -1 & 0 \end{pmatrix}, \quad J = \begin{pmatrix} 0 & i \\ i & 0 \end{pmatrix}, \quad K = \begin{pmatrix} i & 0 \\ 0 & -i \end{pmatrix}$$

(1) $I^2 = J^2 = K^2 = -E$, $IJ = -JI = K$, $JK = -KJ = I$, $KI = -IK = J$ が成立することを示せ.

(2) a, b, c, d を実数とするとき,$a = b = c = d = 0$ の場合を除いて

$$A = aE + bI + cJ + dK$$

という行列は正則行列であることを示し,逆行列 A^{-1} を求めよ.

第5章

一般の次数の行列について

5.1 一般の次数の行列の導入

　第3章において2次行列，3次行列を導入し，行列と線型写像との関係を考察した．また，2次行列については和と積を定義し，さらに，正則行列という概念も導入した．

　しかし，行列は行数と列数が一致するものばかりとは限らないし，行の数や列の数を増やした一般化された行列を定義することが可能である．

　以下の式 (5.1) のように，mn 個の数を m 行 n 列に配列したものを考える．

$$A = \begin{pmatrix} a_{11} & a_{12} & \cdots & a_{1n} \\ a_{21} & a_{22} & \cdots & a_{2n} \\ \vdots & \vdots & & \vdots \\ a_{m1} & a_{m2} & \cdots & a_{mn} \end{pmatrix} \tag{5.1}$$

を導入しよう．これを **m 行 n 列の行列**といい，その全体を $M_{mn}(\mathbf{R})$ と記す．ヨコの文字の並びを**行**，タテの文字の並びを**列**と呼ぶ．行の数と列の数を行列の**次数**という．$m = n$ のときは n 次**正方行列**と呼ぶ．ここでは n 次行列と省略した形で呼ぶ．また，その全体を $M_n(\mathbf{R})$ と記す．(5.1) において a_{ij} を A の (i, j) 成分，とくに a_{ii} $(1 \leq i \leq n)$ を**対角成分**と呼ぶ．

　n 行 1 列の行列を **n 項列ベクトル**と呼び，その全体を $\mathbf{R}^n$ と記す．すなわち，$\mathbf{R}^n = M_{n1}(\mathbf{R})$ である．

$$\mathbf{R}^n = \left\{ \mathbf{x} = \begin{pmatrix} x_1 \\ \vdots \\ x_n \end{pmatrix} \,\middle|\, x_i \in \mathbf{R} \ (1 \leq i \leq n) \right\} \tag{5.2}$$

また，1 行 n 列の行列を **n 項行ベクトル**と呼び，その全体を $\widehat{\mathbf{R}^n}$ と記す．すなわち，$\widehat{\mathbf{R}^n} = M_{1n}(\mathbf{R})$ である．

$$\widehat{\mathbf{R}^n} = \left\{ \widehat{\mathbf{x}} = (x_1, \ldots, x_n) \,\middle|\, x_i \in \mathbf{R} \ (1 \leq i \leq n) \right\} \tag{5.3}$$

m 行 n 列の行列 A (5.1) と n 項列ベクトル $\mathbf{x}$ の積 $A\mathbf{x}$ を

$$A\mathbf{x} = \begin{pmatrix} \sum_{j=1}^{n} a_{1j}x_j \\ \vdots \\ \sum_{j=1}^{n} a_{mj}x_j \end{pmatrix} \in \mathbf{R}^m \tag{5.4}$$

により定義すれば, 一般の連立一次方程式

$$\begin{pmatrix} a_{11} & \cdots & a_{1n} \\ \vdots & \ddots & \vdots \\ a_{m1} & \cdots & a_{mn} \end{pmatrix} \begin{pmatrix} x_1 \\ \vdots \\ x_n \end{pmatrix} = \begin{pmatrix} c_1 \\ \vdots \\ c_m \end{pmatrix} \tag{5.5}$$

あるいは一般の線型写像

$$T: \mathbf{R}^n \longrightarrow \mathbf{R}^m, \quad T(\mathbf{x}) = A\mathbf{x} \quad (\mathbf{x} \in \mathbf{R}^n) \tag{5.6}$$

を考察することが可能となり, 行列を幾何学の問題などに応用することができる.

例 5.1 (1) 二つの空間直線

$$L_1: \quad \mathbf{x} = \begin{pmatrix} 1 \\ 1 \\ 2 \end{pmatrix} + t \begin{pmatrix} 3 \\ -2 \\ 1 \end{pmatrix}, \quad (-\infty < t < \infty)$$

$$L_2: \quad \mathbf{x} = \begin{pmatrix} -4 \\ 3 \\ 2 \end{pmatrix} + s \begin{pmatrix} 2 \\ 0 \\ -1 \end{pmatrix}, \quad (-\infty < s < \infty)$$

の交点を求めるためには, 方程式

$$\begin{pmatrix} 1 \\ 1 \\ 2 \end{pmatrix} + t \begin{pmatrix} 3 \\ -2 \\ 1 \end{pmatrix} = \begin{pmatrix} -4 \\ 3 \\ 2 \end{pmatrix} + s \begin{pmatrix} 2 \\ 0 \\ -1 \end{pmatrix}$$

を解く必要がある. これは, t, s を未知数とする連立一次方程式

$$\begin{cases} 3t - 2s = -5 \\ -2t = 2 \\ t + s = 0 \end{cases}$$

を解くことに帰着される．この方程式を行列を用いて表すとつぎのようになる．

$$\begin{pmatrix} 3 & -2 \\ -2 & 0 \\ 1 & 1 \end{pmatrix} \begin{pmatrix} t \\ s \end{pmatrix} = \begin{pmatrix} -5 \\ 2 \\ 0 \end{pmatrix}$$

(2) 二つの平面

$$\pi_1 : 3x - 2y + z = 1, \quad \pi_2 : 2x - y - z = 2$$

の交わりを求めるためには，x, y, z を未知数とする連立一次方程式

$$\begin{cases} 3x - 2y + z = 1 \\ 2x - y - z = 2 \end{cases}$$

を解く必要がある．この方程式を行列を用いて表現するとつぎのようになる．

$$\begin{pmatrix} 3 & -2 & 1 \\ 2 & -1 & 1 \end{pmatrix} \begin{pmatrix} x \\ y \\ z \end{pmatrix} = \begin{pmatrix} 0 \\ 0 \end{pmatrix}$$

行列の記述方法について，いくつか注意を述べておく．行列 (5.1) を

$$A = (a_{ij})_{1 \leq i \leq m, 1 \leq j \leq n} \tag{5.7}$$

と書いたり，省略して $A = (a_{ij})$ と書く．また，列ベクトル $\mathbf{a}_j = \begin{pmatrix} a_{1j} \\ \vdots \\ a_{mj} \end{pmatrix}$ を導入して，つぎのように書いたりする．

$$A = (\mathbf{a}_1, \cdots, \mathbf{a}_n) \tag{5.8}$$

これを行列の**列ベクトル表示**と呼ぶことにしよう．同様に，行ベクトルを用いた**行ベクトル表示**を利用することもある．つまり，行ベクトル $\widehat{\mathbf{a}}_i = (a_{i1}, \cdots, a_{in})$ を導入して，

$$A = \begin{pmatrix} \widehat{\mathbf{a}}_1 \\ \vdots \\ \widehat{\mathbf{a}}_m \end{pmatrix} \tag{5.9}$$

と表示するのである．

5.2 行列の代数

行列の和と積について述べる．二つの m 行 n 列の行列 $A = (a_{ij})$, $B = (b_{ij}) \in M_{mn}(\mathbf{R})$ に対して，その**和**を

$$A + B = (a_{ij} + b_{ij}) \tag{5.10}$$

スカラー倍を

$$cA = (ca_{ij}) \qquad (c \in \mathbf{R}) \tag{5.11}$$

と定義する．すべての成分が 0 の m 行 n 列の行列を

$$O_{mn} \tag{5.12}$$

と書いたり，$m = n$ のときは O_n，また m, n が了解されているときは，単に O と書いて，**零行列**と呼ぶ．$\mathbf{R}^n$ においては，これを $\mathbf{0}_n$ と書いたり，n が了解されているときは単に $\mathbf{0}$ と書いて，**零ベクトル**と呼ぶことにする．$\widehat{\mathbf{R}^n}$ においては，零ベクトルを表すのに $\widehat{\mathbf{0}_n}$，または $\widehat{\mathbf{0}}$ と書くことにする．

命題 5.1 行列の和とスカラー倍について，以下のことが成立する．

(1) $(A + B) + C = A + (B + C)$ （和の結合法則）

(2) $A + B = B + A$ （和の交換法則）

(3) $A + O = O + A = A$ （零元の存在）

(4) 任意の A に対して，$A + B = B + A = O$ をみたす B が唯一つ存在する．これを $-A$ と記す．また，$A - B$ を $A + (-B)$ と定義する．
　　（マイナス元の存在）

(5) $c(A + B) = cA + cB$ （スカラー倍の（右）分配法則）

(6) $(c + d)A = cA + dA$ （スカラー倍の（左）分配法則）

(7) $(cd)A = c(dA)$ （スカラー倍の結合法則）

(8) $1A = A$ （スカラー倍の正規化）

命題の証明は各自が試みられたい．

上の命題より，$M_{mn}(\mathbf{R})$，とくに $\mathbf{R}^n$，$\widehat{\mathbf{R}^n}$ はベクトル空間であることが分る．

つぎに行列同士の**積**を定義するが，これは行列の列と行が一致するときに限り定義される．すなわち，l 行 m 列の行列 $A = (a_{ik})$ と m 行 n 列の行列 $B = (b_{kj})$ に対して，

$$c_{ij} = \sum_{k=1}^{m} a_{ik} b_{kj}$$

とおいて，つぎの l 行 n 列の行列により，積 AB を定義する．

$$AB = (c_{ij})_{1 \le i \le l, 1 \le j \le n} \tag{5.13}$$

積 AB が定義されても，BA が定義されるとは限らない．A が m 行 n 列で，B が n 行 m 列であれば，AB も BA も定義できるが，AB は m 次行列であり，BA は n 次行列である．A, B がともに n 次行列であれば，AB，BA ともに n 次行列であるが，一般には $AB \neq BA$ である．しかし，下の命題で見るように，積の結合法則や分配法則は成立っている．

また，$A \neq O$，$B \neq O$ であっても，$AB = O$ となることがある．例えば，

$$\begin{pmatrix} 1 & 0 \\ 0 & 0 \end{pmatrix} \begin{pmatrix} 0 & 0 \\ 0 & 1 \end{pmatrix} = \begin{pmatrix} 0 & 0 \\ 0 & 0 \end{pmatrix}$$

である．

命題 5.2 (1) AB と BC が定義されるとき，$(AB)C = A(BC)$ である．（積の結合法則）

(2) $A(B+C)$ が定義されるとき，$A(B+C) = AB + AC$ である．（右分配法則）

(3) $(A+B)C$ が定義されるとき，$(A+B)C = AC + BC$ である．（左分配法則）

(4) AB が定義されるとき，スカラー c に対して，$c(AB) = (cA)B = A(cB)$ である．

対角成分がすべて 1 で，他の成分がすべて 0 である n 次行列を E_n，または E と記し，

$$E_n = \begin{pmatrix} 1 & 0 & \cdots & 0 \\ 0 & 1 & \cdots & 0 \\ \vdots & \vdots & \ddots & \vdots \\ 0 & 0 & \cdots & 1 \end{pmatrix}$$

これを n 次**単位行列**と呼ぶ．

$\mathbf{R}^n$ の**単位ベクトル**を

$$\mathbf{e}_1 = \begin{pmatrix} 1 \\ 0 \\ \vdots \\ 0 \end{pmatrix}, \quad \mathbf{e}_2 = \begin{pmatrix} 0 \\ 1 \\ \vdots \\ 0 \end{pmatrix}, \quad \cdots, \quad \mathbf{e}_n = \begin{pmatrix} 0 \\ 0 \\ \vdots \\ 1 \end{pmatrix}$$

とすれば，列ベクトル表示はつぎのようになる．

$$E_n = (\mathbf{e}_1, \cdots, \mathbf{e}_n)$$

つぎの命題は明らかであろう．

命題 5.3 A を m 行 n 列の行列とする．つぎが成立する．

(1) $AO_{np} = O_{mp}, \quad O_{lm}A = O_{ln}$

(2) $AE_n = A, \quad E_m A = A$

行列の積は，行列の列ベクトル表示，行ベクトル表示を使うと，見通しよく理解できる．

命題 5.4 $A = (a_{ij})$ を l 行 m 列，$B = (b_{jk})$ を m 行 n 列の行列として，その列ベクトル表示，行ベクトル表示を

$$A = (\mathbf{a}_1, \cdots, \mathbf{a}_m) = \begin{pmatrix} \widehat{\mathbf{a}}_1 \\ \vdots \\ \widehat{\mathbf{a}}_l \end{pmatrix}, \quad B = (\mathbf{b}_1, \cdots, \mathbf{b}_n) = \begin{pmatrix} \widehat{\mathbf{b}}_1 \\ \vdots \\ \widehat{\mathbf{b}}_m \end{pmatrix}$$

とする．つぎが成立する．

$$AB = (A\mathbf{b}_1, A\mathbf{b}_2, \cdots, A\mathbf{b}_n) = \begin{pmatrix} \widehat{\mathbf{a}}_1 B \\ \vdots \\ \widehat{\mathbf{a}}_l B \end{pmatrix} \tag{5.14}$$

$$AB = \left(\sum_{k=1}^{m} b_{k1}\mathbf{a}_k, \sum_{k=1}^{m} b_{k2}\mathbf{a}_k, \cdots, \sum_{k=1}^{m} b_{kn}\mathbf{a}_k \right) = \begin{pmatrix} \sum_{k=1}^{m} a_{1k}\widehat{\mathbf{b}}_k \\ \vdots \\ \sum_{k=1}^{m} a_{lk}\widehat{\mathbf{b}}_k \end{pmatrix} \tag{5.15}$$

証明 A の行ベクトル $\widehat{\mathbf{a}}_i$ は 1 行 m 列の行列であり，B の列ベクトル $\mathbf{b}_j$ は m 列 1 行の行列である．その積は

$$\widehat{\mathbf{a}}_i \mathbf{b}_j = \sum_{k=1}^{m} a_{ik} b_{kj}$$

である．よって，行列の積 AB はつぎのように表示される．

$$AB = \begin{pmatrix} \widehat{\mathbf{a}}_1 \mathbf{b}_1 & \cdots & \widehat{\mathbf{a}}_1 \mathbf{b}_n \\ \vdots & & \vdots \\ \widehat{\mathbf{a}}_l \mathbf{b}_1 & \cdots & \widehat{\mathbf{a}}_l \mathbf{b}_n \end{pmatrix}$$

ここで，

$$A\mathbf{b}_j = \begin{pmatrix} \widehat{\mathbf{a}}_1 \mathbf{b}_j \\ \vdots \\ \widehat{\mathbf{a}}_l \mathbf{b}_j \end{pmatrix}, \quad \widehat{\mathbf{a}}_i B = \begin{pmatrix} \widehat{\mathbf{a}}_i \mathbf{b}_1, \cdots, \widehat{\mathbf{a}}_i \mathbf{b}_n \end{pmatrix}$$

であるので，式 (5.14) を得る．また，

$$A\mathbf{b}_j = \begin{pmatrix} \mathbf{a}_1, \cdots, \mathbf{a}_m \end{pmatrix} \begin{pmatrix} b_{1j} \\ \vdots \\ b_{mj} \end{pmatrix} = \sum_{k=1}^{m} b_{kj} \mathbf{a}_k$$

より，(5.15) の第 1 式を得る．

$$\widehat{\mathbf{a}}_i B = \begin{pmatrix} a_{i1}, \cdots, a_{im} \end{pmatrix} \begin{pmatrix} \widehat{\mathbf{b}}_1 \\ \vdots \\ \widehat{\mathbf{b}}_m \end{pmatrix} = \sum_{k=1}^{m} a_{ik} \widehat{\mathbf{b}}_k$$

より，(5.15) の第 2 式を得る． □

式 (5.15) の意味するところは，

(i) 行列の右から行列を掛けると，行列の列ベクトルが変換される．

(ii) 行列の左から行列を掛けると，行列の行ベクトルが変換される．

ということである．この注意は第 7 章において考察される「行列の基本変形」において重要である．また，(5.15) を行列の形でまとめておくと覚えやすい．

$$AB = (\mathbf{a}_1, \ldots, \mathbf{a}_n) \begin{pmatrix} b_{11} & \cdots & b_{1n} \\ \vdots & & \vdots \\ b_{m1} & \cdots & b_{mn} \end{pmatrix} = \begin{pmatrix} a_{11} & \cdots & a_{1m} \\ \vdots & & \vdots \\ a_{l1} & \cdots & a_{lm} \end{pmatrix} \begin{pmatrix} \widehat{\mathbf{b}}_1 \\ \vdots \\ \widehat{\mathbf{b}}_m \end{pmatrix} \quad (5.16)$$

最初の式は，$(\mathbf{a}_1, \ldots, \mathbf{a}_n)$ を行ベクトルと見なして B に乗ずることを意味し，第二の式は，$\begin{pmatrix} \widehat{\mathbf{b}}_1 \\ \vdots \\ \widehat{\mathbf{b}}_m \end{pmatrix}$ を列ベクトルと見なして A に乗ずることを意味している．

問 5.1 行列 A, B を $A = \begin{pmatrix} 2 & -1 \\ 1 & 3 \\ -1 & 1 \end{pmatrix}$, $B = \begin{pmatrix} 1 & -1 & 3 \\ -2 & 3 & -1 \end{pmatrix}$ とする．

(1) 積 AB と BA を計算せよ．

(2) $\det AB$ と $\det BA$ を計算せよ．ただし，3 次行列 $X = (\mathbf{x}_1, \mathbf{x}_2, \mathbf{x}_3)$（列ベクトル表示）に対して，その行列式 $\det X$ はつぎの式により定義される（第 1 章 1.3 節を参照）．

$$\det X = (\mathbf{x}_1, \mathbf{x}_2 \times \mathbf{x}_3) \quad (5.17)$$

問 5.2 $A = \begin{pmatrix} 2 & 0 & -1 \\ 1 & 5 & 2 \\ -2 & 1 & 1 \end{pmatrix}$, $B = \begin{pmatrix} 2 & 1 & 4 \\ -1 & -1 & 2 \\ 3 & 0 & 1 \end{pmatrix}$ とする．$A^2 (= AA)$, AB, BA, B^2 を計算せよ．

問 5.3 E_{pq} を n 次行列で p 行 q 列成分が 1 で，他の成分はすべて 0 の行列とする．すなわち，

$$E_{pq} = (\delta_{ip}\delta_{jq})_{1 \leq i,j \leq n}$$

である（このような行列を**行列単位**と呼ぶ）．これに対して

$$E_{pq}E_{rs} = \delta_{qr}E_{ps}$$

が成立することを示せ．ただし，δ_{pq} は**クロネッカーのデルタ記号**と呼ばれる記号で，

$$\delta_{pq} = \begin{cases} 1 & p = q \\ 0 & p \neq q \end{cases}$$

と定義される．

問 5.4 4 次行列 A の列ベクトル表示，行ベクトル表示を

$$A = (\mathbf{a}_1, \mathbf{a}_2, \mathbf{a}_3, \mathbf{a}_4) = \begin{pmatrix} \widehat{\mathbf{a}}_1 \\ \widehat{\mathbf{a}}_2 \\ \widehat{\mathbf{a}}_3 \\ \widehat{\mathbf{a}}_4 \end{pmatrix}$$

とする．

(1) D を対角行列 $D = \begin{pmatrix} d_1 & 0 & 0 & 0 \\ 0 & d_2 & 0 & 0 \\ 0 & 0 & d_3 & 0 \\ 0 & 0 & 0 & d_4 \end{pmatrix}$ とするとき，AD, DA の列ベクトル表示，行ベクトル表示を求めよ．

(2) $F = \begin{pmatrix} 1 & 0 & 0 & 0 \\ 0 & 0 & 1 & 0 \\ 0 & 1 & 0 & 0 \\ 0 & 0 & 0 & 1 \end{pmatrix}$ とするとき，AF, FA の列ベクトル表示，行ベクトル表示を求めよ．

(3) $G = \begin{pmatrix} 1 & 0 & 0 & 0 \\ 0 & 1 & 0 & 0 \\ 0 & c & 1 & 0 \\ 0 & 0 & 0 & 1 \end{pmatrix}$ とするとき，AG, GA の列ベクトル表示，行ベクトル表示を求めよ．

5.3 正則行列

つぎに n 次行列に対して，2 次行列のときと同様に，正則行列の概念を定義しよう．

定義 5.1 A を n 次行列とする．$AX = XA = E_n$ をみたす n 次行列 X が存在するとき，A を**正則行列**（あるいは**可逆行列**）と呼ぶ．このとき，X を A の**逆行列**と呼ぶ．

第 3 章命題 3.8 と同様につぎの命題を得る．

命題 5.5 A が正則行列のとき，その逆行列は唯一つである．

A が正則行列であるとき，その逆行列を A^{-1} と記すことにしよう．第 3 章命題 3.9 と同様につぎの命題を得る．

命題 5.6 (1) A が正則ならば A^{-1} も正則でありつぎが成立する.

$$(A^{-1})^{-1} = A \tag{5.18}$$

(2) A, B が正則ならば積 AB も正則でありつぎが成立する.

$$(AB)^{-1} = B^{-1}A^{-1} \tag{5.19}$$

行列の積においては $AX = O$ であっても $X = O$ とは限らないが, A が正則行列であればつぎの命題が成立つ.

命題 5.7 A は n 次の正則行列とする.

(1) $X \in M_{ln}(\mathbf{R})$ とする. $XA = O_{ln}$ ならば $X = O_{ln}$ である.

(2) $Y \in M_{nk}(\mathbf{R})$ とする. $AY = O_{nk}$ ならば $Y = O_{nk}$ である.

証明 (1) $O_{mn} = O_{mn}A^{-1} = (XA)A^{-1} = X(AA^{-1}) = XE_n = X$. (2) も同様に証明できる. □

例 5.2 (1) A が対角成分以外の成分がすべて 0 である n 次行列とする. すなわち,

$$A = \begin{pmatrix} a_1 & 0 & \cdots & 0 \\ 0 & a_2 & \cdots & 0 \\ \vdots & \vdots & \ddots & \vdots \\ 0 & 0 & \cdots & a_n \end{pmatrix}$$

このような行列を**対角行列**という. 対角行列が正則であるための必要十分条件はすべての対角成分が 0 でないことであり, そのときつぎのようになる.

$$A^{-1} = \begin{pmatrix} a_1^{-1} & 0 & \cdots & 0 \\ 0 & a_2^{-1} & \cdots & 0 \\ \vdots & \vdots & \ddots & \vdots \\ 0 & 0 & \cdots & a_n^{-1} \end{pmatrix}$$

(2) (1) で述べた主張は**上三角行列**(**下三角行列**)に対しても成立する. A が n 次上三角行列であるとは, $A = (a_{ij})_{1 \le i,j \le n}$ とするとき, $a_{ij} = 0$ $(i > j)$ をみたすことである. すなわち,

$$A = \begin{pmatrix} a_{11} & a_{12} & \cdots & a_{1n} \\ 0 & a_{22} & \cdots & a_{2n} \\ \vdots & \vdots & \ddots & \vdots \\ 0 & 0 & \cdots & a_{nn} \end{pmatrix}$$

のように対角成分の下側の成分がすべて 0 となる行列である．下三角行列はこの反対の条件 $a_{ij} = 0 \ (i < j)$ をみたす行列である．

上三角行列が正則であるための必要十分条件は，すべての対角成分が 0 でないことである．実際，上三角行列 A が正則であるならば，A は逆行列 $X = (x_{ij})$ を持つ．$AX = E$ を書き下すとつぎのようになる．

$$\begin{pmatrix} a_{11} & a_{12} & \cdots & a_{1n} \\ 0 & a_{22} & \cdots & a_{2n} \\ \vdots & \vdots & \ddots & \vdots \\ 0 & 0 & \cdots & a_{nn} \end{pmatrix} \begin{pmatrix} x_{11} & x_{12} & \cdots & x_{1n} \\ x_{21} & x_{22} & \cdots & x_{2n} \\ \vdots & \vdots & & \vdots \\ x_{n1} & x_{n2} & \cdots & x_{nn} \end{pmatrix} = \begin{pmatrix} 1 & 0 & \cdots & 0 \\ 0 & 1 & \cdots & 0 \\ \vdots & \vdots & \ddots & \vdots \\ 0 & 0 & \cdots & 1 \end{pmatrix}$$

よって，$a_{nn} x_{nj} = 0 \ (j = 1, \ldots, n-1), = 1 \ (j = n)$ であるから，$a_{nn} \neq 0$ かつ $x_{nj} = 0 \ (j = 1, \ldots, n-1)$, $x_{nn} = a_{nn}^{-1}$ となることが分る．つぎに第 $n-1$ 行目を考察することにより，$a_{n-1,n-1} \neq 0$ かつ $x_{n-1,j} = 0 \ (j = 1, \ldots, n-2)$, $x_{n-1,n-1} = a_{n-1,n-1}^{-1}$ を得る．このような考察を第 $n-2$ 行目，$\ldots$, 第 1 行目と続けることによって，A の対角成分は 0 でなく，逆行列も上三角行列であることが結論される．逆に，上三角行列 A の対角成分が 0 でないとき A が正則行列であることも，逆行列を直接的に構成することにより示すことができる（問 5.5 を参照）．

問 5.5 A を 3 次の上三角行列 $A = \begin{pmatrix} a_{11} & a_{12} & a_{13} \\ 0 & a_{22} & a_{23} \\ 0 & 0 & a_{33} \end{pmatrix}$ とする．$a_{11} a_{22} a_{33} \neq 0$ のとき A の逆行列を求めよ．また，一般の n 次の上三角行列に対して，それらの対角成分が 0 でないとき，逆行列がどのようになるかを考察せよ．

問 5.6 A, B を n 次行列とする．k を非負整数とするとき，$A^k = \overset{k}{\overbrace{AA \cdots A}}$ で A の k 乗を表す．$k = 0$ のときは，$A^0 = E$ とする．また，$AB = BA$ であるとき，A と B は **交換可能**（あるいは **可換**）であるという．A と B が交換可能であるとき，つぎのことが成立つことを示せ．
(1) $(AB)^k = A^k B^k$
(2) $(A+B)^2 = A^2 + 2AB + B^2$, $(A+B)^3 = A^3 + 3A^2 B + 3AB^2 + B^3$
また，A を正則行列として，正整数 k に対して，$A^{-k} = (A^{-1})^k$ と定義するとき，

(3) $A^k \cdot A^l = A^{k+l}$ が整数 k, l に対して成立つことを証明せよ.

(4) P を n 次正則行列とするとき, 任意の非負整数 k に対して, $(P^{-1}AP)^k = P^{-1}A^k P$ であることを示せ.

5.4 区分けされた行列

次数の大きい行列を扱うときには, 区分けをして考察することがしばしばある.

命題 5.8 A を l 行 m 列, B を m 行 n 列として, それをつぎのように**区分け（ブロック分け）**する.

$$A = \begin{matrix} & \begin{matrix} m_1 & m_2 \end{matrix} \\ \begin{matrix} l_1 \\ l_2 \end{matrix} & \begin{pmatrix} A_{11} & A_{12} \\ A_{21} & A_{22} \end{pmatrix} \end{matrix}, \qquad B = \begin{matrix} & \begin{matrix} n_1 & n_2 \end{matrix} \\ \begin{matrix} m_1 \\ m_2 \end{matrix} & \begin{pmatrix} B_{11} & B_{12} \\ B_{21} & B_{22} \end{pmatrix} \end{matrix}$$

（A_{ij} は l_i 行 m_j 列, B_{ij} は m_i 行 n_j 列の行列である）このとき, つぎが成立する.

$$AB = \begin{matrix} & \begin{matrix} n_1 & n_2 \end{matrix} \\ \begin{matrix} l_1 \\ l_2 \end{matrix} & \begin{pmatrix} A_{11}B_{11} + A_{12}B_{21} & A_{11}B_{12} + A_{12}B_{22} \\ A_{21}B_{11} + A_{22}B_{21} & A_{21}B_{12} + A_{22}B_{22} \end{pmatrix} \end{matrix}$$

証明 右辺の $(1,1)$ ブロックについて検証する. $A = (a_{ij})_{1 \le i \le l, 1 \le j \le m}$ とすると,

$$A_{11} = (a_{ij})_{1 \le i \le l_1, 1 \le j \le m_1}, \quad A_{12} = (a_{i,j+m_1})_{1 \le i \le l, 1 \le j \le m_2}$$

である. また, $B = (b_{ij})_{1 \le i \le m, 1 \le j \le n}$ とすると,

$$B_{11} = (b_{ij})_{1 \le i \le m_1, 1 \le j \le n_1}, \quad B_{12} = (b_{i+m_1, j})_{1 \le i \le m_2, 1 \le j \le n_1}$$

である. よって, $1 \le i \le l_1$, $1 \le j \le n_1$ に対しては,

$$(AB) \text{ の } (i,j) \text{ 成分} = \sum_{k=1}^{m} a_{ik}b_{kj} = \sum_{k=1}^{m_1} a_{ik}b_{kj} + \sum_{i=1}^{m_2} a_{i,k+m_1} b_{k+m_1, j}$$
$$= (A_{11}B_{11}) \text{ の } (i,j) \text{ 成分} + (A_{12}B_{21}) \text{ の } (i,j) \text{ 成分}$$

が成立つ. 他のブロックについても同様である. □

問 5.7 命題 5.8 の証明について, $(1,1)$ 以外のブロックについても検証せよ.

問 5.8 (1) n 次行列 A はつぎのように区分けされるとする.

$$A = \begin{array}{c} \\ n_1 \\ n_2 \end{array} \begin{array}{c} n_1 \quad n_2 \\ \begin{pmatrix} A_{11} & A_{12} \\ O & A_{22} \end{pmatrix} \end{array}$$

A_{11}, A_{22} が正則行列のとき A も正則であり, つぎが成立することを示せ.

$$A^{-1} = \begin{pmatrix} A_{11}^{-1} & -A_{11}^{-1} A_{12} A_{22}^{-1} \\ O & A_{22}^{-1} \end{pmatrix}$$

(2) 3 次行列 A は

$$A = \begin{pmatrix} a_{11} & a_{12} & a_{13} \\ 0 & a_{22} & a_{23} \\ 0 & a_{32} & a_{33} \end{pmatrix}$$

であり, $a_{11} \neq 0$, $\Delta = a_{22}a_{33} - a_{23}a_{32} \neq 0$ をみたすとする. このとき, A が正則であることを示しその逆行列を求めよ.

さらに区分けの仕方を一般化することも可能である. 例えば,

$$A = \begin{array}{c} \\ l_1 \\ l_2 \\ \vdots \\ l_p \end{array} \begin{array}{c} m_1 \quad m_2 \quad \cdots \quad m_q \\ \begin{pmatrix} A_{11} & A_{12} & \cdots & A_{1q} \\ A_{21} & A_{22} & \cdots & A_{2q} \\ \vdots & \vdots & & \vdots \\ A_{p1} & A_{p2} & \cdots & A_{pq} \end{pmatrix} \end{array}, \quad B = \begin{array}{c} \\ m_1 \\ m_2 \\ \vdots \\ m_q \end{array} \begin{array}{c} n_1 \quad n_2 \quad \cdots \quad n_r \\ \begin{pmatrix} B_{11} & B_{12} & \cdots & B_{1r} \\ B_{21} & B_{22} & \cdots & B_{2r} \\ \vdots & \vdots & & \vdots \\ B_{q1} & B_{q2} & \cdots & B_{qr} \end{pmatrix} \end{array}$$

(A_{ij} は l_i 行 m_j 列, B_{ij} は m_i 行 n_j 列の行列, $l_1 + \cdots + l_p = l$, $m_1 + \cdots + m_q = m$, $n_1 + \cdots + n_r = n$) とするとき,

$$AB = \begin{array}{c} \\ l_1 \\ l_2 \\ \vdots \\ l_p \end{array} \begin{array}{c} n_1 \quad n_2 \quad \cdots \quad n_r \\ \begin{pmatrix} C_{11} & C_{12} & \cdots & C_{1r} \\ C_{21} & C_{22} & \cdots & C_{2r} \\ \vdots & \vdots & & \vdots \\ C_{p1} & C_{p2} & \cdots & C_{pr} \end{pmatrix} \end{array}, \qquad C_{ij} = \sum_{k=1}^{q} A_{ik} B_{kj}$$

が成立することは容易に検証できる. 各自試みられたい.

5.5 行列の対角化

A を n 次行列とする.A に対して適当な正則行列 P により,$P^{-1}AP$ が対角行列になるとき,これを A の**対角化**と呼ぶ.また,A を $P^{-1}AP$ に変換することを**相似変換**という.

すべての行列が**対角化可能**であるわけではない.例えば $A = \begin{pmatrix} 0 & 1 \\ 0 & 0 \end{pmatrix}$ は対角化できない.それはつぎのように示すことができる.ある正則行列

$$P = \begin{pmatrix} p_{11} & p_{12} \\ p_{21} & p_{22} \end{pmatrix}$$

を取って,

$$P^{-1}AP = \begin{pmatrix} d_1 & 0 \\ 0 & d_2 \end{pmatrix}$$

となったとすると,$A^2 = O$ に注意すると,

$$(P^{-1}AP)^2 = P^{-1}A^2P = O$$

である.よって,$d_1^2 = d_2^2 = 0$ である.これより $P^{-1}AP = O$ である.よって,

$$A = P(P^{-1}AP)P^{-1} = O$$

であるが,これは矛盾である.

A が対角化可能であるための十分条件を考察する.n 個の $\mathbf{0}$ でない列ベクトル $\mathbf{p}_1, \ldots, \mathbf{p}_n \in \mathbf{R}^n$ が

$$A\mathbf{p}_1 = \lambda_1 \mathbf{p}_1, \ldots, A\mathbf{p}_n = \lambda_n \mathbf{p}_n \tag{5.20}$$

をみたしているとする.このとき,$\mathbf{p}_j \ (j = 1, \ldots, n)$ を**固有値** λ_j の A の**固有ベクトル**という.いま固有ベクトルを並べて得られる n 次行列 $P = (\mathbf{p}_1, \ldots, \mathbf{p}_n)$ が正則行列であるとする.(5.20) を行列を使って表現すると

$$(A\mathbf{p}_1, \ldots, A\mathbf{p}_n) = AP, \quad (\lambda_1 \mathbf{p}_1, \ldots, \lambda_n \mathbf{p}_n) = PD$$

ここで,D は対角成分が $\lambda_1, \ldots, \lambda_n$ の対角行列である.(5.20) より $AP = PD$ を得る.P は正則なので,逆行列 P^{-1} を両辺の左から乗じることで

$$P^{-1}AP = D$$

となり,A は対角化される.

5.6 一般の次数の複素行列と複素ベクトル

第 4 章において，複素ベクトルの空間 $\mathbf{C}^2$, $\mathbf{C}^3$, 2 次および 3 次の複素行列について考察したが，これらも今まで見てきたように直ちに一般の次数の複素ベクトル，複素行列へと一般化される．

n 項複素列ベクトル

$$\mathbf{x} = \begin{pmatrix} x_1 \\ x_2 \\ \vdots \\ x_n \end{pmatrix} \quad (x_j \in \mathbf{C}, \ j = 1, \ldots, n) \tag{5.21}$$

の全体を $\mathbf{C}^n$ と記す．和とスカラー倍を

$$\mathbf{x} + \mathbf{y} = \begin{pmatrix} x_1 + y_1 \\ x_2 + y_2 \\ \vdots \\ x_n + y_n \end{pmatrix}, \quad a\mathbf{x} = \begin{pmatrix} ax_1 \\ ax_2 \\ \vdots \\ ax_n \end{pmatrix} \quad (a \in \mathbf{C})$$

により定義すれば，$\mathbf{C}^n$ は複素数をスカラーとしてベクトル空間である．**n 項複素行ベクトル**の全体 $\widehat{\mathbf{C}^n}$ もベクトル空間である．

成分が複素数である m 行 n 列の**複素行列**

$$A = \begin{pmatrix} a_{11} & a_{12} & \cdots & a_{1n} \\ a_{21} & a_{22} & \cdots & a_{2n} \\ \vdots & & & \vdots \\ a_{m1} & a_{n2} & \cdots & a_{mn} \end{pmatrix} \quad (a_{ij} \in \mathbf{C} \ i = 1, \ldots, m, \ j = 1, \ldots, n) \tag{5.22}$$

の全体を $M_{mn}(\mathbf{C})$ と記す．$m = n$ のときは n 次行列といい，その全体を $M_n(\mathbf{C})$ と記す．$M_{n1}(\mathbf{C}) = \mathbf{C}^n$, $M_{1n}(\mathbf{C}) = \widehat{\mathbf{C}^n}$ である．

実行列の場合と同様に行列同士の和とスカラー倍を定義することにより，$M_{mn}(\mathbf{C})$ は複素数をスカラーとするベクトル空間になる．積の定義も実行列の場合と全く同じである．とくに，$A \in M_{mn}(\mathbf{C})$ と $\mathbf{x} \in \mathbf{C}^n$ の積 $A\mathbf{x}$ が定義され，これより，線型写像 $T: \mathbf{C}^n \longrightarrow \mathbf{C}^m$, $T(\mathbf{x}) = A\mathbf{x}$ を考えることができる．

問 5.9 $A = \begin{pmatrix} 0 & 1 & 0 & 0 \\ 0 & 0 & 1 & 0 \\ 0 & 0 & 0 & 1 \\ 1 & 0 & 0 & 0 \end{pmatrix}$, $B = \begin{pmatrix} i & 0 & 0 & 0 \\ 0 & -1 & 0 & 0 \\ 0 & 0 & -i & 0 \\ 0 & 0 & 0 & 1 \end{pmatrix}$ とするとき，$AB - iBA$ を計算せよ．

演習問題

問 5.10 $f(x)$ を
$$f(x) = a_0 x^n + a_1 x^{n-1} + \cdots + a_{n-1} x + a_n$$
という多項式とするとき，正方行列 A に対して，
$$a_0 A^n + a_1 A^{n-1} + \cdots + a_{n-1} A + a_n E$$
という正方行列を $f(A)$ と記す．つぎの例において，$f(A) = O$ となるかどうかを調べよ．

(1) $f(x) = x^3 - 3x^2 + 3x - 1$, $\quad A = \begin{pmatrix} 1 & 1 & 1 \\ 0 & 1 & 1 \\ 0 & 0 & 1 \end{pmatrix}$

(2) $f(x) = x^3 - 3x$, $\quad A = \begin{pmatrix} 1 & 1 & 1 \\ 1 & 1 & 1 \\ 1 & 1 & 1 \end{pmatrix}$

(3) $f(x) = x^3 + x^2 + x + 1$, $\quad A = \begin{pmatrix} 1 & 1 & 0 \\ 1 & 1 & 1 \\ 0 & 1 & 1 \end{pmatrix}$

(4) $f(x) = x^3 - 2x$, $\quad A = \begin{pmatrix} 0 & 1 & 0 \\ 1 & 0 & 1 \\ 0 & 1 & 0 \end{pmatrix}$

問 5.11 A, B を n 次行列とする．$AB - BA$ が A と可換であるならば，任意の自然数 k に対して，つぎのようになることを証明せよ．
$$A^k B - B A^k = k A^{k-1}(AB - BA)$$

問 5.12 A を n 次行列とする．すべての n 次行列 X に対して $AX = XA$ が成立つための必要十分条件は，A が**スカラー行列**であること，すなわち，適当なスカラー c が存在して $A = cE_n$ と書けることであることを示せ．

問 5.13 (1) $\mathbf{a} = \begin{pmatrix} a_1 \\ a_2 \end{pmatrix}$, $\mathbf{b} = \begin{pmatrix} b_1 \\ b_2 \end{pmatrix}$ は互いに直交する長さが 1 のベクトルであるとする．2 次行列

$$A = (\mathbf{a}, \mathbf{b}) = \begin{pmatrix} a_1 & b_1 \\ a_2 & b_2 \end{pmatrix}$$

が正則行列であることを示し，その逆行列を求めよ．
(**ヒント**：$\mathbf{R}^2$ の単位ベクトル $\mathbf{e}_1$, $\mathbf{e}_2$ が,

$$\mathbf{e}_k = (\mathbf{e}_k, \mathbf{a})\mathbf{a} + (\mathbf{e}_k, \mathbf{b})\mathbf{b}$$

と表すことができることに注意せよ．第 1 章問 1.3 を参照)

(2) $\mathbf{a} = \begin{pmatrix} a_1 \\ a_2 \\ a_3 \end{pmatrix}$, $\mathbf{b} = \begin{pmatrix} b_1 \\ b_2 \\ b_3 \end{pmatrix}$, $\mathbf{c} = \begin{pmatrix} c_1 \\ c_2 \\ c_3 \end{pmatrix}$ は互いに直交する長さが 1 のベクトルであるとする．3 次行列

$$A = (\mathbf{a}, \mathbf{b}, \mathbf{c}) = \begin{pmatrix} a_1 & b_1 & c_1 \\ a_2 & b_2 & c_2 \\ a_3 & b_3 & c_3 \end{pmatrix}$$

が正則行列であることを示し，その逆行列を求めよ．
(**ヒント**：$\mathbf{R}^3$ の単位ベクトル $\mathbf{e}_1$, $\mathbf{e}_2$, $\mathbf{e}_3$ が，つぎのように表すことができることに注意せよ．第 1 章問 1.8 を参照)

$$\mathbf{e}_k = (\mathbf{e}_k, \mathbf{a})\mathbf{a} + (\mathbf{e}_k, \mathbf{b})\mathbf{b} + (\mathbf{e}_k, \mathbf{c})\mathbf{c}$$

問 5.14 $A = \begin{pmatrix} a_1 & b_1 \\ a_2 & b_2 \end{pmatrix} \in M_2(\mathbf{R})$ は正則行列であるとする．

(1) $A = (\mathbf{a}, \mathbf{b})$ （列ベクトル表示）とするとき，

$$(\mathbf{u}, \mathbf{a}) = 1 \quad (\mathbf{u}, \mathbf{b}) = 0$$
$$(\mathbf{v}, \mathbf{a}) = 0 \quad (\mathbf{v}, \mathbf{b}) = 1$$

をみたすベクトル $\mathbf{u}$, $\mathbf{v}$ が唯一存在することを証明せよ．

(2) 任意のベクトル $\mathbf{x} \in \mathbf{R}^2$ が，

$$\mathbf{x} = (\mathbf{x}, \mathbf{u})\mathbf{a} + (\mathbf{x}, \mathbf{v})\mathbf{b}$$

と表すことができることを示せ．また，この表示の幾何学的な意味を考えよ．
(**ヒント**：A は正則行列であるとの仮定より，逆行列 A^{-1} が存在する．その行ベクトル表示を考えよ．また，$\mathbf{x} = E_2\mathbf{x} = A(A^{-1}\mathbf{x})$ であることに注意せよ)

問 5.15 $\mathbf{a}_1 = \begin{pmatrix} a_{11} \\ a_{21} \end{pmatrix}$, $\mathbf{a}_2 = \begin{pmatrix} a_{12} \\ a_{22} \end{pmatrix} \in \mathbf{R}^2$ を直交する長さが 1 のベクトルとする. 線型写像 $T: \mathbf{R}^2 \longrightarrow \mathbf{R}^2$,

$$T(\mathbf{x}) = t_1(\mathbf{x}, \mathbf{a}_1)\mathbf{a}_1 + t_2(\mathbf{x}, \mathbf{a}_2)\mathbf{a}_2$$

の表現行列を A とする.

(1) A を求めよ.

(2) $A\mathbf{a}_i$ $(i = 1, 2)$ を求めよ.

(3) $P^{-1}AP$ を対角行列にする正則行列 P を $\mathbf{a}_1$, $\mathbf{a}_2$ を用いて表せ.

(4) A の行列式を求めよ.

問 5.16 $\mathbf{a}_1 = \begin{pmatrix} a_{11} \\ a_{21} \\ a_{31} \end{pmatrix}$, $\mathbf{a}_2 = \begin{pmatrix} a_{12} \\ a_{22} \\ a_{32} \end{pmatrix}$, $\mathbf{a}_3 = \begin{pmatrix} a_{13} \\ a_{23} \\ a_{33} \end{pmatrix} \in \mathbf{R}^3$ を互いに直交する長さが 1 のベクトルとする. 線型写像 $T: \mathbf{R}^3 \longrightarrow \mathbf{R}^3$

$$T(\mathbf{x}) = t_1(\mathbf{x}, \mathbf{a}_1)\mathbf{a}_1 + t_2(\mathbf{x}, \mathbf{a}_2)\mathbf{a}_2 + t_3(\mathbf{x}, \mathbf{a}_3)\mathbf{a}_3$$

の表現行列を A とする.

(1) A を求めよ.

(2) $A\mathbf{a}_i$ $(i = 1, 2, 3)$ を求めよ.

(3) $P^{-1}AP$ を対角行列にする正則行列 P を $\mathbf{a}_1$, $\mathbf{a}_2$, $\mathbf{a}_3$ を用いて表せ.

問 5.17 3 次行列 $A = \begin{pmatrix} 0 & 1 & 0 \\ 0 & 0 & 1 \\ 0 & 0 & 0 \end{pmatrix}$ は対角化可能でないことを証明せよ.

第6章

行 列 式

6.1 3次行列式についてのまとめ

第1章1.3節と第5章問5.1において，3次行列

$$A = \begin{pmatrix} a_{11} & a_{12} & a_{13} \\ a_{21} & a_{22} & a_{23} \\ a_{31} & a_{32} & a_{33} \end{pmatrix} = (\mathbf{a}_1, \mathbf{a}_2, \mathbf{a}_3) \quad \text{(列ベクトル表示)}$$

$$= \begin{pmatrix} \widehat{\mathbf{a}}_1 \\ \widehat{\mathbf{a}}_2 \\ \widehat{\mathbf{a}}_3 \end{pmatrix} \quad \text{(行ベクトル表示)}$$

の**行列式** $\det A$ を

$$\det A = (\mathbf{a}_1, \mathbf{a}_2 \times \mathbf{a}_3)$$
$$= a_{11}(a_{22}a_{33} - a_{32}a_{23}) - a_{21}(a_{12}a_{33} - a_{32}a_{13}) + a_{31}(a_{12}a_{23} - a_{22}a_{13}) \quad (6.1)$$

と定義し，その性質を詳しくを調べた．行列式を表す記号としては，他に，

$$\begin{vmatrix} a_{11} & a_{12} & a_{13} \\ a_{21} & a_{22} & a_{23} \\ a_{31} & a_{32} & a_{33} \end{vmatrix}, \quad \det(\mathbf{a}_1, \mathbf{a}_2, \mathbf{a}_3), \quad \det\begin{pmatrix} \widehat{\mathbf{a}}_1 \\ \widehat{\mathbf{a}}_2 \\ \widehat{\mathbf{a}}_3 \end{pmatrix}$$

などを用いるのであった．3次行列の行列式を **3次行列式** という．$|\det A|$ (行列式の絶対値) は，列ベクトル $\mathbf{a}_1, \mathbf{a}_2, \mathbf{a}_3$ の張る平行六面体の体積であった．

行列式の基本的な性質を述べていく．内積と外積の持つ双線型性により，

$$\begin{cases} \det(\mathbf{a}_1' + \mathbf{a}_1'', \mathbf{a}_2, \mathbf{a}_3) = \det(\mathbf{a}_1', \mathbf{a}_2, \mathbf{a}_3) + \det(\mathbf{a}_1'', \mathbf{a}_2, \mathbf{a}_3) \\ \det(\mathbf{a}_1, \mathbf{a}_2' + \mathbf{a}_2'', \mathbf{a}_3) = \det(\mathbf{a}_1, \mathbf{a}_2', \mathbf{a}_3) + \det(\mathbf{a}_1, \mathbf{a}_2'', \mathbf{a}_3) \\ \det(\mathbf{a}_1, \mathbf{a}_2, \mathbf{a}_3' + \mathbf{a}_3'') = \det(\mathbf{a}_1, \mathbf{a}_2, \mathbf{a}_3') + \det(\mathbf{a}_1, \mathbf{a}_2, \mathbf{a}_3'') \end{cases} \quad (6.2)$$

$$\det(c\mathbf{a}_1, \mathbf{a}_2, \mathbf{a}_3) = \det(\mathbf{a}_1, c\mathbf{a}_2, \mathbf{a}_3) = \det(\mathbf{a}_1, \mathbf{a}_2, c\mathbf{a}_3) = c\det(\mathbf{a}_1, \mathbf{a}_2, \mathbf{a}_3) \quad (6.3)$$

が成立する．この性質を列に関する三重線型性と呼んだ．つぎに，直接に計算することにより，

$$(\mathbf{a}_1, \mathbf{a}_2 \times \mathbf{a}_3) = (\mathbf{a}_2, \mathbf{a}_3 \times \mathbf{a}_1) = (\mathbf{a}_3, \mathbf{a}_1 \times \mathbf{a}_2)$$

が分る．これを行列式の間の等式として解釈するとつぎのようになる．

$$\det(\mathbf{a}_1, \mathbf{a}_2, \mathbf{a}_3) = \det(\mathbf{a}_2, \mathbf{a}_3, \mathbf{a}_1) = \det(\mathbf{a}_3, \mathbf{a}_1, \mathbf{a}_2) \tag{6.4}$$

これと外積の持つ交代性を組み合わせるとつぎを得る．

$$\det(\mathbf{a}_2, \mathbf{a}_1, \mathbf{a}_3) = \det(\mathbf{a}_1, \mathbf{a}_3, \mathbf{a}_2) = \det(\mathbf{a}_3, \mathbf{a}_2, \mathbf{a}_1) = -\det(\mathbf{a}_1, \mathbf{a}_2, \mathbf{a}_3) \tag{6.5}$$

この性質を行列式の列に関する**交代性**と呼んだ．これをもう少し合理的に表現したいので，順列の偶奇性という概念を導入する．数字 $1, 2, 3$ の順列を

$$\sigma = (\sigma(1), \sigma(2), \sigma(3))$$

のように表すことにする．基準となる順列 $(1, 2, 3)$ からみて 2 つの数字を何回入れ替えるか，その回数の偶奇を数列の**偶奇**と定める．そして，その**符号** $\mathrm{sgn}\,\sigma$ を

$$\mathrm{sgn}\,\sigma = \begin{cases} 1 & \text{偶順列} \\ -1 & \text{奇順列} \end{cases} \tag{6.6}$$

と定義するのである．$1, 2, 3$ の順列は全部で $3! = 6$ 通りある．その符号はつぎのようになる．

$$\mathrm{sgn}\,(1, 2, 3) = \mathrm{sgn}\,(2, 3, 1) = \mathrm{sgn}\,(3, 1, 2) = 1,$$
$$\mathrm{sgn}\,(2, 1, 3) = \mathrm{sgn}\,(1, 3, 2) = \mathrm{sgn}\,(3, 2, 1) = -1$$

$1, 2, 3$ の順列の全体を $\mathcal{S}_3$ と記すことにしよう．すると行列式の列に関する交代性はつぎのようにまとめて表すことができる．

$$\det(\mathbf{a}_{\sigma(1)}, \mathbf{a}_{\sigma(2)}, \mathbf{a}_{\sigma(3)}) = \mathrm{sgn}\,\sigma \det(\mathbf{a}_1, \mathbf{a}_2, \mathbf{a}_3) \qquad (\sigma \in \mathcal{S}_3) \tag{6.7}$$

また，$\mathbf{e}_1, \mathbf{e}_2, \mathbf{e}_3 \in \mathbf{R}^3$ を単位ベクトルとするとき，

$$\det(\mathbf{e}_1, \mathbf{e}_2, \mathbf{e}_3) = 1 \tag{6.8}$$

6.1　3次行列式についてのまとめ

が成立するが，これを 3 次行列式に対する**正規化条件**と呼んだ．

　順列の符号という概念を用いると行列式の定義式 (6.1) はつぎのようなコンパクトな形に書くことができる．

$$\det A = \sum_{\sigma \in \mathcal{S}_3} \operatorname{sgn} \sigma\, a_{\sigma(1)1} a_{\sigma(2)2} a_{\sigma(3)3} \tag{6.9}$$

$$\bigl(= a_{11}a_{22}a_{33} - a_{11}a_{32}a_{23} - a_{21}a_{12}a_{33} + a_{21}a_{32}a_{13} + a_{31}a_{12}a_{23} - a_{31}a_{22}a_{13}\bigr)$$

ただし，(6.9) において和は $\{1,2,3\}$ のすべての順列をわたるものとする．この式を注意して見ることによって，つぎの式も成立するのであった．

$$\det A = \sum_{\sigma \in \mathcal{S}_3} \operatorname{sgn} \sigma\, a_{1\sigma(1)} a_{2\sigma(2)} a_{3\sigma(3)} \tag{6.10}$$

$$\bigl(= a_{11}a_{22}a_{33} - a_{11}a_{23}a_{32} - a_{12}a_{21}a_{33} + a_{12}a_{23}a_{31} + a_{13}a_{21}a_{32} - a_{13}a_{22}a_{31}\bigr)$$

したがって，行列 A の**転置行列** ${}^t\!A$ を A の行と列を入れ替えて得られる行列

$${}^t\!A = \begin{pmatrix} a_{11} & a_{21} & a_{31} \\ a_{12} & a_{22} & a_{32} \\ a_{13} & a_{23} & a_{33} \end{pmatrix} \tag{6.11}$$

と定義すると，

$$\det A = \det {}^t\!A \tag{6.12}$$

を得る．このことから行列式の列に関する三重線型性や列に関する交代性などの性質は行列の行についても成立することが分る．

　Δ_{ij} で A から i 行 j 列を除いて得られる 2 次行列の行列式，**2 次の小行列式**を表すものとする．式 (6.4) は

$$\det A = \sum_{i=1}^{3} (-1)^{i+j} a_{ij}\, \Delta_{ij} \tag{6.13}$$

と表すことができる．これを**行列式の第 j 列に関する展開**という．

　同じことが行についても成立するので，

$$\det A = \sum_{j=1}^{3} (-1)^{i+j} a_{ij}\, \Delta_{ij} \tag{6.14}$$

が成立している．これを**行列式の第 i 行に関する展開**という．さらに，$\det(\mathbf{a}_1, \mathbf{a}_1, \mathbf{a}_3) = 0$ などを適当な列，適当な行について展開することで，

$$\sum_{i=1}^{3}(-1)^{i+l} a_{ij}\Delta_{il} = 0 \quad (j \neq l) \tag{6.15}$$

$$\sum_{j=1}^{3}(-1)^{k+j} a_{ij}\Delta_{kj} = 0 \quad (i \neq k) \tag{6.16}$$

を得る．

これらの式は，つぎのような行列の積の形にまとめることができる（最初の式は (6.13)，(6.15) と同値．二番目の式は (6.14)，(6.16) と同値である）．

$$\begin{pmatrix} \Delta_{11} & -\Delta_{21} & \Delta_{31} \\ -\Delta_{12} & \Delta_{22} & -\Delta_{32} \\ \Delta_{11} & -\Delta_{21} & \Delta_{33} \end{pmatrix} \begin{pmatrix} a_{11} & a_{12} & a_{13} \\ a_{21} & a_{22} & a_{23} \\ a_{31} & a_{32} & a_{33} \end{pmatrix} = \begin{pmatrix} \det A & 0 & 0 \\ 0 & \det A & 0 \\ 0 & 0 & \det A \end{pmatrix}$$

$$\begin{pmatrix} a_{11} & a_{12} & a_{13} \\ a_{21} & a_{22} & a_{23} \\ a_{31} & a_{32} & a_{33} \end{pmatrix} \begin{pmatrix} \Delta_{11} & -\Delta_{21} & \Delta_{31} \\ -\Delta_{12} & \Delta_{22} & -\Delta_{32} \\ \Delta_{11} & -\Delta_{21} & \Delta_{33} \end{pmatrix} = \begin{pmatrix} \det A & 0 & 0 \\ 0 & \det A & 0 \\ 0 & 0 & \det A \end{pmatrix}$$

したがって，$\det A \neq 0$ であるとき，A は正則行列であり，その逆行列は

$$A^{-1} = \frac{1}{\det A} \begin{pmatrix} \Delta_{11} & -\Delta_{21} & \Delta_{31} \\ -\Delta_{12} & \Delta_{22} & -\Delta_{32} \\ \Delta_{13} & -\Delta_{23} & \Delta_{33} \end{pmatrix}$$

で与えられることが分る．

この主張の逆を示すために，A, B を 3 次行列とするとき，

$$\det(AB) = \det A \det B \tag{6.17}$$

が成立することを示そう．$B = (\mathbf{b}_1, \mathbf{b}_2, \mathbf{b}_3)$ とすれば，

$$\begin{aligned} \det(AB) &= \det(A\mathbf{b}_1, A\mathbf{b}_2, A\mathbf{b}_3) \\ &= \sum_{i,j,k} b_{i1} b_{j2} b_{k3} \det(A\mathbf{e}_i, A\mathbf{e}_j, A\mathbf{e}_k) \quad \text{（行列式の三重線型性）} \\ &= \sum_{i,j,k} b_{i1} b_{j2} b_{k3} \det(\mathbf{a}_i, \mathbf{a}_j, \mathbf{a}_k) \qquad (A\mathbf{e}_i = \mathbf{a}_i) \end{aligned}$$

ここで，$\det(\mathbf{a}_i, \mathbf{a}_j, \mathbf{a}_k)$ は，(i, j, k) が $1, 2, 3$ の順列であれば，$\det(\mathbf{a}_i, \mathbf{a}_j, \mathbf{a}_k) = \mathrm{sgn}\,(i, j, k) \det A$ であり，そうでなければ，$\det(\mathbf{a}_i, \mathbf{a}_j, \mathbf{a}_k) = 0$ であるので，

$$\det(AB) = \det A \sum_{\sigma \in \mathcal{S}_3} \mathrm{sgn}\,\sigma\, b_{\sigma(1)1} b_{\sigma(2)2} b_{\sigma(3)3} = \det A \det B$$

を得る．

これより，A が逆行列 A^{-1} を持てば，$\det A \neq 0$ であり，$\det A^{-1} = (\det A)^{-1}$ となることが分る．まとめるとつぎの命題を得る．

命題 6.1 A は正則行列であるための必要十分条件は，$\det A \neq 0$ となることであり，そのとき，逆行列は

$$A^{-1} = \frac{1}{\det A} \begin{pmatrix} \Delta_{11} & -\Delta_{21} & \Delta_{31} \\ -\Delta_{12} & \Delta_{22} & -\Delta_{32} \\ \Delta_{13} & -\Delta_{23} & \Delta_{33} \end{pmatrix} \tag{6.18}$$

で与えられる．また，逆行列の行列式はつぎのようになる．

$$\det A^{-1} = (\det A)^{-1} \tag{6.19}$$

6.2 n 次行列式の定義

一般の n 次行列（複素行列でもよい）に対する行列式，**n 次行列式**を定義するために，$1, 2, 3, \ldots, n$ の順列（全部で $n!$ 個ある）を考察する．この順列を

$$(i_1, i_2, \ldots, i_n)$$

と書き下したり，つぎのように一文字で表したりする．

$$\sigma = (\sigma(1), \sigma(2), \ldots, \sigma(n))$$

$1, 2, 3, \ldots, n$ において二つの数字 i, j を入れ換える操作を**互換**といい，(i, j) で表す．例えば，順列 $(1, 2, 3, 4)$ において，互換 $(2, 3)$ を行えば順列 $(1, 3, 2, 4)$ を得る．

命題 6.2 二つの順列に対して，いくつかの適当な互換を行って，一方を他方にすることができる．

証明 n に関する帰納法で示す．$n = 2$ に対しては主張は明らかに成立つ．n に対しては命題の主張が成立つとする．二つの順列 $(i_1, i_2, \ldots, i_n, i_{n+1})$，$(j_1, j_2, \ldots, j_n, j_{n+1})$ におい

て，$i_1 \neq j_1$ とする．互換 (i_1, j_1) を第一の順列に行えば，$(j_1, k_2, \ldots, k_n, k_{n+1})$ という順列に変わる．帰納法の仮定より，順列 $(k_2, \ldots, k_n, k_{n+1})$ に対していくつかの互換を行って $(j_2, \ldots, j_n, j_{n+1})$ にすることができる．結局，いくつかの互換を行うことにより第一の順列を第二の順列にすることができる．$i_1 = j_1$ のときは，帰納法の仮定から，$(i_2, \ldots, i_{n+1})$ を，いくつかの互換を行うことにより，$(j_2, \ldots, j_{n+1})$ にすることができる． □

順列 $(1, 2, \ldots, n)$ を基準順列と呼ぶことにする．順列 $(i_1, i_2, \ldots, i_n)$ が基準順列から m 回の互換を施して得られるとき，その逆の過程を考えれば，$(i_1, i_2, \ldots, i_n)$ に m 回の互換を施すことにより基準順列にすることができる．

命題 6.3 $(1, 2, \ldots, n)$ を $(i_1, i_2, \ldots, i_n)$ にするのに必要とされる互換の数はつねに偶数であるか，つねに奇数であるかのいずれかである．

証明 n 個の変数の**差積**を導入する．これはすべて異なる変数の積として定義される．すなわち，

$$F(x_1, x_2, x_3, \ldots, x_n) = \prod_{1 \leq i < j \leq n} (x_j - x_i) \tag{6.20}$$
$$= (x_n - x_{n-1})(x_n - x_{n-2}) \cdots (x_n - x_2)(x_n - x_1)$$
$$(x_{n-1} - x_{n-2}) \cdots (x_{n-1} - x_2)(x_{n-1} - x_1)$$
$$\cdots\cdots\cdots\cdots\cdots\cdots\cdots$$
$$\cdots\cdots\cdots\cdots$$
$$(x_3 - x_2)(x_3 - x_1)$$
$$(x_2 - x_1)$$

が差積である．$\prod_{1 \leq i < j \leq n}$ は $1 \leq i < j \leq n$ をみたす $\{i, j\}$ 全体をわたる積を意味する記号である．ここにおいて，添え字 $1, 2, 3, \ldots, n$ の互換 (i, j)（ただし $i < j$ とする）を行うと，x_i と x_j が入れ換わる．つまり，$F(x_1, \ldots, x_i, \ldots, x_j, \ldots, x_n)$ が $F(x_1, \ldots, x_j, \ldots, x_i, \ldots, x_n)$ に変わる．簡単な考察により，

$$F(x_1, \ldots, x_j, \ldots, x_i, \ldots, x_n) = -F(x_1, \ldots, x_i, \ldots, x_j, \ldots, x_n)$$

であることが分る．すなわち添え字の互換を一回行うと F は符号を変える．いま，互換を m 回行って $(1, 2, \ldots, n)$ が $(i_1, i_2, \ldots, i_n)$ に変わったとすると，

6.2 n 次行列式の定義

$$F(x_{i_1}, x_{i_2}, \ldots, x_{i_n}) = (-1)^m F(x_1, x_2, x_3, \ldots, x_n)$$

である．ところが，$F(x_{i_1}, x_{i_2}, \ldots, x_{i_n})$ は F か $-F$ のいずれかであり，その結果は互換の回数 m によらないはずである．つまり，F となるならば m は偶数であり，$-F$ となるならば m は奇数でなければならない． □

順列 $(i_1, i_2, \ldots, i_n)$ が基準順列から偶数回の互換を施して得られるとき**偶順列**，奇数回の互換を施して得られるならば**奇順列**と呼ぶことにする．基準順列は偶順列である．

例えば，$(3, 1, 4, 2)$ は，

$$(1,2,3,4) \xrightarrow{(3,4)} (1,2,4,3) \xrightarrow{(2,3)} (1,3,4,2) \xrightarrow{(1,3)} (3,1,4,2)$$

と三回の互換を施して得られるので奇順列である．

問 6.1 順列 $(4, 5, 2, 1, 3)$ が偶順列か，奇順列であるかを判定せよ．

順列において大きい数が左，小さい数が右にあるときはその二つの間に**転倒**があるという．一つの順列における転倒の数を順列の**転倒数**という．例えば，$(3, 1, 4, 2)$ においては，$3 > 1$, $3 > 2$, $4 > 2$ において転倒があるので，転倒数は 3 である．

問 6.2 順列 $(4, 5, 2, 1, 3)$ の転倒数を求めよ．

命題 6.4 順列の転倒数を l とすると，l 回の互換を基準順列に施すことによって，その順列が得られる．

証明 順列が n 個の数からなるとする．n に関する帰納法で示す．$n = 2$ のときは，順列は $(1, 2)$ と $(2, 1)$ だけであるから主張は明らかである．n 個の数からなる順列に対しては主張は正しいと仮定する．$1, 2, \ldots, n, n+1$ の順列 $(i_1, i_2, \ldots, i_n, i_{n+1})$ の転倒数を l とする．$i_{n+1} = n+1$ ならばそのままにして，そうでないならば $n+1$ に対する転倒が k 個あるとする．$n+1$ に近い数から順に互換を k 回行うことで $(j_1, j_2, \ldots, j_n, n+1)$ になる．順列 $(j_1, j_2, \ldots, j_n)$ の転倒数は $l - k$ である．帰納法の仮定により，$(j_1, j_2, \ldots, j_n)$ は $l - k$ 回の互換を基準順列に施して得られる．したがって，$(i_1, i_2, \ldots, i_n, i_{n+1})$ は l 回の互換を基準順列に施すことによって得られる． □

結局，つぎの命題が得られた．

命題 6.5 転倒数が偶数である順列は偶順列，奇数であるものは奇順列である．

定義 6.1 順列の**符号**をつぎのように定義する．

$$\mathrm{sgn}\,(i_1, i_2, \ldots, i_n) = \begin{cases} +1 & (i_1, i_2, \ldots, i_n) \text{ が偶順列のとき} \\ -1 & (i_1, i_2, \ldots, i_n) \text{ が奇順列のとき} \end{cases} \tag{6.21}$$

また，順列を $\sigma = (\sigma(1), \sigma(2), \ldots, \sigma(n))$ のように書くときは，符号も $\mathrm{sgn}\,\sigma$ と書く．

問 6.3 $\mathrm{sgn}\,(n, n-1, \ldots, 2, 1) = (-1)^{\frac{n(n-1)}{2}}$ であることを証明せよ．

n 個の数からなる順列の集合を $\mathcal{S}_n$ と記すことにする．$\mathcal{S}_n$ の要素の個数は $n!$ である．

定義 6.2 n 次行列

$$A = (a_{ij})_{1 \leq i,j \leq n} = (\mathbf{a}_1, \ldots, \mathbf{a}_n) \quad \text{列ベクトル表示}$$

$$= \begin{pmatrix} \widehat{\mathbf{a}}_1 \\ \vdots \\ \widehat{\mathbf{a}}_n \end{pmatrix} \quad \text{行ベクトル表示}$$

の**行列式** $\det A$ を

$$\det A = \sum_{\sigma \in \mathcal{S}_n} \mathrm{sgn}\,\sigma\, a_{\sigma(1)1} a_{\sigma(2)2} \cdots a_{\sigma(n)n} \tag{6.22}$$

により定義する．和は順列の集合 $\mathcal{S}_n$ の上をわたる．行列式を表す記号として

$$\begin{vmatrix} a_{11} & a_{12} & \cdots & a_{1n} \\ a_{21} & a_{22} & \cdots & a_{2n} \\ \vdots & \vdots & & \vdots \\ a_{n1} & a_{n2} & \cdots & a_{nn} \end{vmatrix}, \quad \det(\mathbf{a}_1, \ldots, \mathbf{a}_n), \quad \det \begin{pmatrix} \widehat{\mathbf{a}}_1 \\ \vdots \\ \widehat{\mathbf{a}}_n \end{pmatrix}$$

を用いることもある．n 次行列の行列式を **n 次行列式**ということもある．

2次行列式，3次行列式についてはこれまで述べてきた．n 次行列式の例をあげておく．

例 6.1 (1) 対角行列の行列式 $\begin{vmatrix} a_{11} & 0 & \cdots & 0 \\ 0 & a_{22} & \cdots & 0 \\ \vdots & \vdots & \ddots & \vdots \\ 0 & 0 & \cdots & a_{nn} \end{vmatrix} = a_{11} a_{22} \cdots a_{nn}$

なぜならば，$a_{\sigma(1)1} a_{\sigma(2)2} \cdots a_{\sigma(n)n} \neq 0$ となるのは，明らかに，$\sigma = (1, 2, \ldots, n)$ のときに限るからである．

(2) **上三角行列**の行列式 $\begin{vmatrix} a_{11} & a_{12} & \cdots & a_{1n} \\ 0 & a_{22} & \cdots & a_{2n} \\ \vdots & \vdots & \ddots & \vdots \\ 0 & 0 & \cdots & a_{nn} \end{vmatrix} = a_{11}a_{22}\cdots a_{nn}$

なぜならば，$a_{\sigma(1)1}a_{\sigma(2)2}\cdots a_{\sigma(n)n} \neq 0$ となるとき，$\sigma(1) = 1$ でなければならない．つぎに，$\sigma(2) = 2$ でなければならない，…，$\sigma(n) = n$ でなければならない．よって，$\sigma = (1, 2, \ldots, n)$ でなければならない．

(3) **下三角行列**の行列式 $\begin{vmatrix} a_{11} & 0 & \cdots & 0 \\ a_{21} & a_{22} & \cdots & 0 \\ \vdots & \vdots & \ddots & \vdots \\ a_{n1} & a_{n2} & \cdots & a_{nn} \end{vmatrix} = a_{11}a_{22}\cdots a_{nn}$

なぜならば，$a_{\sigma(1)1}a_{\sigma(2)2}\cdots a_{\sigma(n)n} \neq 0$ となるとき，$\sigma(n) = n$ でなければならない．つぎに，$\sigma(n-1) = n-1$ でなければならない，…，$\sigma(1) = 1$ でなければならない．よって，$\sigma = (1, 2, \ldots, n)$ でなければならない．

問 6.4 つぎを示せ．

$\begin{vmatrix} a_{11} & a_{12} & \cdots & a_{1\,n-1} & a_{1n} \\ a_{21} & a_{22} & \cdots & a_{2\,n-1} & 0 \\ \vdots & \vdots & \ddots & \vdots & \vdots \\ a_{n-1\,1} & a_{n-1\,2} & & 0 & 0 \\ a_{n1} & 0 & \cdots & 0 & 0 \end{vmatrix} = \begin{vmatrix} 0 & 0 & \cdots & 0 & a_{1n} \\ 0 & 0 & \cdots & a_{2\,n-1} & a_{2n} \\ \vdots & \vdots & \ddots & \vdots & \vdots \\ 0 & a_{n-1\,2} & \cdots & a_{n-1\,n-1} & a_{n-1\,n} \\ a_{n1} & a_{n2} & \cdots & a_{n\,n-1} & a_{nn} \end{vmatrix}$

$= (-1)^{\frac{n(n-1)}{2}} a_{1n}a_{2\,n-1}\cdots a_{n-1\,n}a_{n1}$

6.3 行列式の基本的性質

m 行 n 列の行列

$$A = \begin{pmatrix} a_{11} & a_{12} & \cdots & a_{1n} \\ a_{21} & a_{22} & \cdots & a_{2n} \\ \vdots & \vdots & & \vdots \\ a_{m1} & a_{m2} & \cdots & a_{mn} \end{pmatrix}$$

に対して，行と列を入れ換えて得られる行列を**転置行列**といい，${}^tA$ と記す．すなわち，${}^tA$ は，(i,j) 成分が a_{ji} である n 行 m 列の行列である．

$$
{}^tA = \begin{pmatrix} a_{11} & a_{21} & \cdots & a_{m1} \\ a_{12} & a_{22} & \cdots & a_{m2} \\ \vdots & \vdots & & \vdots \\ a_{1n} & a_{2n} & \cdots & a_{mn} \end{pmatrix} \tag{6.23}
$$

命題 6.6 $A = (a_{ij})$ を l 行 m 列の行列，$B = (b_{ij})$ を m 行 n 列の行列とする．転置行列についてつぎの等式が成立する．

$$
{}^t({}^tA) = A \tag{6.24}
$$

$$
{}^t(AB) = {}^tB\,{}^tA \tag{6.25}
$$

証明 (6.24) は明らかであるから，(6.25) を示そう．$C = AB = (c_{ij})_{1 \le i \le l,\, 1 \le j \le n}$ とする．$c_{ij} = \sum_{k=1}^{m} a_{ik} b_{kj}$ であるから，

$$
c_{ji} = \sum_{k=1}^{m} b_{ki} a_{jk}
$$

b_{ki} は ${}^tB$ の第 (i,k) 成分，a_{jk} は ${}^tA$ の第 (k,j) 成分であるから，上の式は (6.25) を意味している． $\square$

n 項列ベクトル $\mathbf{a} = \begin{pmatrix} a_1 \\ a_2 \\ \vdots \\ a_n \end{pmatrix} \in \mathbf{R}^n$ の転置は

$$
{}^t\mathbf{a} = (a_1, a_2, \ldots, a_n) \in \widehat{\mathbf{R}^n}
$$

である．また，A の列ベクトル表示 $A = (\mathbf{a}_1, \mathbf{a}_2, \ldots, \mathbf{a}_n)$, $(\mathbf{a}_i \in \mathbf{R}^m)$ に対して，

$$
{}^tA = \begin{pmatrix} {}^t\mathbf{a}_1 \\ {}^t\mathbf{a}_2 \\ \vdots \\ {}^t\mathbf{a}_n \end{pmatrix} \tag{6.26}
$$

となっていることに注意する．

6.3 行列式の基本的性質

命題 6.7 $A = (a_{ij})$ を n 次行列とする．このとき，
$$\det A = \sum_{\sigma \in \mathcal{S}_n} \operatorname{sgn} \sigma \, a_{1\sigma(1)} a_{2\sigma(2)} \cdots a_{n\sigma(n)} \tag{6.27}$$
が成立する．すなわち，A の行列式と転置行列 ${}^t A$ の行列式は等しい．

証明 式 (6.22) において，
$$a_{\sigma(1)1} a_{\sigma(2)2} \cdots a_{\sigma(n)n}$$
を並べ換えて
$$a_{1\tau(1)} a_{2\tau(2)} \cdots a_{n\tau(n)}$$
が得られたとする．ただし，$\tau = (\tau(1), \tau(2), \ldots, \tau(n)) \in \mathcal{S}_n$ とおいた．基準順列 $(1, 2, \ldots, n)$ に互換 $(i_1, j_1), \ldots, (i_m, j_m)$ をこの順番でつぎつぎに施して順列 $(\sigma(1), \sigma(2), \ldots, \sigma(n))$ が得られたとする．このとき，順列 $(\tau(1), \tau(2), \ldots, \tau(n))$ にこれを施せば基準順列になる．これより $\operatorname{sgn} \sigma = \operatorname{sgn} \tau$ である．こうして式 (6.27) が示された． □

式 (6.22) は列を基準とした行列式の表示であり，式 (6.27) は行を基準とした表示である．また，この命題により行列式の列に関して成立つ性質は行に関しても成立つことが分る．

命題 6.8 n 次行列 $A = (a_{ij})_{1 \leq i,j \leq n} = (\mathbf{a}_1, \ldots, \mathbf{a}_n) = \begin{pmatrix} \widehat{\mathbf{a}}_1 \\ \vdots \\ \widehat{\mathbf{a}}_n \end{pmatrix}$ の行列式は以下の性質をみたす．

(1) A のある列が二つのベクトルの和となるとき，A の行列式はそれぞれの行列式の和になる．同じことが行についても成立つ．すなわち，

$$\det(\mathbf{a}_1, \ldots, \mathbf{a}'_i + \mathbf{a}''_i, \ldots, \mathbf{a}_n) = \det(\mathbf{a}_1, \ldots, \mathbf{a}'_i, \ldots, \mathbf{a}_n)$$
$$+ \det(\mathbf{a}_1, \ldots, \mathbf{a}''_i, \ldots, \mathbf{a}_n) \tag{6.28}$$

$$\det \begin{pmatrix} \widehat{\mathbf{a}}_1 \\ \vdots \\ \widehat{\mathbf{a}}'_i + \widehat{\mathbf{a}}''_i \\ \vdots \\ \widehat{\mathbf{a}}_n \end{pmatrix} = \det \begin{pmatrix} \widehat{\mathbf{a}}_1 \\ \vdots \\ \widehat{\mathbf{a}}'_i \\ \vdots \\ \widehat{\mathbf{a}}_n \end{pmatrix} + \det \begin{pmatrix} \widehat{\mathbf{a}}_1 \\ \vdots \\ \widehat{\mathbf{a}}''_i \\ \vdots \\ \widehat{\mathbf{a}}_n \end{pmatrix} \tag{6.29}$$

(2) A のある列を c 倍したとき,対応する行列式も c 倍される.同じことが行についても成立つ.すなわち,

$$\det(\mathbf{a}_1,\ldots,c\mathbf{a}_i,\ldots,\mathbf{a}_n) = c\det(\mathbf{a}_1,\ldots,\mathbf{a}_i,\ldots,\mathbf{a}_n) \tag{6.30}$$

$$\det\begin{pmatrix}\widehat{\mathbf{a}}_1\\ \vdots\\ c\widehat{\mathbf{a}}_i\\ \vdots\\ \widehat{\mathbf{a}}_n\end{pmatrix} = c\det\begin{pmatrix}\widehat{\mathbf{a}}_1\\ \vdots\\ \widehat{\mathbf{a}}_i\\ \vdots\\ \widehat{\mathbf{a}}_n\end{pmatrix} \tag{6.31}$$

が成立つ.とくに,ある列(行)の成分がすべて 0 であるならば行列式も 0 である.

(3) 二つの列を入れ換えて作られる行列式はもとの行列式と符号が変わる.同じことが行についても成立つ.すなわち,$\sigma = \bigl(\sigma(1),\sigma(2),\ldots,\sigma(n)\bigr) \in \mathcal{S}_n$ に対して

$$\det(\mathbf{a}_{\sigma(1)},\mathbf{a}_{\sigma(2)},\ldots,\mathbf{a}_{\sigma(n)}) = \operatorname{sgn}\sigma \det(\mathbf{a}_1,\mathbf{a}_2,\ldots,\mathbf{a}_n) \tag{6.32}$$

$$\det\begin{pmatrix}\widehat{\mathbf{a}}_{\sigma(1)}\\ \widehat{\mathbf{a}}_{\sigma(2)}\\ \vdots\\ \widehat{\mathbf{a}}_{\sigma(n)}\end{pmatrix} = \operatorname{sgn}\sigma \det\begin{pmatrix}\widehat{\mathbf{a}}_1\\ \widehat{\mathbf{a}}_2\\ \vdots\\ \widehat{\mathbf{a}}_n\end{pmatrix} \tag{6.33}$$

が成立つ.とくに,二つの列(行)が等しい行列式は 0 である.

(4) $E_n = (\mathbf{e}_1,\mathbf{e}_2,\ldots,\mathbf{e}_n)$ を n 次の単位行列とする.そのとき,

$$\det E_n = \det(\mathbf{e}_1,\mathbf{e}_2,\ldots,\mathbf{e}_n) = 1 \tag{6.34}$$

である.

証明 (1) 式 (6.22) を用いて,

$$\det(\mathbf{a}_1,\ldots,\mathbf{a}_i'+\mathbf{a}_i'',\ldots,\mathbf{a}_n) = \sum_{\sigma\in\mathcal{S}_n}\operatorname{sgn}\sigma\, a_{\sigma(1)1}\cdots(a'_{\sigma(i)i}+a''_{\sigma(i)i})\cdots a_{\sigma(n)n}$$
$$= \sum_{\sigma\in\mathcal{S}_n}\operatorname{sgn}\sigma\, a_{\sigma(1)1}\cdots a'_{\sigma(i)i}\cdots a_{\sigma(n)n} + \sum_{\sigma\in\mathcal{S}_n}\operatorname{sgn}\sigma\, a_{\sigma(1)1}\cdots a''_{\sigma(i)i}\cdots a_{\sigma(n)n}$$
$$= \det(\mathbf{a}_1,\ldots,\mathbf{a}_i',\ldots,\mathbf{a}_n) + \det(\mathbf{a}_1,\ldots,\mathbf{a}_i'',\ldots,\mathbf{a}_n)$$

を得る．(2) の証明も同様である．

(3) 順列 σ に対して，順列 $(1,\ldots,\overset{i}{\sigma(j)},\ldots,\overset{j}{\sigma(i)},\ldots,\sigma(n))$ を τ と記すことにする．$\mathrm{sgn}\,\tau = -\mathrm{sgn}\,\sigma$ であり，σ がすべての順列をわたるとき，τ もすべての順列をわたることに注意すれば，

$$\det(\mathbf{a}_1,\ldots,\overset{i}{\mathbf{a}_j},\ldots,\overset{j}{\mathbf{a}_i},\ldots,\mathbf{a}_n)$$
$$= \sum_{\sigma\in\mathcal{S}_n} \mathrm{sgn}\,\sigma\, a_{\sigma(1)1}\cdots \overset{i}{a_{\sigma(i)j}}\cdots \overset{j}{a_{\sigma(j)i}}\cdots a_{\sigma(n)n}$$
$$= -\sum_{\tau\in\mathcal{S}_n} \mathrm{sgn}\,\tau\, a_{\tau(1)1}\cdots \overset{i}{a_{\tau(i)i}}\cdots \overset{j}{a_{\tau(j)j}}\cdots a_{\tau(n)n}$$
$$= \det(\mathbf{a}_1,\ldots,\mathbf{a}_i,\ldots,\mathbf{a}_j,\ldots,\mathbf{a}_n)$$

(4) は，例 6.1(1) の特別の場合である． □

上で述べた性質の (1), (2) は，列に関する（あるいは，行に関する）**多重線型性**といい，(3) は列に関する（あるいは，行に関する）**交代性**，(4) は**正規化条件**という．(1), (2), (3) を用いればつぎの命題を得る．

命題 6.9 ある列(行)に，他の列(行)のスカラー倍を加えても行列式は変化しない．すなわち

$$\det(\mathbf{a}_1,\ldots,\mathbf{a}_i+c\mathbf{a}_j,\ldots,\mathbf{a}_n) = \det(\mathbf{a}_1,\ldots,\mathbf{a}_i,\ldots,\mathbf{a}_n) \quad (i\neq j) \tag{6.35}$$

$$\det\begin{pmatrix}\widehat{\mathbf{a}}_1 \\ \vdots \\ \widehat{\mathbf{a}}_i+c\widehat{\mathbf{a}}_j \\ \vdots \\ \widehat{\mathbf{a}}_n\end{pmatrix} = \det\begin{pmatrix}\widehat{\mathbf{a}}_1 \\ \vdots \\ \widehat{\mathbf{a}}_i \\ \vdots \\ \widehat{\mathbf{a}}_n\end{pmatrix} \quad (i\neq j) \tag{6.36}$$

が成立している．

問 6.5 命題 6.9 を証明せよ．

問 6.6 A を n 次行列とする．スカラー c に対して $\det(cA) = c^n \det A$ であることを示せ．

6.4 行列式の展開

つぎに行列式の展開について論じよう．$A = (a_{ij})_{1 \leq i,j \leq n}$ に対して，行列式の定義より，

$$\det A = \sum_{(i_1,i_2,\ldots,i_n) \in \mathcal{S}_n} \mathrm{sgn}\,(i_1, i_2, \ldots, i_n) a_{i_1 1} a_{i_2 2} \cdots a_{i_n n}$$

$$= \sum_{i_1=1}^n a_{i_1 1} \sum_{(i_2,\ldots,i_n)} \mathrm{sgn}\,(i_1, i_2, \ldots, i_n) a_{i_2 2} \cdots a_{i_n n}$$

が成立する．ここで，第 2 行目の総和記号において $(i_2, \ldots, i_n)$ は $1, 2, \ldots, n$ から i_1 を除いた $n-1$ 個の数の順列の全体をわたる．$\mathrm{sgn}^{(i_1)}(i_2, \ldots, i_n)$ を $(1, \ldots, \overset{\vee}{i_1}, \ldots, n)$ ($\overset{\vee}{i_1}$ は i_1 を除くという記号である）を基準とした $(i_2, \ldots, i_n)$ の符号とすると，

$$(i_1, i_2, \ldots, i_n) \text{ の転倒数} = (i_2, \ldots, i_n) \text{ の転倒数} + (i_1 - 1)$$

であるから

$$\mathrm{sgn}\,(i_1, i_2, \ldots, i_n) = (-1)^{i_1 - 1} \mathrm{sgn}^{(i_1)}(i_2, \ldots, i_n)$$

よって，

$$\det A = \sum_{i_1=1}^n (-1)^{i_1 - 1} a_{i_1 1} \sum_{(i_2,\ldots,i_n)} \mathrm{sgn}^{(i_1)}(i_2, \ldots, i_n) a_{i_2 2} \cdots a_{i_n n} \tag{6.37}$$

A から第 1 列と第 i 行を除いて得られる $n-1$ 次行列の行列式（**$n-1$ 次小行列式**という）を Δ_{i1} と記す．

$$\Delta_{i1} = i > \begin{vmatrix} a_{12} & \cdots & a_{1n} \\ \vdots & & \vdots \\ a_{i\,2} & \cdots & a_{i\,n} \\ \vdots & & \vdots \\ a_{n2} & \cdots & a_{nn} \end{vmatrix} = \sum_{(i_2,\ldots,i_n)} \mathrm{sgn}^{(i)}(i_2, \ldots, i_n) a_{i_2 2} \cdots a_{i_n n} \tag{6.38}$$

（ここで $i>$ は i 行を除くということ）これを (6.37) に代入して，

$$\det A = \sum_{i=1}^n (-1)^{i-1} a_{i1} \Delta_{i1}$$

6.4 行列式の展開

を得る. これを行列式の**第 1 列に関する展開**という.

第 j 列に関する展開を得るためには, $\det(\mathbf{a}_1,\ldots,\mathbf{a}_j,\ldots,\mathbf{a}_n) = (-1)^{j-1}\det(\mathbf{a}_j,\mathbf{a}_1,\ldots,\overset{\vee}{\mathbf{a}}_j,\ldots,\mathbf{a}_n)$ ($\overset{\vee}{\mathbf{a}}_j$ は $\mathbf{a}_j$ を除くということ) に注意して, $\det(\mathbf{a}_j,\mathbf{a}_1,\ldots,\overset{\vee}{\mathbf{a}}_j,\ldots,\mathbf{a}_n)$ を第 1 列に関して展開する. Δ_{ij} を第 i 行, 第 j 列を除いて得られる $n-1$ 次小行列式とすると,

$$\det A = \sum_{i=1}^{n} (-1)^{i+j} a_{ij}\, \Delta_{ij} \tag{6.39}$$

を得る. これが行列式の**第 j 列に関する展開**である. **第 i 行に関する展開**は

$$\det A = \sum_{j=1}^{n} (-1)^{i+j} a_{ij}\, \Delta_{ij} \tag{6.40}$$

である. また, $\det(\mathbf{a}_1,\mathbf{a}_1,\ldots,\overset{\vee}{\mathbf{a}}_k,\ldots,\mathbf{a}_n) = 0$ ($k \neq 1$ とする) を第 1 列に関して展開すると,

$$\sum_{i=1}^{n} (-1)^{i-1} a_{i1}\, \Delta_{ik} = 0 \quad (k \neq 1)$$

を得る. これを一般化すれば,

$$\sum_{i=1}^{n} (-1)^{i+l} a_{ij}\, \Delta_{il} = 0 \quad (l \neq j) \tag{6.41}$$

$$\sum_{j=1}^{n} (-1)^{k+j} a_{ij}\, \Delta_{kj} = 0 \quad (k \neq i) \tag{6.42}$$

を得る.

例 6.2 (1) $\begin{vmatrix} a_{11} & a_{12} & \cdots & a_{1n} \\ 0 & a_{22} & \cdots & a_{2n} \\ \vdots & \vdots & & \vdots \\ 0 & a_{n2} & \cdots & a_{nn} \end{vmatrix} = a_{11} \begin{vmatrix} a_{22} & \cdots & a_{2n} \\ \vdots & & \vdots \\ a_{n2} & \cdots & a_{nn} \end{vmatrix}$

(2) $\begin{vmatrix} a_{11} & 0 & \cdots & 0 \\ a_{21} & a_{22} & \cdots & a_{2n} \\ \vdots & \vdots & & \vdots \\ a_{n1} & a_{n2} & \cdots & a_{nn} \end{vmatrix} = a_{11} \begin{vmatrix} a_{22} & \cdots & a_{2n} \\ \vdots & & \vdots \\ a_{n2} & \cdots & a_{nn} \end{vmatrix}$

問 6.7 つぎの行列式の値を求めよ.

(1) $\begin{vmatrix} 1 & 2 & 0 & 3 \\ 2 & 3 & 1 & 2 \\ 0 & 3 & 2 & 1 \\ 3 & 1 & 2 & 3 \end{vmatrix}$ (2) $\begin{vmatrix} 2 & 7 & 6 & 5 \\ 1 & 1 & 1 & 3 \\ 1 & 5 & 3 & 4 \\ 4 & 4 & 5 & 6 \end{vmatrix}$ (3) $\begin{vmatrix} 1 & 1 & 1 & 1 \\ 1 & 2 & 3 & 4 \\ 1 & 3 & 6 & 10 \\ 1 & 4 & 10 & 20 \end{vmatrix}$

問 6.8 つぎの等式を証明せよ.

$$\begin{vmatrix} x & a & a & a \\ a & x & a & a \\ a & a & x & a \\ a & a & a & x \end{vmatrix} = (x+3a)(x-a)^3$$

問 6.9 つぎの等式を証明せよ.

$$\begin{vmatrix} 1 & 1 & 1 & 1 & 1 \\ a & x & a & a & a \\ b & b & x & b & b \\ c & c & c & x & c \\ d & d & d & d & x \end{vmatrix} = (x-a)(x-b)(x-c)(x-d)$$

6.5 行列式の積と逆行列

n 次行列 $A = (a_{ij})_{1 \leq i,j \leq n}$ の第 (i,j) **余因子** $\tilde{a}_{ij}$ を, A から i 行 j 列を除いて得られる $n-1$ 次小行列式を Δ_{ij} とするとき,

$$\tilde{a}_{ij} = (-1)^{i+j} \Delta_{ij} \tag{6.43}$$

により定義する. $\tilde{a}_{ji}$ を (i,j) 成分とする行列を A の**余因子行列**と呼び, $\tilde{A}$ と記すことにしよう. すなわち,

$$\tilde{A} = \begin{pmatrix} \tilde{a}_{11} & \tilde{a}_{21} & \cdots & \tilde{a}_{n1} \\ \tilde{a}_{12} & \tilde{a}_{22} & \cdots & \tilde{a}_{n2} \\ \vdots & \vdots & & \vdots \\ \tilde{a}_{1n} & \tilde{a}_{2n} & \cdots & \tilde{a}_{nn} \end{pmatrix} \tag{6.44}$$

である. 式 (6.39), (6.40), (6.41), (6.41) を余因子行列を用いて表現するとつぎのようになる.

6.5 行列式の積と逆行列

命題 6.10 n 次行列 $A = (a_{ij})$ の余因子行列を $\widetilde{A}$ とするとき，つぎが成立つ．

$$\widetilde{A}A = A\widetilde{A} = (\det A)E_n \tag{6.45}$$

この命題より正則行列であるための十分条件を得る．

命題 6.11 n 次行列 $A = (a_{ij})$ に対して，$\det A \neq 0$ であるとき A は正則行列であり，その逆行列は

$$A^{-1} = \frac{1}{\det A}\widetilde{A} \tag{6.46}$$

により与えられる．ただし，$\widetilde{A}$ は A の余因子行列である．

つぎに行列の積の行列式がそれぞれの行列式の積になることを示そう．

命題 6.12 $A = (a_{ij})$, $B = (b_{ij})$ を n 次行列とするとき，つぎが成立つ．

$$\det AB = \det A \cdot \det B \tag{6.47}$$

証明 $A = (\mathbf{a}_1, \mathbf{a}_2, \ldots, \mathbf{a}_n)$（列ベクトル表示）とすれば，第 5 章命題 5.4 より

$$\det(AB) = \det\left(\sum_{i=1}^n b_{i1}\mathbf{a}_i, \sum_{i=1}^n b_{i2}\mathbf{a}_i, \ldots, \sum_{i=1}^n b_{in}\mathbf{a}_i\right)$$
$$= \sum_{i_1, i_2, \ldots, i_n} b_{i_1 1}b_{i_2 2}\cdots b_{i_n n} \det(\mathbf{a}_{i_1}, \mathbf{a}_{i_2}, \ldots, \mathbf{a}_{i_n})$$

である．ここで，$(i_1, i_2, \ldots, i_n)$ が $(1, 2, \ldots, n)$ の順列のときは，$\det(\mathbf{a}_{i_1}, \mathbf{a}_{i_2}, \ldots, \mathbf{a}_{i_n}) = \mathrm{sgn}\,(i_1, i_2, \ldots, i_n)\det(\mathbf{a}_1, \mathbf{a}_2, \ldots, \mathbf{a}_n)$ であるが，$(i_1, i_2, \ldots, i_n)$ が $(1, 2, \ldots, n)$ の順列でないときは，$\det(\mathbf{a}_{i_1}, \mathbf{a}_{i_2}, \ldots, \mathbf{a}_{i_n}) = 0$ であるから

$$\det(AB) = \sum_{(i_1, i_2, \ldots, i_n) \in \mathcal{S}_n} \mathrm{sgn}\,(i_1, i_2, \ldots, i_n) b_{i_1 1}b_{i_2 2}\cdots b_{i_n n} \det(\mathbf{a}_1, \mathbf{a}_2, \ldots, \mathbf{a}_n)$$
$$= \det A \cdot \det B \qquad \square$$

A が逆行列を持てば，$AA^{-1} = A^{-1}A = E$ であるから，この行列式を取ると $\det A \cdot \det A^{-1} = 1$ である．これよりつぎの命題を得る．

命題 6.13 n 次行列 A が正則行列であるための必要十分条件は，$\det A \neq 0$ となることである．A が正則行列であるとき，つぎが成立つ．

$$\det(A^{-1}) = (\det A)^{-1} \tag{6.48}$$

つぎの命題は行列が正則行列であるか否かを判定するときに有用である．

命題 6.14 A を n 次行列とする．$AX = E$ をみたす n 次行列 X が存在すれば A は正則行列であり，$X = A^{-1}$ である．$XA = E$ をみたす X の存在を仮定しても同じ結論を得る．

証明 $AX = E$ の行列式を取ると，$\det A \cdot \det X = 1$ であるから，$\det A \neq 0$．よって，A は正則行列である．このとき，$A^{-1} = A^{-1}E = A^{-1}(AX) = (A^{-1}A)X = EX = X$．

区分けされた行列

$$A = \begin{array}{c} n_1 \\ n_2 \end{array}\begin{pmatrix} \overset{n_1}{A_{11}} & \overset{n_2}{A_{12}} \\ O & A_{22} \end{pmatrix}, \qquad B = \begin{array}{c} n_1 \\ n_2 \end{array}\begin{pmatrix} \overset{n_1}{B_{11}} & \overset{n_2}{O} \\ B_{21} & B_{22} \end{pmatrix} \qquad (6.49)$$

の行列式について述べておく．

命題 6.15 区分けされた行列 A, B (6.49) の行列式は

$$\det A = \det A_{11} \cdot \det A_{22}, \qquad \det B = \det B_{11} \cdot \det B_{22} \qquad (6.50)$$

である．したがって，$A(B)$ が正則行列であるための必要十分条件は $\det A_{11} \neq 0$，$\det A_{22} \neq 0$（$\det B_{11} \neq 0$，$\det B_{22} \neq 0$）となることである．このとき A, B の逆行列は

$$A^{-1} = \begin{pmatrix} A_{11}^{-1} & -A_{11}^{-1}A_{12}A_{22}^{-1} \\ O & A_{22}^{-1} \end{pmatrix}, \qquad B^{-1} = \begin{pmatrix} B_{11}^{-1} & O \\ -B_{22}^{-1}B_{21}B_{11}^{-1} & B_{22}^{-1} \end{pmatrix} \qquad (6.51)$$

で与えられる．

証明 A について証明する．$A = (a_{ij})_{1 \leq i,j \leq n}$ とする．$n = n_1 + n_2$ とおいた．(6.49) より，$A_{11} = (a_{ij})_{1 \leq i,j \leq n_1}$，$A_{22} = (a_{ij})_{n_1+1 \leq i,j \leq n}$，および $a_{ij} = 0$（$n_1 + 1 \leq i \leq n$，$1 \leq j \leq n_1$）である．このとき

$$\det A = \sum_{(i_1, i_2, \ldots, i_n) \in \mathcal{S}_n} \text{sgn}\,(i_1, i_2, \ldots, i_n) a_{i_1 1} \cdots a_{i_{n_1} n_1} a_{i_{n_1+1} n_1+1} \cdots a_{i_n n}$$

右辺の和の項が 0 とならないためには，$a_{i_k k}$（$1 \leq k \leq n_1$）において $(i_1, \ldots, i_{n_1})$ が $1, \ldots, n_1$ の順列であり，$a_{i_k k}$（$n_1 + 1 \leq k \leq n$）において $(i_{n_1+1}, \ldots, i_n)$ が $n_1 + 1, \ldots, n$ の順列であることが必要である．よって，

$$\det A = \sum_{(i_1,\ldots,i_{n_1})} \mathrm{sgn}\,(i_1,\ldots,i_{n_1})a_{i_1 1}\cdots a_{i_{n_1} n_1}\cdot$$

$$\sum_{(i_{n_1+1},\ldots,i_n)} \mathrm{sgn}\,(i_{n_1+1},\ldots,i_n)a_{i_{n_1+1} n_1+1}\cdots a_{i_n n}$$

右辺の和において $(i_1,\ldots,i_{n_1})$ は $1,\ldots,n_1$ のすべての順列をわたり，$(i_{n_1+1},\ldots,i_n)$ は $n_1+1,\ldots,n$ のすべての順列をわたる．また，$\mathrm{sgn}\,(i_1,\ldots,i_{n_1})$ は $(1,\ldots,n_1)$ を基準とするときの符号であり，$\mathrm{sgn}\,(i_{n_1+1},\ldots,i_n)$ は $(n_1+1,\ldots,n)$ を基準とするときの符号である．これで (6.50) を示すことができた．(6.51) は第 5 章問 5.8 を参照せよ． □

問 6.10 A, B を n 次行列とするとき，つぎを証明せよ．

$$\det\begin{pmatrix} A & B \\ B & A \end{pmatrix} = \det(A+B)\det(A-B)$$

6.6　代数方程式の終結式と判別式

これまで行列式について学んだことを応用して，二つの代数方程式が共通根を持つための条件を与える終結式や重根を持つための条件を与える判別式について考察する．

代数方程式とは未知数を x とする

$$f(x) = a_0 x^n + a_1 x^{n-1} + \cdots + a_{n-1} x + a_n = 0 \tag{6.52}$$

の形の方程式のことである．係数 $a_0, a_1,\ldots, a_{n-1}, a_n$ は一般には複素数も許されるとする．$a_0 \neq 0$ であるとき，(6.52) は **n 次方程式**という．代数方程式の解（方程式をみたす数）のことを慣用に従って**根**と呼ぶことにしよう．つぎの**代数学の基本定理**はガウスにより証明された定理であり，代数方程式を考察する際の基礎となるものである．

定理 6.16 (代数学の基本定理)　n 次方程式は複素数の範囲で少なくとも一つの根を持つ．

証明は付録 A において与えている．

この一つの根を α_1 とすると，$f(\alpha) = 0$ である．$f(x)$ を $x - \alpha_1$ で割ると，余りは定数である．

$$f(x) = (x - \alpha_1) f_1(x) + r$$

ここで, $x = \alpha_1$ を代入すると $r = 0$ であることが分る. よって, $f(x) = (x - \alpha_1)f_1(x)$. $f_1(x)$ は $n-1$ 次の多項式であるので, 少なくとも一つ根を持つ. それを α_2 とすれば, 同じ考察により, $f(x) = (x - \alpha_1)(x - \alpha_2)f_2(x)$ となる. この操作を続けていくと

$$f(x) = a_0(x - \alpha_1)(x - \alpha_2)\cdots(x - \alpha_n) \quad (\alpha_j \in \mathbf{C},\ j = 1, 2, \ldots, n) \tag{6.53}$$

と複素数の範囲で因数分解できることが分る. したがって, つぎの命題を得る.

命題 6.17 n 次方程式は複素数の範囲で n 個の根を持つ.

因数分解 (6.53) における $\alpha_1, \ldots, \alpha_n$ が方程式 $f(x) = 0$ の根であるが, これらの中には同じ数が現れることもある. 一つの根に対して, それが現れる回数を k とするとき, その根を**重複度** k の**重根**(あるいは k 重根)と呼ぶ. したがって, $\alpha_{i_1}, \ldots, \alpha_{i_m}$ を相異なる根とするとき, 因数分解 (6.53) は

$$f(x) = a_0(x - \alpha_{i_1})^{k_1} \cdots (x - \alpha_{i_m})^{k_m}$$

のようになる (k_l が根 α_{i_l} の重複度である).

式 (6.52) と (6.53) を比較すると

$$a_k/a_0 = (-1)^k \sum_{1 \leq j_1 < j_2 < \cdots < j_k \leq n} \alpha_{j_1}\alpha_{j_2}\cdots\alpha_{j_k} \tag{6.54}$$

なる関係式を得る. これを**根と係数の関係**という. また, 上の式の右辺において,

$$\sum_{j_1 < j_2 < \cdots < j_k} \alpha_{j_1}\alpha_{j_2}\cdots\alpha_{j_k} \tag{6.55}$$

を変数 $\alpha_1, \ldots, \alpha_n$ の k 次の**基本対称式**と呼ぶ.

さて, 二次方程式

$$f(x) = a_0 x^2 + a_1 x + a_2 = 0$$

の判別式を D とおく. よく知られているように, $D = a_1^2 - 4a_0 a_2$ であり, $D = 0$ のとき, 方程式は重根を持つ. 重根を α とすれば, それは二つの代数方程式

$$f(x) = 0, \qquad f'(x) = 0$$

($f'(x)$ は $f(x)$ の導関数である) の共通根である. 実際, $f(x) = a_0(x - \alpha)^2$, $f'(x) = 2a_0(x - \alpha)$ となるからである.

また，判別式 D が $f(x)$ と $f'(x)$ の係数を並べて得られるつぎの行列式を用いて表すことができることに注意しよう．

$$D = a_1^2 - 4a_0 a_2 = \frac{1}{a_0} \begin{vmatrix} a_0 & a_1 & a_2 \\ 2a_0 & a_1 & 0 \\ 0 & 2a_0 & a_1 \end{vmatrix} \tag{6.56}$$

この二次方程式に関する考察を一般化して，二つの代数方程式が共通根を持つための条件や代数方程式が重根を持つための条件を求めよう．そのための出発点となるのが，つぎの命題である．

命題 6.18 (ヴァンデルモンドの行列式) n 個の数 $x_1, x_2, \ldots, x_n$ に対して，

$$\begin{vmatrix} x_1^{n-1} & x_2^{n-1} & \cdots & x_n^{n-1} \\ x_1^{n-2} & x_2^{n-2} & \cdots & x_n^{n-2} \\ \vdots & \vdots & & \vdots \\ x_1 & x_2 & \cdots & x_n \\ 1 & 1 & \cdots & 1 \end{vmatrix} = \prod_{1 \leq i < j \leq n} (x_i - x_j) \tag{6.57}$$

が成立する．

証明 左辺の行列式を V とおく．第 n 行に x_1 を乗じて第 $n-1$ 行から引く，x_1^2 を乗じて第 $n-2$ 行から引く，…，x_1^{n-1} を乗じて第 1 行から引くという操作を行う．つぎに，第 2 列，…，第 n 列から第 1 列を引く．そして，共通因子を取り出すことでつぎを得る．

$$V = (-1)^{n-1}(x_2 - x_1) \cdots (x_n - x_1) \begin{vmatrix} \sum_{i=0}^{n-2} x_2^i x_1^{n-2-i} & \cdots & \sum_{i=0}^{n-2} x_n^i x_1^{n-2-i} \\ \vdots & & \vdots \\ x_2 + x_1 & \cdots & x_n + x_1 \\ 1 & \cdots & 1 \end{vmatrix}$$

$$= (x_1 - x_2) \cdots (x_1 - x_n) \begin{vmatrix} x_2^{n-2} & \cdots & x_n^{n-2} \\ \vdots & & \vdots \\ x_2 & \cdots & x_n \\ 1 & \cdots & 1 \end{vmatrix}$$

帰納法により (6.57) を得る． □

二つの代数方程式

$$f(x) = a_0 x^n + a_1 x^{n-1} + \cdots + a_{n-1} x + a_n = 0$$
$$g(x) = b_0 x^m + b_1 x^{0-1} + \cdots + b_{m-1} x + b_m = 0$$

に対してつぎで定義される $(n+m)$ 次行列式を $R(f,g)$ と記し，これを f と g の**終結式**という．

$$R(f,g) = \begin{vmatrix} a_0 & a_1 & & \cdots & a_n & 0 & 0 \\ 0 & \ddots & \ddots & & & \ddots & 0 \\ 0 & 0 & a_0 & a_1 & \cdots & & a_n \\ b_0 & b_1 & \cdots & & b_m & 0 & 0 \\ 0 & \ddots & \ddots & & & \ddots & 0 \\ 0 & 0 & b_0 & b_1 & \cdots & & b_m \end{vmatrix} \tag{6.58}$$

命題 6.19 方程式 $f(x)=0$ の根を $\alpha_1,\ldots,\alpha_n$，$g(x)=0$ の根を $\beta_1,\ldots,\beta_m$ とする．このとき，

$$\begin{aligned} R(f,g) &= a_0^m b_0^n \prod_{\substack{1 \le i \le n \\ 1 \le j \le m}} (\alpha_i - \beta_j) \\ &= a_0^m g(\alpha_1) g(\alpha_2) \cdots g(\alpha_n) \\ &= (-1)^{nm} b_0^n f(\beta_1) f(\beta_2) \cdots f(\beta_m) \end{aligned} \tag{6.59}$$

が成立つ．

したがって，代数方程式 $f(x)=0$, $g(x)=0$ が共通根を持つための必要十分条件は $R(f,g)=0$ である．

証明 係数 a_0, b_0 と根 $\alpha_1,\ldots,\alpha_n$, $\beta_1,\ldots,\beta_m$ を $(n+m+2)$ 個の変数として，根と係数の関係により，係数 $a_1,\ldots,a_n$, $b_1,\ldots,b_m$ をこれらの係数と見なして (6.59) を証明する．

ヴァンデルモンドの行列式 (6.57) を $V(x_1,\ldots,x_n)$ とおく．つぎの行列式の積を考えよう．

6.6 代数方程式の終結式と判別式

$$R(f,g) \cdot V(\beta_1,\ldots,\beta_m,\alpha_1,\ldots,\alpha_n)$$

$$= \begin{vmatrix} a_0 & a_1 & & \cdots & a_n & 0 & 0 \\ 0 & \ddots & \ddots & & & \ddots & 0 \\ 0 & 0 & a_0 & a_1 & \cdots & & a_n \\ b_0 & b_1 & \cdots & & b_m & 0 & 0 \\ 0 & \ddots & \ddots & & & \ddots & 0 \\ 0 & 0 & b_0 & b_1 & \cdots & & b_m \end{vmatrix}$$

$$\cdot \begin{vmatrix} \beta_1^{n+m-1} & \cdots & \beta_m^{n+m-1} & \alpha_1^{n+m-1} & \cdots & \alpha_n^{n+m-1} \\ \beta_1^{n+m-2} & \cdots & \beta_m^{n+m-2} & \alpha_1^{n+m-2} & \cdots & \alpha_n^{n+m-2} \\ \vdots & & \vdots & \vdots & & \vdots \\ \beta_1 & \cdots & \beta_m & \alpha_1 & \cdots & \alpha_n \\ 1 & \cdots & 1 & 1 & \cdots & 1 \end{vmatrix}$$

ここで,

$$\begin{cases} a_0\beta_i^{n+k} + a_1\beta_i^{n-1+k} + \cdots + a_{n-1}\beta_i^{1+k} + a_n\beta_i^k = \beta_i^k f(\beta_i) \\ a_0\alpha_i^{n+k} + a_1\alpha_i^{n-1+k} + \cdots + a_{n-1}\alpha_i^{1+k} + a_n\alpha_i^k = 0 \\ b_0\beta_i^{m+k} + b_1\beta_i^{m-1+k} + \cdots + b_{m-1}\beta_i^{1+k} + b_m\beta_i^k = 0 \\ b_0\alpha_i^{m+k} + b_1\alpha_i^{m-1+k} + \cdots + b_{m-1}\alpha_i^{1+k} + b_m\alpha_i^k = \alpha_i^k g(\alpha_i) \end{cases}$$

であるので,上の行列式の積はつぎのように計算できる.

$$R(f,g) \cdot V(\beta_1,\ldots,\beta_m,\alpha_1,\ldots,\alpha_n)$$

$$= \begin{vmatrix} \beta_1^{m-1}f(\beta_1) & \cdots & \beta_m^{m-1}f(\beta_m) & 0 & \cdots & 0 \\ \vdots & & \vdots & \vdots & & \vdots \\ f(\beta_1) & \cdots & f(\beta_m) & 0 & \cdots & 0 \\ 0 & \cdots & 0 & \alpha_1^{n-1}g(\alpha_1) & \cdots & \alpha_n^{n-1}g(\alpha_n) \\ \vdots & & \vdots & \vdots & & \vdots \\ 0 & \cdots & 0 & g(\alpha_1) & \cdots & g(\alpha_n) \end{vmatrix}$$

$$= f(\beta_1)\cdots f(\beta_m)g(\alpha_1)\cdots g(\alpha_n)V(\beta_1,\ldots,\beta_m)V(\alpha_1,\ldots,\alpha_n)$$

式 (6.57), (6.53) より

$$V(\beta_1,\ldots,\beta_m,\alpha_1,\ldots,\alpha_n) = V(\alpha_1,\ldots,\alpha_n)V(\beta_1,\ldots,\beta_m)\prod_{i,j}(\beta_i-\alpha_j)$$

$$a_0^m\prod_{i,j}(\beta_i-\alpha_j) = f(\beta_1)\cdots f(\beta_m), \quad b_0^n\prod_{i,j}(\alpha_i-\beta_j) = g(\alpha_1)\cdots g(\alpha_n)$$

以上で, (6.59) を証明できた. □

終結式 $R(f,g)$ において, $g(x)=f'(x)$ となる場合を考えよう. $f(x)=a_0(x-\alpha_1)\cdots(x-\alpha_n)$ とすると,

$$g(x) = a_0\sum_{i=1}^{n}(x-\alpha_1)\cdots(x-\overset{\vee}{\alpha_i})\cdots(x-\alpha_n)$$

(ここで ∨ は対応する因子を除くことを意味する) であるから, $g(\alpha_i)=\prod_{j\neq i}(\alpha_i-\alpha_j)$ である. これよりつぎの主張を得る.

命題 6.20 $f(x)=a_0x^n+a_1x^{n-1}+\cdots+a_{n-1}x+a_n=0$ の根を $\alpha_1,\ldots,\alpha_n$ とする. このとき,

$$R(f,f') = (-1)^{\frac{n(n-1)}{2}}a_0^{2n-1}\prod_{i<j}(\alpha_i-\alpha_j)^2 \tag{6.60}$$

である.

定義 6.3 $f(x)=a_0x^n+a_1x^{n-1}+\cdots+a_{n-1}x+a_n=0$ の根を $\alpha_1,\ldots,\alpha_n$ とする. このとき,

$$D(f) = a_0^{2n-2}\prod_{i<j}(\alpha_i-\alpha_j)^2 \tag{6.61}$$

を $f(x)$ の(あるいは $f(x)=0$ の)**判別式**という.

命題 6.21 $f(x)=a_0x^n+a_1x^{n-1}+\cdots+a_{n-1}x+a_n=0$ の判別式を $D(f)$ とすると,

$$D(f) = \frac{(-1)^{\frac{n(n-1)}{2}}}{a_0}R(f,f') \tag{6.62}$$

である.

例 6.3 三次方程式 $f(x) = x^3 + 3px + q = 0$ の判別式 $D(f)$ を計算する．$f'(x) = 3x^2 + 3p$ なので，命題 6.21 により，

$$D = -R(f, f') = -27 \begin{vmatrix} 1 & 0 & 3p & q & 0 \\ 0 & 1 & 0 & 3p & q \\ 1 & 0 & p & 0 & 0 \\ 0 & 1 & 0 & p & 0 \\ 0 & 0 & 1 & 0 & p \end{vmatrix} = -27 \begin{vmatrix} 1 & 0 & 3p & q & 0 \\ 0 & 1 & 0 & 3p & q \\ 0 & 0 & -2p & -q & 0 \\ 0 & 0 & 0 & -2p & -q \\ 0 & 0 & 1 & 0 & p \end{vmatrix}$$

$$= -27 \begin{vmatrix} 1 & 0 \\ 0 & 1 \end{vmatrix} \cdot \begin{vmatrix} -2p & -q & 0 \\ 0 & -2p & -q \\ 1 & 0 & p \end{vmatrix} = -27(4p^3 + q^2)$$

問 6.11 $ax^2 + bx + c = 0$ と $x^3 - 1 = 0$ が共通根を持つための必要十分条件が

$$\begin{vmatrix} a & b & c \\ b & c & a \\ c & a & b \end{vmatrix} = 0$$

であることを証明せよ．

演習問題

問 6.12 つぎの等式を証明せよ．

$$\begin{vmatrix} a & b & c & d \\ b & a & d & c \\ c & d & a & b \\ d & c & b & a \end{vmatrix} = (a+b+c+d)(a+b-c-d)(a+c-b-d)(a+d-b-c)$$

問 6.13 つぎの等式を証明せよ．ただし，$i = \sqrt{-1}$ は虚数単位である．

$$\begin{vmatrix} a & b & c & d \\ d & a & b & c \\ c & d & a & b \\ b & c & d & a \end{vmatrix} = (a+b+c+d)(a-b+c-d)(a+ib-c-id)(a-ib-c+id)$$

問 6.14 A, B が n 次実正方行列であるとき，つぎを証明せよ．

$$\det \begin{pmatrix} A & -B \\ B & A \end{pmatrix} = |\det(A + iB)|^2$$

問 6.15 つぎの等式を証明せよ．

$$\begin{vmatrix} a & b & c & d \\ -b & a & -d & c \\ -c & d & a & -b \\ -d & -c & b & a \end{vmatrix} = (a^2 + b^2 + c^2 + d^2)^2$$

問 6.16 n 次行列式 D_n を，$D_1 = 1 + x^2$，$n \geq 2$ に対しては

$$D_n = \begin{vmatrix} 1+x^2 & x & 0 & 0 & \cdots & 0 \\ x & 1+x^2 & x & 0 & \cdots & 0 \\ 0 & x & 1+x^2 & x & \cdots & 0 \\ \vdots & \vdots & \ddots & \ddots & \ddots & \vdots \\ 0 & 0 & & x & 1+x^2 & x \\ 0 & 0 & \cdots & 0 & x & 1+x^2 \end{vmatrix}$$

とおくとき，つぎを証明し D_n を求めよ．

$$D_n = (1+x^2)D_{n-1} - x^2 D_{n-2}, \quad \text{および} \quad D_n = x^{2n} + D_{n-1}$$

問 6.17 つぎの等式を証明せよ．

$$\begin{vmatrix} x & -1 & 0 & \cdots & 0 \\ 0 & x & -1 & \cdots & 0 \\ \vdots & \ddots & \ddots & \ddots & \vdots \\ 0 & \cdots & 0 & x & -1 \\ a_n & \cdots & a_3 & a_2 & x+a_1 \end{vmatrix} = x^n + a_1 x^{n-1} + a_2 x^{n-2} + \cdots + a_n$$

問 6.18 n 次行列 $A = (a_{ij})$ の第 (i, j) 余因子を $\tilde{a}_{ij}$，A から第 1 行，第 2 行，第 1 列，第 2 列 を取り去って得られる $n-2$ 次小行列式を $\Delta_A\binom{12}{12}$ とする．また，A の行列式を Δ_A とおく．つぎの等式（**ヤコビの定理**）を証明せよ．

$$\begin{vmatrix} \tilde{a}_{11} & \tilde{a}_{21} \\ \tilde{a}_{12} & \tilde{a}_{22} \end{vmatrix} = \Delta_A \cdot \Delta_A \binom{12}{12}$$

問 6.19 n 次行列 $A = (a_{ij})$ が ${}^t A = -A$ をみたすとき，A を**反対称行列**という．反対称行列の対角成分は 0 である．つぎのことを証明せよ．

(1) 奇数次の反対称行列の行列式は 0 であることを示せ．

(2) 偶数次の反対称行列 $A = (a_{ij})$ に対してヤコビの定理を適用するとき，A の余因子について $\tilde{a}_{11} = 0$, $\tilde{a}_{12} = -\tilde{a}_{21}$ となることを証明せよ．

(3) つぎの等式を証明せよ．

$$\begin{vmatrix} 0 & a & b & c \\ -a & 0 & d & e \\ -b & -d & 0 & f \\ -c & -e & -f & 0 \end{vmatrix} = (af - be + cd)^2$$

(4) 偶数次の反対称行列 A の行列式は，その成分の多項式の平方になることを証明せよ（この多項式のことを A の**パッフィアン**という）．

問 6.20 (1) $f(x) = ax^2 + bx + c$ と $g(x) = px^3 + qx^2 + rx + s$ が共通根を持たないとき，

$$F(x)f(x) + G(x)g(x) = 1$$

をみたす多項式 $F(x)$, $G(x)$ が存在することを示せ．
（**ヒント**：終結式 $R(f,g)$ を変形すると

$$R(f,g) = \begin{vmatrix} a & b & c & 0 & 0 \\ 0 & a & b & c & 0 \\ 0 & 0 & a & b & c \\ p & q & r & s & 0 \\ 0 & p & q & r & s \end{vmatrix} = \begin{vmatrix} a & b & c & 0 & x^2 f(x) \\ 0 & a & b & c & xf(x) \\ 0 & 0 & a & b & f(x) \\ p & q & r & s & xg(x) \\ 0 & p & q & r & g(x) \end{vmatrix}$$

となることを示せ．右辺を第 5 列目について展開すると

$$R(f,g) = (Ax^2 + Bx + C)f(x) + (Dx + E)g(x)$$

の形に整理できる．両辺を $R(f,g) \neq 0$ で割る）

(2) (1) の結果を一般の n 次式と m 次式に拡張せよ．すなわち，多項式 $f(x)$ と $g(x)$ が**互いに素**であるならば（つまり，$f(x) = 0$ と $g(x) = 0$ が共通根を持たない），

$$F(x)f(x) + G(x)g(x) = 1$$

をみたす多項式 $F(x)$, $G(x)$ が存在することを示せ．

第7章

行列の階数

7.1 行列の基本変形と階数

行列の基本変形なる操作を導入して，行列の標準形，階数という概念を定義する．それを利用して逆行列を求める方法や，階数と行列式の関係について考察する．

定義 7.1 行列に対する**右基本変形**，**左基本変形**（合わせて**基本変形**と称する）とは

(右基本変形) 列の交換，ある列の(非零)定数倍，ある列に他の列の定数倍を加える．
(左基本変形) 行の交換，ある行の(非零)定数倍，ある行に他の行の定数倍を加える．

のそれぞれ三種類の操作である．

E_{ij} を n 次行列単位 $E_{ij} = (\delta_{\mu i}\delta_{\nu j})_{1\leq\mu,\nu\leq n}$ とする．n 次行列 $P_n(i,j)$，$Q_n(i;c)$，$R_n(i,j;\alpha)$ をつぎのように定義する．

$$P_n(i,j) = \sum_{k\neq i,j} E_{kk} + E_{ij} + E_{ji} \tag{7.1}$$

$$Q_n(i;c) = \sum_{k\neq i} E_{kk} + cE_{ii} \quad (c \neq 0) \tag{7.2}$$

$$R_n(i,j;\alpha) = E_n + \alpha E_{ij} \quad (i \neq j) \tag{7.3}$$

これらはつぎのような行列である．

$$P_n(i,j) = \begin{pmatrix} 1 & & & \vdots & & \vdots & \\ & \ddots & & \vdots & & \vdots & \\ & & 1 & \vdots & & \vdots & \\ i & \cdots\cdots & 0 & \cdots\cdots & 1 & \cdots\cdots \\ & & \vdots & 1 & & \vdots & \\ & & \vdots & & \ddots & \vdots & \\ & & \vdots & & 1 & \vdots & \\ j & \cdots\cdots & 1 & \cdots\cdots & 0 & \cdots\cdots \\ & & \vdots & & & \vdots & 1 \\ & & \vdots & & & \vdots & & \ddots \\ & & \vdots & & & \vdots & & & 1 \end{pmatrix} \qquad (7.4)$$

これは，$i < j$ の場合の行列の形を示したものであるが，$P_n(i,j) = P_n(j,i)$ に注意する．

$$Q_n(i;c) = \quad i \begin{pmatrix} 1 & & & & & & \\ & \ddots & & \vdots & & & \\ & & 1 & & & & \\ & \cdots & & c & & & \\ & & & & 1 & & \\ & & & & & \ddots & \\ & & & & & & 1 \end{pmatrix} \qquad (7.5)$$

$$R_n(i,j;\alpha) = \begin{pmatrix} & & \overset{i}{} & & \overset{j}{} & & \\ 1 & & & & & & \\ & \ddots & & & & & \\ i & & 1 & \cdots & \alpha & & \\ & & & \ddots & \vdots & & \\ j & & & & 1 & & \\ & & & & & \ddots & \\ & & & & & & 1 \end{pmatrix} \tag{7.6}$$

上の式は,$i<j$ の場合の行列の形を示したものである.

これらの行列を**基本行列**と呼ぶことにしよう.基本行列はいずれも正則行列であり,その逆行列は

$$P_n(i,j)^{-1} = P_n(i,j), \quad Q_n(i;c)^{-1} = Q_n(i;c^{-1})$$
$$R_n(i,j;\alpha)^{-1} = R_n(i,j;-\alpha)$$

で与えられる.したがって,基本行列の逆行列も基本行列である.

m 行 n 列の行列 A の列ベクトル表示,行ベクトル表示を

$$A = (\mathbf{a}_1, \cdots, \mathbf{a}_n) = \begin{pmatrix} \widehat{\mathbf{a}}_1 \\ \vdots \\ \widehat{\mathbf{a}}_m \end{pmatrix}$$

とする.第 5 章問 5.4 で見たことからも分るように,つぎの命題を得る.

命題 7.1 基本変形は基本行列を左右から乗ずることにより実現される.

$$\begin{aligned} AP_n(i,j) &= (\mathbf{a}_1, \ldots, \overset{i}{\mathbf{a}_j}, \ldots, \overset{j}{\mathbf{a}_i}, \ldots, \mathbf{a}_n) \\ AQ_n(i;c) &= (\mathbf{a}_1, \ldots, \overset{i}{c\mathbf{a}_i}, \cdots, \mathbf{a}_n) \\ AR_n(i,j;\alpha) &= (\mathbf{a}_1, \ldots, \overset{i}{\mathbf{a}_i}, \ldots, \overset{j}{\mathbf{a}_j + \alpha\mathbf{a}_i}, \ldots, \mathbf{a}_n) \end{aligned} \tag{7.7}$$

$$
P_m(i,j)A = \begin{pmatrix} \widehat{\mathbf{a}}_1 \\ \vdots \\ \widehat{\mathbf{a}}_j \\ \vdots \\ \widehat{\mathbf{a}}_i \\ \vdots \\ \widehat{\mathbf{a}}_m \end{pmatrix} \begin{matrix} \\ \\ i \\ \\ j \\ \\ \end{matrix}, \quad Q_m(i;c)A = \begin{pmatrix} \widehat{\mathbf{a}}_1 \\ \vdots \\ c\widehat{\mathbf{a}}_i \\ \vdots \\ \widehat{\mathbf{a}}_m \end{pmatrix} \begin{matrix} \\ i \\ \\ \end{matrix}, \quad R_m(i,j;\alpha)A = \begin{pmatrix} \widehat{\mathbf{a}}_1 \\ \vdots \\ \widehat{\mathbf{a}}_i + \alpha\widehat{\mathbf{a}}_j \\ \vdots \\ \widehat{\mathbf{a}}_j \\ \vdots \\ \widehat{\mathbf{a}}_m \end{pmatrix} \begin{matrix} \\ i \\ \\ j \\ \\ \end{matrix}
$$
(7.8)

基本変形を繰り返し施すことを行列の**変形**と呼ぶことにする．行列 A に対する変形は

$$B = PAQ \tag{7.9}$$

と表すことができる．ここで P, Q は基本行列の適当な積であるから正則行列である．したがって変形は可逆な操作であり，その逆変形は

$$A = P^{-1}BQ^{-1} \tag{7.10}$$

で与えられる．A を B に変形することを $A \longrightarrow B$ と表すことにする．

A を零でない m 行 n 列の行列とする．$a_{pq} \neq 0$ と仮定することができる．このときつぎの変形が可能である．

$$A \longrightarrow B = P_m(1,p) \prod_{i \neq p} R_m(i,p;-a_{iq}) Q_m(p:a_{pq}^{-1}) A \prod_{j \neq q} R_n(q,j;-a_{pj}) P_n(1,q)$$

この変形は，a_{pq} を 1 に変える，つぎに第 p 行に a_{iq} $(i \neq p)$ を乗じて第 i 行から引き去る（これで (i,q) 成分が 0 となる），さらに第 q 列に a_{pj} $(j \neq q)$ を乗じて第 j 列から引き去る（これで (p,j) 成分が 0 となる），最後に第 p 行を第 1 行と交換し，第 q 列も第 1 列と交換する，という一連の基本変形を続けて行う変形である．この変形を，a_{pq} をかなめとする**掃き出し法**と呼ぶ．

その結果，B はつぎのように区分けされる行列となる．

$$B = \begin{pmatrix} 1 & \widehat{\mathbf{0}}_{n-1} \\ \mathbf{0}_{m-1} & A_1 \end{pmatrix}$$

ここで，$\mathbf{0}_{m-1}$ は $m-1$ 項列零ベクトル，$\widehat{\mathbf{0}}_{n-1}$ は $n-1$ 項行零ベクトル，A_1 は $m-1$ 行 $n-1$ 列の行列である．

この変形を繰り返し行うことにより A は標準形と呼ばれる形をした行列になることを示すことができる．つぎの行列 $F_{mn}(r)$

$$F_{mn}(r) = \begin{pmatrix} E_r & O_{r,n-r} \\ O_{m-r,r} & O_{m-r,n-r} \end{pmatrix} \tag{7.11}$$

を導入しよう．E_r は r 次の単位行列，O_{kl} は k 行 l 列の零行列である．

つぎの命題を得る．

命題 7.2 A を m 行 n 列の行列とする．A を変形することにより，

$$A \longrightarrow F_{mn}(r) = PAQ$$

とすることができる．ここで数 r（対角線上に 1 が並ぶ個数）は A のみによって決り，変形の仕方によらない．

証明 A が零行列ならば，$A = F_{mn}(0)$ である．A が零行列でなければ，掃き出し法により，つぎの形に変形できる．

$$A \longrightarrow B = PAQ = \begin{pmatrix} 1 & 0 & \cdots & 0 \\ \hline 0 & & & \\ \vdots & & A_1 & \\ 0 & & & \end{pmatrix}$$

A_1 が零行列ならば，A は $F_{mn}(1)$ に変形されたことになる．もし，A_1 が零行列でなければ，第 1 行，第 1 列には触らずに，第 2 行，2 列以降の部分に基本変形で A_1 に掃き出し法を施すことにより，つぎの形に変形できる．

$$A \longrightarrow B' = P'AQ' = \begin{pmatrix} 1 & 0 & 0 & \cdots & 0 \\ \hline 0 & 1 & 0 & \cdots & 0 \\ \hline 0 & 0 & & & \\ \vdots & \vdots & & A_2 & \\ 0 & 0 & & & \end{pmatrix}$$

この変形を繰り返すことにより，最終的に $F_{mn}(r)$ の形にまで持っていくことができる．

r が変形の仕方によらないことは，7.3 節の命題 7.4 において証明される． □

定義 7.2 m 行 n 列の行列 A に対して，先の命題によって存在と一意性が保証された $F_{mn}(r)$ を A の**標準形**と呼ぶ．また，数 r を A の**階数**と呼び，$r(A)$ と記す．

命題 7.3 m 行 n 列の行列 A とその転置行列 ${}^tA$ の階数は等しい．

証明 基本行列の転置行列が再び基本行列となることに注意せよ．実際，

$${}^tP_n(i,j) = P_n(i,j), \qquad {}^tQ_n(i;c) = Q_n(i;c) \qquad {}^tR_n(i,j;\alpha) = R_n(j,i;\alpha)$$

よって，$A \longrightarrow F_{mn}(r) = PAQ$（$P, Q$ は基本行列の適当な積）とすると，

$${}^tA \longrightarrow {}^tF_{mn}(r) = {}^tQ\,{}^tA\,{}^tP$$

であり，${}^tP, {}^tQ$ は基本行列の積となる．${}^tF_{mn}(r) = F_{nm}(r)$ なので，$r({}^tA) = r(A)$ である． □

例 7.1 3 行 4 列の行列 $A = \begin{pmatrix} 0 & 2 & 4 & 2 \\ 1 & 2 & 3 & 1 \\ -2 & -1 & 0 & 1 \end{pmatrix}$ を標準形に変形する．

$A \xrightarrow{\text{第 1,2 行交換}} \begin{pmatrix} 1 & 2 & 3 & 1 \\ 0 & 2 & 4 & 2 \\ -2 & -1 & 0 & 1 \end{pmatrix} \xrightarrow{\text{第 3 行に第 1 行の 2 倍加える}} \begin{pmatrix} 1 & 2 & 3 & 1 \\ 0 & 2 & 4 & 2 \\ 0 & 3 & 6 & 3 \end{pmatrix}$

$\xrightarrow{\text{第 2,3,4 列から第 1 列引く}} \begin{pmatrix} 1 & 0 & 0 & 0 \\ 0 & 2 & 4 & 2 \\ 0 & 3 & 6 & 3 \end{pmatrix} \xrightarrow{\text{第 2 行を 2 で割る}} \begin{pmatrix} 1 & 0 & 0 & 0 \\ 0 & 1 & 2 & 1 \\ 0 & 3 & 6 & 3 \end{pmatrix}$

$\xrightarrow{\text{第 3 行を 3 で割る}} \begin{pmatrix} 1 & 0 & 0 & 0 \\ 0 & 1 & 2 & 1 \\ 0 & 1 & 2 & 1 \end{pmatrix} \xrightarrow{\text{第 3 行から第 2 行引く}} \begin{pmatrix} 1 & 0 & 0 & 0 \\ 0 & 1 & 2 & 1 \\ 0 & 0 & 0 & 0 \end{pmatrix}$

$\xrightarrow{\text{第 3,4 列から第 2 列引く}} \begin{pmatrix} 1 & 0 & 0 & 0 \\ 0 & 1 & 0 & 0 \\ 0 & 0 & 0 & 0 \end{pmatrix}$

したがって，$r(A) = 2$ である．

問 7.1 つぎの行列の標準形と階数を求めよ．

(1) $\begin{pmatrix} 1 & 1 & 1 \\ 1 & 1 & 1 \\ 1 & 1 & 1 \end{pmatrix}$
(2) $\begin{pmatrix} 3 & -1 & 6 \\ 1 & 3 & -2 \\ 4 & 3 & 1 \end{pmatrix}$
(3) $\begin{pmatrix} 1 & 2 & -1 & 0 \\ 2 & 1 & 3 & 2 \\ 1 & 2 & 3 & 4 \end{pmatrix}$

(4) $\begin{pmatrix} 1 & 2 & 0 \\ 1 & 1 & 1 \\ -2 & 3 & 2 \\ -5 & 6 & 2 \end{pmatrix}$
(5) $\begin{pmatrix} 1 & 2 & -1 & 3 & -2 \\ 2 & 4 & 1 & 3 & -3 \\ -1 & -2 & 2 & -4 & -1 \\ 3 & 6 & 0 & 6 & -5 \end{pmatrix}$

7.2 正則行列と階数

命題 7.4 A を n 次行列とする．このとき，A が正則行列であることと，$r(A) = n$ であることは同値である．

証明 A を正則として，$PAQ = F_{nn}(r)$ とする．P, A, Q は正則であるから，PAQ も正則．したがって，$F_{nn}(r)$ も正則である．これより，$r = n$ であり，$PAQ = E_n$ である．逆に，$r(A) = n$ とすると，$PAQ = E_n$ となるから，$A = P^{-1}Q^{-1}$ も正則である． □

つぎの命題は左基本変形を通じて逆行列を求める方法を与える．

命題 7.5 (1) A が正則行列であれば，左基本変形（行に関する基本変形）だけで（あるいは，右基本変形だけで）A を単位行列に変形できる．

(2) A を n 次正則行列とする．n 行 $2n$ 列の行列 (A, E_n) に左基本変形を行い

$$(A, E_n) \longrightarrow (E_n, B)$$

となるとき，$B = A^{-1}$ である．

証明 (1) A が正則ならば，$PAQ = E_n$（P, Q は基本行列の積）であるから，$A = P^{-1}Q^{-1}$．よって，

$$QPA = (QP)(P^{-1}Q^{-1}) = E_n$$

QP は基本行列の積であるから，上のことは A が左基本変形だけで単位行列に変形できることを示している．

(2) (1) より，$RA = E_n$（R は基本行列の積）と書けているので，

$$R(A, E_n) = (RA, R) = (E_n, R)$$

よって，$B = R = A^{-1}$ である． □

問 7.2 つぎの行列に逆行列があれば求めよ．

(1) $\begin{pmatrix} 1 & 1 & 1 \\ 1 & 1 & 0 \\ 1 & 0 & 0 \end{pmatrix}$
(2) $\begin{pmatrix} 1 & 3 & 2 \\ 2 & 6 & 3 \\ -2 & -5 & -2 \end{pmatrix}$
(3) $\begin{pmatrix} 3 & 3 & -5 & -6 \\ 1 & 2 & -3 & -1 \\ 2 & 3 & -5 & -3 \\ -1 & 0 & 2 & 2 \end{pmatrix}$

(4) $\begin{pmatrix} 1 & 2 & 0 & -1 \\ -3 & -5 & 1 & 2 \\ 1 & 3 & 2 & -2 \\ 0 & 2 & 1 & -1 \end{pmatrix}$

7.3 行列の階数と小行列式

定義 7.3 $A = (a_{ij})$ を m 行 n 列の行列とする．A から p 個の行 $i_1 < \cdots < i_p$ と p 個の列 $j_1 < \cdots < j_p$ を取り出して作る p 次行列式 $\det(a_{i_k j_l})_{1 \le k, l \le p}$ を

$$D\begin{pmatrix} i_1 \ldots i_p \\ j_1 \ldots j_p \end{pmatrix}(A) \tag{7.12}$$

と記すことにする．これを A の **p 次小行列式** という．

p 次小行列式は，全部で ${}_mC_p \times {}_nC_p$ 個ある．

定義 7.4 A の 0 でない小行列式の最大次数を $s(A)$ とおく．

つぎの命題が成り立つ．

命題 7.6 (1) A を m 行 n 列の行列とする．A に対する基本変形により $s(A)$ は不変である．

(2) A の階数 $r(A)$ は $s(A)$ に等しい．

証明 (1) (a) 基本変形（行，列の入れ換え）$A \longrightarrow B$ によって，

$$D\begin{pmatrix} i_1 \dots i_p \\ j_1 \dots j_p \end{pmatrix}(B) = \pm D\begin{pmatrix} i'_1 \dots i'_p \\ j'_1 \dots j'_p \end{pmatrix}(A)$$

という変化が生じるだけであるので，$s(A) = s(B)$ である．
(b) 基本変形（行，列の零でない定数倍）$A \longrightarrow B$ によって，

$$D\begin{pmatrix} i_1 \dots i_p \\ j_1 \dots j_p \end{pmatrix}(B) = cD\begin{pmatrix} i_1 \dots i_p \\ j_1 \dots j_p \end{pmatrix}(A) \quad (c \neq 0)$$

という変化が生じるだけであるので，$s(A) = s(B)$ である．
(c) 基本変形（行，列に他の行あるいは列の定数倍を加える）$A \longrightarrow B$ によって，小行列式は変化しない．よって，$s(A) = s(B)$ である．

以上で，基本変形をしても $s(A)$ という量が不変であることが分かった．
(2) A を変形して $F_{mn}(r)$ になったとする．

$$A \longrightarrow F_{mn}(r) = PAQ = \begin{pmatrix} E_r & O_{r,n-r} \\ O_{m-r,r} & O_{m-r,n-r} \end{pmatrix}$$

P, Q は基本行列の適当な積である．

$$D\begin{pmatrix} 1 \dots r \\ 1 \dots r \end{pmatrix}(F_{mn}(r)) = 1, \quad D\begin{pmatrix} i_1 \dots i_p \\ j_1 \dots j_p \end{pmatrix}(F_{mn}(r)) = 0 \quad (p > r)$$

であるから，(1) より，$s(A) = s(F_{mn}(r)) = r$ である．$s(A)$ はそもそも A のみで決る量であり，基本変形とは無関係である．これは，r が基本変形によらないことを意味する．これより，命題 7.2 が確立されたことになり，また，$r(A) = s(A)$ であることも同時に示された． □

例 7.2 例 7.1 で調べた行列

$$A = \begin{pmatrix} 0 & 2 & 4 & 2 \\ 1 & 2 & 3 & 1 \\ -2 & -1 & 0 & 1 \end{pmatrix} = \begin{pmatrix} \widehat{\mathbf{a}}_1 \\ \widehat{\mathbf{a}}_2 \\ \widehat{\mathbf{a}}_3 \end{pmatrix}$$

の $s(A)$ を考察する．$3\widehat{\mathbf{a}}_1 - 4\widehat{\mathbf{a}}_2 - 2\widehat{\mathbf{a}}_3 = \widehat{\mathbf{0}}_4$ であるので，どの 3 次の小行列式の行ベクトル表示

$$D\begin{pmatrix}1 & 2 & 3 \\ j_1 & j_2 & j_3\end{pmatrix}(A) = \det\begin{pmatrix}\widehat{\mathbf{a}}'_1 \\ \widehat{\mathbf{a}}'_2 \\ \widehat{\mathbf{a}}'_3\end{pmatrix}$$

においても, $3\widehat{\mathbf{a}}'_1 - 4\widehat{\mathbf{a}}'_2 - 2\widehat{\mathbf{a}}'_3 = \widehat{\mathbf{0}}_3$ である. これより,

$$D\begin{pmatrix}1 & 2 & 3 \\ j_1 & j_2 & j_3\end{pmatrix}(A) = \frac{3}{2}\det\begin{pmatrix}\widehat{\mathbf{a}}'_1 \\ \widehat{\mathbf{a}}'_2 \\ \widehat{\mathbf{a}}'_1\end{pmatrix} - 2\det\begin{pmatrix}\widehat{\mathbf{a}}'_1 \\ \widehat{\mathbf{a}}'_2 \\ \widehat{\mathbf{a}}'_2\end{pmatrix} = 0$$

である. また, $D\begin{pmatrix}1 & 2 \\ 1 & 2\end{pmatrix}(A) = \begin{vmatrix}0 & 2 \\ 1 & 2\end{vmatrix} = -2$ なので, $s(A) = 2 = r(A)$ であることが分る.

演習問題

問 7.3 行列 A の r 次小行列式がすべて 0 であるとき, $r(A) < r$ であることを証明せよ.

問 7.4 A, B が n 次行列で,

$$AB = O, \qquad r(A) = r$$

ならば,

$$r(B) \leq n - r$$

となるということを証明し, さらに

$$r(B) = n - r$$

という行列 B も存在することを証明せよ.

問 7.5 $A = \begin{pmatrix}1 & 1 & 2 \\ 2 & 2 & 4 \\ 3 & 3 & 6\end{pmatrix}$ のとき,

$$AB = O, \qquad r(B) = 2$$

となる 3 次行列 B を作れ.

問 7.6 A を m 行 n 列の行列で階数は r とする．このとき，階数が r の m 行 r 列の行列 $\widehat{P}$ と，階数が r の r 行 n 列の行列 $\widehat{Q}$ が存在して，

$$A = \widehat{P}\widehat{Q}$$

と A が行列の積に分解されることを証明せよ．

問 7.7 (1) A を階数が 1 の正方行列とすれば，

$$A^2 = \alpha A$$

をみたすスカラー α がただ一つ存在することを証明せよ．

(2) (1) の α が 1 でないならば，行列 $E - A$ は正則行列であることを証明せよ．

第8章

連立一次方程式

8.1 連立一次方程式の可解条件

n 個の未知数 $x_1, x_2, \ldots, x_n$ に対する m 個の**一次方程式**を連立させた**連立一次方程式**

$$\begin{cases} a_{11}x_1 + a_{12}x_2 + \cdots + a_{1n}x_n = c_1 \\ \vdots \qquad\qquad \vdots \qquad\qquad\qquad \vdots \qquad\quad \vdots \\ a_{m1}x_1 + a_{m2}x_2 + \cdots + a_{mn}x_n = c_m \end{cases} \tag{8.1}$$

を考察する.ここで $c_1, \ldots, c_m$ は既知の数である.方程式の係数 a_{ij},未知数 x_j,既知数 c_i は実数でも複素数でもよい.

係数を成分とする m 行 n 列の行列 A,未知数からなる n 項列ベクトル,(8.1) の右辺からなる m 項列ベクトル

$$A = \begin{pmatrix} a_{11} & \cdots & a_{1n} \\ \vdots & & \vdots \\ a_{m1} & \cdots & a_{mn} \end{pmatrix}, \quad \mathbf{x} = \begin{pmatrix} x_1 \\ \vdots \\ x_n \end{pmatrix}, \quad \mathbf{c} = \begin{pmatrix} c_1 \\ \vdots \\ c_m \end{pmatrix} \tag{8.2}$$

を導入すれば,(8.1) は

$$A\mathbf{x} = \mathbf{c} \tag{8.3}$$

と表すことができる.行列 A を (8.1) の**係数行列**と呼ぶ.さらに,

$$\widetilde{A} = (A, \mathbf{c}), \quad \widetilde{\mathbf{x}} = \begin{pmatrix} \mathbf{x} \\ -1 \end{pmatrix} \tag{8.4}$$

とおくと,(8.3) は

$$\widetilde{A}\widetilde{\mathbf{x}} = \mathbf{0}_m \tag{8.5}$$

と同値である.ここで,$\mathbf{0}_m$ は m 項零列ベクトルである.$\widetilde{A}$ を (8.1) の**拡大係数行列**と呼ぶ.

方程式を解くには，各式の順序の入れ換え，各式のスカラー倍，式同士の和・差を取る操作が必要になる．場合によっては，未知数の番号の入れ換えも必要になるであろう．これらの操作は，拡大係数行列に対する，左基本変形（行に関する基本変形）と第 $n+1$ 列を除いた列の交換といった基本変形として実現される．そこで，このような操作だけで，どのような行列に変形できるかを調べねばならない．

命題 8.1 上の基本変形により，

$$\widetilde{A} \longrightarrow \widetilde{B} = (B, \mathbf{d}), \quad B = \begin{pmatrix} E_r & B_{r,n-r} \\ O_{m-r,r} & O_{m-r,n-r} \end{pmatrix} \tag{8.6}$$

と変形できる（ここで，$\mathbf{d}$ は適当な m 項列ベクトルであり，$B_{r,n-r}$ は適当な r 行 $n-r$ 列の行列である）．このとき，$r = r(A)$ である．

証明 上の基本変形により，

$$A \longrightarrow B$$

と変形できることは，掃き出し法を繰り返し適用することで証明できる（第 7 章命題 7.2 の証明を参照）．さらに，B に対して右基本変形も混合して変形を続けることで，

$$B \longrightarrow F_{mn}(r)$$

となるので，$r = r(A)$ である． □

拡大係数行列 $\widetilde{A}$ が (8.6) のように変形されたとき，

$$B_{r,n-r} = (b_{ij})_{1 \leq i \leq r,\ r+1 \leq j \leq n}$$

とおくと，方程式 (8.1) は，

$$\begin{cases} x_1 & + b_{1,r+1}x_{r+1} + b_{1,n}x_n = d_1 \\ & x_2 & + b_{2,r+1}x_{r+1} + b_{2,n}x_n = d_2 \\ & \ddots & \vdots & \vdots & \vdots \\ & & x_r + b_{r,r+1}x_{r+1} + b_{r,n}x_n = d_r \\ & & 0 = d_{r+1} \\ & & \vdots & \vdots \\ & & 0 = d_m \end{cases} \tag{8.7}$$

に(同値)変形されたことになる．ただし，ここの未知数は本来の未知数と番号付けが異なっている可能性があることに注意する．

8.1 連立一次方程式の可解条件

例 8.1 二つの空間直線

$$L_1 : \mathbf{x} = \begin{pmatrix} 1 \\ 1 \\ 2 \end{pmatrix} + t \begin{pmatrix} 3 \\ -2 \\ 1 \end{pmatrix}, \quad L_2 : \mathbf{x} = \begin{pmatrix} -4 \\ 3 \\ 2 \end{pmatrix} + s \begin{pmatrix} 2 \\ 0 \\ -1 \end{pmatrix}$$

は点 $(-2, 3, 1)$ で交わるが,そのために連立一次方程式

$$\begin{pmatrix} 3 & -2 \\ -2 & 0 \\ 1 & 1 \end{pmatrix} \begin{pmatrix} t \\ s \end{pmatrix} = \begin{pmatrix} -5 \\ 2 \\ 0 \end{pmatrix} \quad (8.8)$$

を解く必要があった.この方程式に対する拡大係数行列は

$$\widetilde{A} = \begin{pmatrix} 3 & -2 & -5 \\ -2 & 0 & 2 \\ 1 & 1 & 0 \end{pmatrix}$$

である.この行列を,行に対する基本変形,第 3 列目を除く列の交換により変形すると,つぎの形になることが分る.

$$\widetilde{A} \xrightarrow{\text{第 3 行, 第 1 行交換}} \begin{pmatrix} 1 & 1 & 0 \\ -2 & 0 & 2 \\ 3 & -2 & -5 \end{pmatrix} \xrightarrow{\text{第 1 行の 2 倍を第 2 行に加える}} \begin{pmatrix} 1 & 1 & 0 \\ 0 & 2 & 2 \\ 3 & -2 & -5 \end{pmatrix}$$

$$\xrightarrow{\text{第 2 行を 2 で割る}} \begin{pmatrix} 1 & 1 & 0 \\ 0 & 1 & 1 \\ 3 & -2 & -5 \end{pmatrix} \xrightarrow{\text{第 1 行の 3 倍を第 3 行から引く}} \begin{pmatrix} 1 & 1 & 0 \\ 0 & 1 & 1 \\ 0 & -5 & -5 \end{pmatrix}$$

$$\xrightarrow{\text{第 3 行を }-5\text{ で割る}} \begin{pmatrix} 1 & 1 & 0 \\ 0 & 1 & 1 \\ 0 & 1 & 1 \end{pmatrix} \xrightarrow{\text{第 1, 3 行から第 2 行を引く}} \begin{pmatrix} 1 & 0 & -1 \\ 0 & 1 & 1 \\ 0 & 0 & 0 \end{pmatrix}$$

したがって,方程式 (8.8) の解は $t = -1$, $s = 1$ である.しかし,L_1 と

$$L_2' : \quad \mathbf{x} = \begin{pmatrix} -4 \\ 3 \\ 3 \end{pmatrix} + s \begin{pmatrix} 2 \\ 0 \\ -1 \end{pmatrix},$$

は交点を持たない(ねじれの位置関係にある).この場合の連立一次方程式は

$$\begin{pmatrix} 3 & -2 \\ -2 & 0 \\ 1 & 1 \end{pmatrix} \begin{pmatrix} t \\ s \end{pmatrix} = \begin{pmatrix} -5 \\ 2 \\ 1 \end{pmatrix} \tag{8.9}$$

であり,拡大係数行列は

$$\widetilde{A}' = \begin{pmatrix} 3 & -2 & -5 \\ -2 & 0 & 2 \\ 1 & 1 & 1 \end{pmatrix}$$

である.これに対して,上と同じ変形をするとき,行列はつぎの形になる.

$$\widetilde{A}' \longrightarrow \begin{pmatrix} 1 & 1 & 1 \\ 0 & 2 & 4 \\ 0 & -5 & 2 \end{pmatrix} \longrightarrow \begin{pmatrix} 1 & 0 & -1 \\ 0 & 1 & 2 \\ 0 & 0 & 1 \end{pmatrix}$$

したがって,方程式 (8.9) は解を持たない.

定義 8.1 連立一次方程式 (8.1) が解を持つための必要十分条件を,(8.1) に対する**可解条件**という.

命題 8.2 方程式 (8.1) に対する可解条件は,変形された方程式 (8.7) において,

$$d_{r+1} = \cdots = d_m = 0 \tag{8.10}$$

が成立することである.そして,これが成立するとき,

$$x_{r+1} = \alpha_{r+1}, \ldots, x_n = \alpha_n$$

(パラメータ) とおいて,(8.1) の任意の解は

$$\begin{pmatrix} x_1 \\ \vdots \\ x_r \\ x_{r+1} \\ \vdots \\ x_n \end{pmatrix} = \begin{pmatrix} d_1 \\ \vdots \\ d_r \\ 0 \\ \vdots \\ 0 \end{pmatrix} + \alpha_{r+1} \begin{pmatrix} -b_{1,r+1} \\ \vdots \\ -b_{r,r+1} \\ 1 \\ \vdots \\ 0 \end{pmatrix} + \cdots + \alpha_n \begin{pmatrix} -b_{1,n} \\ \vdots \\ -b_{r,n} \\ 0 \\ \vdots \\ 1 \end{pmatrix} \tag{8.11}$$

8.1 連立一次方程式の可解条件

と表示される．したがって，可解条件が成立し，$r < n$ のときは，方程式の解の自由度（パラメータの個数）は $n - r$ である．

さらに，可解条件 (8.10) は係数行列の階数の言葉で表すことができる．

命題 8.3 可解条件 (8.10) の成立は，係数行列 A と拡大係数行列 $\widetilde{A}$ の階数が等しいことと同値である．

証明 $r(A) = r(B)$，$r(\widetilde{A}) = r(\widetilde{B})$ の成立は，それぞれが変形で結びついているので明らか．ところで (8.10) が成立しているとき，$r(B) = r(\widetilde{B}) = r$ であるから，結局 $r(A) = r(\widetilde{A}) = r$ が成立する．逆を対偶の形で示そう．(8.10) が成立たないとき，$r(\widetilde{B}) = r(B) + 1$ が成立つので，$r(\widetilde{A}) = r(A) + 1$ である． □

つぎの命題は，連立一次方程式の問題を線型写像（第 9 章）の観点から幾何学的に考察する際に威力を発揮する（第 9 章 9.5 節の議論を参照せよ）．

命題 8.4 $A = \begin{pmatrix} \widehat{\mathbf{a}}_1 \\ \vdots \\ \widehat{\mathbf{a}}_m \end{pmatrix}$ を A の行ベクトル表示とする．既知項のベクトル $\mathbf{c}$ が可解条件 (8.10) をみたすための必要十分条件は，

$$q_1 \widehat{\mathbf{a}}_1 + \cdots + q_m \widehat{\mathbf{a}}_m = \widehat{\mathbf{0}}_n \implies q_1 c_1 + \cdots + q_m c_m = 0 \tag{8.12}$$

が成立することである．

証明 既知ベクトル $\mathbf{c}$ に対して，連立一次方程式 $A\mathbf{x} = \mathbf{c}$ が解 $\mathbf{x}$ ベクトルを持つとする．

$$\mathbf{c} = A\mathbf{x} = \begin{pmatrix} \widehat{\mathbf{a}}_1 \mathbf{x} \\ \vdots \\ \widehat{\mathbf{a}}_m \mathbf{x} \end{pmatrix}$$

であるので，$q_1 \widehat{\mathbf{a}}_1 + \cdots + q_m \widehat{\mathbf{a}}_m = \widehat{\mathbf{0}}_n$ ならば，

$$q_1 c_1 + \cdots + q_m c_m = (q_1 \widehat{\mathbf{a}}_1 + \cdots + q_m \widehat{\mathbf{a}}_m) \mathbf{x} = 0$$

が成立する．逆に，(8.12) が成立っているとする．拡大係数行列の変形 (8.6) において，列ベクトル $\mathbf{d}$ の各成分は $q_1 c_1 + \cdots + q_m c_m$ という形をしており，行列 $B = \begin{pmatrix} \widehat{\mathbf{b}}_1 \\ \vdots \\ \widehat{\mathbf{b}}_m \end{pmatrix}$（$B$

の行ベクトル表示）の対応する成分は $q_1\hat{\mathbf{a}}_1 + \cdots + q_m\hat{\mathbf{a}}_m$ という形をしている．よって，条件 (8.12) より可解条件 (8.10) が従う． □

つぎの命題は連立一次方程式論において最も基本的なものであろう．

命題 8.5 連立一次方程式 (8.1) において $m=n$ で係数行列 A が正則行列のとき，方程式は唯一つの解

$$\mathbf{x} = A^{-1}\mathbf{c} \tag{8.13}$$

を持つ．

証明 式 (8.3) の両辺に逆行列 A^{-1} を左から乗ずると，

$$A^{-1}(A\mathbf{x}) = E_n\mathbf{x} = \mathbf{x} = A^{-1}\mathbf{c}$$

を得る． □

方程式の右辺がすべて 0 であるとき，すなわち，

$$A\mathbf{x} = \mathbf{0}_m \tag{8.14}$$

の場合，方程式を**斉次**連立一次方程式と呼ぶ．斉次連立一次方程式は常に $\mathbf{x} = \mathbf{0}_n$ という解を持つが（したがって斉次連立一次方程式に対しては可解条件は常にみたされている），これを方程式の**自明な解**と呼ぶ．

命題 8.6 (1) $\mathbf{x}, \mathbf{x}'$ が斉次連立一次方程式 (8.14) の解であるならば，

$$\mathbf{x} + \mathbf{x}', \quad c\mathbf{x} \quad (c \text{ はスカラー})$$

も解である．

(2) $r(A) = r$ であるとき，(8.14) は $n - r$ 個の非自明な解

$$\mathbf{x}_{r+1}, \ldots, \mathbf{x}_n$$

を持ち，任意の解をこれらの線型結合として表すことができる．

(3) $m < n$ であれば（つまり，方程式の個数 < 未知数の個数），(8.14) は少なくとも一つの非自明な解を持つ．

(4) $n = m$ のとき,A が正則行列でないことと,(8.14) が非自明な解を持つこと(つまり,$A\mathbf{x} = \mathbf{0}_n$ をみたす非零 n 項列ベクトル $\mathbf{x}$ が存在する)とは同値である.

証明 (1) $A(\mathbf{x} + \mathbf{x}') = A\mathbf{x} + A\mathbf{x}'$, $A(c\mathbf{x}) = cA\mathbf{x}$ より明らか.

(2) (8.11) において,$\mathbf{d} = \mathbf{0}_m$ とすると,$\mathbf{x}_{r+1}, \ldots, \mathbf{x}_n$ としてつぎのベクトルを取ることができることが分る.

$$\mathbf{x}_{r+1} = \begin{pmatrix} -b_{1,r+1} \\ \vdots \\ -b_{r,r+1} \\ 1 \\ \vdots \\ 0 \end{pmatrix}, \ldots\ldots, \mathbf{x}_n = \begin{pmatrix} -b_{1,n} \\ \vdots \\ -b_{r,n} \\ 0 \\ \vdots \\ 1 \end{pmatrix}$$

(3) $r(A) \leq m < n$ であるから,$n - r(A) > 0$ である.(2) より,非自明な解が存在する.

(4) A が正則でないことと,$r(A) < n$ であることは同値である(第 7 章命題 7.4)ので,(3) から,主張が導かれる. □

最後につぎのことに注意しておく.非斉次連立一次方程式

$$A\mathbf{x} = \mathbf{c}$$

と斉次連立一次方程式

$$A\mathbf{x} = \mathbf{0}_m$$

の関係である.

非斉次連立一次方程式の特解 $\mathbf{x}_0$ を一つ取る.このとき,非斉次連立一次方程式の任意の解は

$$\mathbf{x}_0 + \text{斉次連立一次方程式の解}$$

という形で表すことができる.何故ならば,$\mathbf{x}$ が非斉次連立一次方程式の解ならば,$\mathbf{x} - \mathbf{x}_0$ は斉次連立一次方程式の解となるからである.実際,解の表示 (8.11) はそのような形になっている.

問 8.1 つぎの連立一次方程式を解け．

(1) $\begin{cases} x_1 + x_2 + x_3 = 1 \\ 2x_1 - 3x_2 + 7x_3 = 0 \\ 3x_1 - 2x_2 + 8x_3 = 1 \end{cases}$ (2) $\begin{cases} x_1 + 2x_2 + 3x_3 + 4x_4 = 2 \\ 5x_1 + 6x_2 + 7x_3 + 8x_4 = 2 \\ 9x_1 + 10x_2 + 11x_3 + 12x_4 = 2 \end{cases}$

(3) $\begin{cases} x_1 + 2x_2 - x_3 + x_4 - 2x_5 = 2 \\ 2x_1 + 5x_2 - 3x_3 - x_4 + x_5 = 3 \\ -x_2 + x_3 + 3x_4 - 5x_5 = 1 \end{cases}$

8.2 連立一次方程式と高次元座標空間における幾何学

平面ベクトルの全体 $\mathbf{R}^2$，空間ベクトル $\mathbf{R}^3$ を座標平面，座標空間と見なして，平面や空間における直線，平面を記述する方程式を第 2 章において考察した．

それと同様に，n 項列ベクトルの作るベクトル空間 $\mathbf{R}^n$ を n **次元の座標空間**と見なすことも可能である．この立場に立つとき，連立一次方程式は高次元の座標空間における**部分空間**を記述する方程式であると考えることができる．つまり，連立一次方程式の解の全体（**解空間**）を部分空間という幾何学的対象であると考えるのである．

座標空間 $\mathbf{R}^n$ において，0 次元の部分空間とは点のことである．そして，1 次元の部分空間を**直線**といい，2 次元の部分空間を**平面**という．また，$n-1$ 次元の部分空間を**超平面**という．

以下において 4 次元座標空間 $\mathbf{R}^4$ の幾何学と連立一次方程式の関連を示す諸例を提示しよう．方程式の未知数（$\mathbf{R}^4$ の座標）は x_1, x_2, x_3, x_4 とする．

例 8.2 (1) $$x_1 + x_2 + x_3 + x_4 = 1$$
係数行列は $A = (1,1,1,1)$，拡大係数行列は $\widetilde{A} = (1,1,1,1,1)$．階数は $r(A) = r(\widetilde{A}) = 1$．方程式の解の表示は，例えば

$$\begin{pmatrix} x_1 \\ x_2 \\ x_3 \\ x_4 \end{pmatrix} = \begin{pmatrix} 1 \\ 0 \\ 0 \\ 0 \end{pmatrix} + \alpha_2 \begin{pmatrix} -1 \\ 1 \\ 0 \\ 0 \end{pmatrix} + \alpha_3 \begin{pmatrix} -1 \\ 0 \\ 1 \\ 0 \end{pmatrix} + \alpha_4 \begin{pmatrix} -1 \\ 0 \\ 0 \\ 1 \end{pmatrix} \qquad (8.15)$$

この連立一次方程式で定義される $\mathbf{R}^4$ の集合は，$\mathbf{R}^4$ における**超平面**であり，(8.15) はその超平面のベクトル表示に他ならない．

8.2 連立一次方程式と高次元座標空間における幾何学

(2)
$$x_2 + x_3 + x_4 = 1$$

係数行列は $A = (0, 1, 1, 1)$, 拡大係数行列は $\widetilde{A} = (0, 1, 1, 1, 1)$ である. x_1 と x_2 を交換する基本変形を行うと,

$$\widetilde{A} \longrightarrow \widetilde{B} = (1, 0, 1, 1, 1)$$

となる. よって, 階数は $r(A) = r(\widetilde{A}) = 1$ である. 方程式の解の表示は,

$$\begin{pmatrix} x_1 \\ x_2 \\ x_3 \\ x_4 \end{pmatrix} = \begin{pmatrix} 0 \\ 1 \\ 0 \\ 0 \end{pmatrix} + \alpha_1 \begin{pmatrix} 1 \\ 0 \\ 0 \\ 0 \end{pmatrix} + \alpha_3 \begin{pmatrix} 0 \\ -1 \\ 1 \\ 0 \end{pmatrix} + \alpha_4 \begin{pmatrix} 0 \\ -1 \\ 0 \\ 1 \end{pmatrix} \quad (8.16)$$

(8.15) と (8.16) の違いに注意してほしい.

(3)
$$\begin{cases} x_1 + 2x_2 - 2x_3 + x_4 = c_1 \\ x_1 + x_2 + x_3 - 2x_4 = c_2 \end{cases}$$

係数行列は $A = \begin{pmatrix} 1 & 2 & -2 & 1 \\ 1 & 1 & 1 & -2 \end{pmatrix}$, 拡大係数行列は $\widetilde{A} = \begin{pmatrix} 1 & 2 & -2 & 1 & c_1 \\ 1 & 1 & 1 & -2 & c_2 \end{pmatrix}$. これはつぎのように変形される.

$$\widetilde{A} \longrightarrow \widetilde{B} = \begin{pmatrix} 1 & 0 & 4 & -5 & -c_1 + 2c_2 \\ 0 & 1 & -3 & 3 & c_1 - c_2 \end{pmatrix}$$

よって, $r(A) = r(\widetilde{A}) = 2$ であり, 解の表示は, 例えば

$$\begin{pmatrix} x_1 \\ x_2 \\ x_3 \\ x_4 \end{pmatrix} = \begin{pmatrix} -c_1 + 2c_2 \\ c_1 - c_2 \\ 0 \\ 0 \end{pmatrix} + \alpha_3 \begin{pmatrix} -4 \\ 3 \\ 1 \\ 0 \end{pmatrix} + \alpha_4 \begin{pmatrix} 5 \\ -3 \\ 0 \\ 1 \end{pmatrix} \quad (8.17)$$

この連立一次方程式で定義される $\mathbf{R}^4$ の集合は, 二つの超平面

$$H_1 : x_1 + 2x_2 - 2x_3 + x_4 = c_1$$
$$H_2 : x_1 + x_2 + x_3 - 2x_4 = c_2$$

の交わりであり, それは $\mathbf{R}^4$ における**平面**である. (8.17) はその平面のベクトル表示である. $c_1 = c_2 = 0$ であれば, この平面は原点を通る.

(4) $$\begin{cases} x_1 + 2x_2 - 2x_3 + x_4 = c_1 \\ 2x_1 + 4x_2 - 4x_3 + 2x_4 = c_2 \end{cases}$$

係数行列は $A = \begin{pmatrix} 1 & 2 & -2 & 1 \\ 2 & 4 & -4 & 2 \end{pmatrix}$, 拡大係数行列は $\widetilde{A} = \begin{pmatrix} 1 & 2 & -2 & 1 & c_1 \\ 2 & 4 & -4 & 2 & c_2 \end{pmatrix}$. これはつぎのように変形される（第2行目から1行の2倍を引く）.

$$\widetilde{A} \longrightarrow \widetilde{B} = \begin{pmatrix} 1 & 2 & -2 & 1 & c_1 \\ 0 & 0 & 0 & 0 & c_2 - 2c_1 \end{pmatrix}$$

したがって，方程式の可解条件は $c_2 - 2c_1 = 0$ であり，これが成立するときに限って，$r(A) = r(\widetilde{A}) = 1$ が成立する．このとき解の表示は，例えば

$$\begin{pmatrix} x_1 \\ x_2 \\ x_3 \\ x_4 \end{pmatrix} = \begin{pmatrix} c_1 \\ 0 \\ 0 \\ 0 \end{pmatrix} + \alpha_2 \begin{pmatrix} -2 \\ 1 \\ 0 \\ 0 \end{pmatrix} + \alpha_3 \begin{pmatrix} 2 \\ 0 \\ 1 \\ 0 \end{pmatrix} + \alpha_4 \begin{pmatrix} -1 \\ 0 \\ 0 \\ 1 \end{pmatrix} \qquad (8.18)$$

$c_1 = c_2 = 0$ であるとき，方程式が定める超平面は原点を通る．

(5) $$\begin{cases} x_1 + 2x_2 - 2x_3 + x_4 = c_1 \\ x_1 + x_2 + x_3 - 2x_4 = c_2 \\ x_1 + + 4x_3 - 5x_4 = c_3 \end{cases}$$

係数行列は $A = \begin{pmatrix} 1 & 2 & -2 & 1 \\ 1 & 1 & 1 & -2 \\ 1 & 0 & 4 & -5 \end{pmatrix}$, 拡大係数行列は $\widetilde{A} = \begin{pmatrix} 1 & 2 & -2 & 1 & c_1 \\ 1 & 1 & 1 & -2 & c_2 \\ 1 & 0 & 4 & -5 & c_3 \end{pmatrix}$. これはつぎのように変形される．

$$\widetilde{A} \longrightarrow \widetilde{B} = \begin{pmatrix} 1 & 0 & 4 & -5 & -c_1 + 2c_2 \\ 0 & 1 & -3 & 3 & c_1 - c_2 \\ 0 & 0 & 0 & 0 & c_1 - 2c_2 + c_3 \end{pmatrix}$$

方程式の可解条件は，$c_1 - 2c_2 + c_3 = 0$ であり，これが成立するときに限って，$r(A) = r(\widetilde{A}) = 2$ である．$c_1 - 2c_2 + c_3 \neq 0$ であるときは，$r(A) = 2$, $r(\widetilde{A}) = 3$. 可解条件がみたされるとき，解の表示は例 8.2(3) と同じである．

(6) $$\begin{cases} x_1 + 2x_2 + x_3 - x_4 = c_1 \\ x_1 + x_2 + x_3 - 2x_4 = c_2 \\ x_1 + x_2 + 3x_3 - 3x_4 = c_3 \end{cases}$$

8.2 連立一次方程式と高次元座標空間における幾何学

係数行列は $A = \begin{pmatrix} 1 & 2 & 1 & -1 \\ 1 & 1 & 1 & -2 \\ 1 & 1 & 3 & -3 \end{pmatrix}$, 拡大係数行列は $\widetilde{A} = \begin{pmatrix} 1 & 2 & 1 & -1 & c_1 \\ 1 & 1 & 1 & -2 & c_2 \\ 1 & 1 & 3 & -3 & c_3 \end{pmatrix}$. これはつぎのように変形される ($x_3$ と x_4 を交換する).

$$\widetilde{A} \longrightarrow \widetilde{B} = \begin{pmatrix} 1 & 0 & 0 & -5 & -c_1 + 5c_2 - 3c_3 \\ 0 & 1 & 0 & 2 & c_1 - 2c_2 + c_3 \\ 0 & 0 & 1 & -2 & c_2 - c_3 \end{pmatrix}$$

したがって, $r(A) = r(\widetilde{A}) = 3$ である. 解の表示は, 例えば

$$\begin{pmatrix} x_1 \\ x_2 \\ x_3 \\ x_4 \end{pmatrix} = \begin{pmatrix} -c_1 + 5c_2 - 3c_3 \\ c_1 - 2c_2 + c_3 \\ 0 \\ c_2 - c_3 \end{pmatrix} + \alpha_3 \begin{pmatrix} 5 \\ -2 \\ 1 \\ 2 \end{pmatrix} \tag{8.19}$$

この連立一次方程式で定義される $\mathbf{R}^4$ の集合は, 三つの超平面

$$H_1 : x_1 + 2x_2 + x_3 - x_4 = c_1$$
$$H_2 : x_1 + x_2 + x_3 - 2x_4 = c_2$$
$$H_3 : x_1 + x_2 + 3x_3 - 3x_4 = c_3$$

の交わりであり, それは $\mathbf{R}^4$ における**直線**である. (8.19) はその直線のベクトル表示である. $d_1 = -c_1 + 5c_2 - 3c_3$, $d_2 = c_1 - 2c_2 + c_3$, $d_3 = 0$, $d_4 = c_2 - c_3$ とおくと, (8.19) は

$$\frac{x_1 - d_1}{5} = \frac{x_2 - d_2}{-2} = \frac{x_3 - d_3}{1} = \frac{x_4 - d_4}{2}$$

が成立することと同値である. $c_1 = c_2 = c_3 = 0$ であれば, この直線は原点を通る.

(7)
$$\begin{cases} x_1 + 2x_2 - x_4 = c_1 \\ 3x_1 + 5x_2 - x_3 - 2x_4 = c_2 \\ x_1 + 3x_2 + 2x_3 - 2x_4 = c_3 \\ 2x_2 + x_3 - x_4 = c_4 \end{cases}$$

係数行列は $A = \begin{pmatrix} 1 & 2 & 0 & -1 \\ 3 & 5 & -1 & -2 \\ 1 & 3 & 2 & -2 \\ 0 & 2 & 1 & -1 \end{pmatrix}$, 拡大係数行列は $\widetilde{A} = \begin{pmatrix} 1 & 2 & 0 & -1 & c_1 \\ 3 & 5 & -1 & -2 & c_2 \\ 1 & 3 & 2 & -2 & c_3 \\ 0 & 2 & 1 & -1 & c_4 \end{pmatrix}$.

この係数行列は正則であり, その逆行列は

$$A^{-1} = \begin{pmatrix} -3 & 1 & 1 & -1 \\ -3 & 1 & 0 & 1 \\ -4 & 1 & 1 & 0 \\ -10 & 3 & 1 & 1 \end{pmatrix}$$

である．この方程式の解は唯一つであり，それは

$$\mathbf{p} = A^{-1}\mathbf{c} = \begin{pmatrix} -3c_1 + c_2 + c_3 - c_4 \\ -3c_1 + c_2 + c_4 \\ -4c_1 + c_2 + c_3 + c_4 \\ -10c_1 + 3c_2 + c_3 + c_4 \end{pmatrix} \tag{8.20}$$

で与えられる．つまり，四つの超平面

$$\begin{aligned} H_1 &: x_1 + 2x_2 - x_4 = c_1 \\ H_2 &: 3x_1 + 5x_2 - x_3 - 2x_4 = c_2 \\ H_3 &: x_1 + 3x_2 + 2x_3 - 2x_4 = c_3 \\ H_4 &: 2x_2 + x_3 - x_4 = c_4 \end{aligned}$$

の共通部分 $H_1 \cap H_2 \cap H_3 \cap H_4$ は (8.20) で与えられる一点である．$c_1 = c_2 = c_3 = c_4 = 0$ ならば，この点は原点になる．

問 8.2 つぎの連立一次方程式の可解条件と，可解条件のもとでの解の表示を求めよ．

(1) $\begin{cases} x_1 + 2x_2 - x_4 = c_1 \\ 2x_1 + 4x_2 + x_3 - 2x_4 = c_2 \\ 3x_1 + 6x_2 - 3x_4 = c_3 \\ 4x_1 + 8x_2 + x_3 - 4x_4 = c_4 \end{cases}$ (2) $\begin{cases} x_1 + 2x_2 - x_4 = c_1 \\ 3x_1 + 5x_2 - x_3 - 2x_4 = c_2 \\ 2x_1 + 4x_2 - 2x_4 = c_3 \\ 6x_1 + 10x_2 - 2x_3 - 4x_4 = c_4 \end{cases}$

(3) $\begin{cases} x_1 + 2x_2 - x_4 = c_1 \\ 3x_1 + 5x_2 - x_3 - 2x_4 = c_2 \\ x_1 + 3x_2 + 2x_3 - 2x_4 = c_3 \\ 2x_1 + 4x_2 - 2x_4 = c_4 \end{cases}$

8.3 連立一次方程式と行列式

命題 8.5 において，A が正則行列のとき連立一次方程式

$$A\mathbf{x} = \mathbf{c}$$

は唯一の解 $\mathbf{x} = A^{-1}\mathbf{c}$ を持つことを見た．その解の具体的な表示はつぎの命題で与えられる．

命題 8.7 (クラメールの公式) $A = (a_{ij})_{1 \leq i,j \leq n}$ は正則行列とする．連立一次方程式

$$A\mathbf{x} = \mathbf{c}, \quad \mathbf{c} = \begin{pmatrix} c_1 \\ \vdots \\ c_n \end{pmatrix}, \quad \mathbf{x} = \begin{pmatrix} x_1 \\ \vdots \\ x_n \end{pmatrix}$$

の解はつぎの式により与えられる．

$$x_j = \frac{\det A_j}{\det A}, \qquad A_j = \begin{pmatrix} a_{11} & \cdots & c_1 & \cdots & a_{1n} \\ \vdots & & \vdots & & \vdots \\ a_{n1} & \cdots & c_n & \cdots & a_{nn} \end{pmatrix} \overset{j}{} \tag{8.21}$$

証明 $\mathbf{x} = A^{-1}\mathbf{c}$ であるから，第 6 章命題 6.11 より，

$$x_j = \frac{1}{\det A} \sum_{i=1}^{n} \widetilde{a}_{ij} c_i$$

となることが分るが（$\widetilde{a}_{ij}$ は A の第 (i,j) 余因子），上における和の部分は $\det A_j$ の第 j 列に関する展開そのものである． □

演習問題

問 8.3 平面上の n 個の点 (x_i, y_i)，$i = 1, \ldots, n$ の x 座標がすべて異なるとき，

$$y = a_0 + a_1 x + \cdots + a_{n-1} x^{n-1}$$

の形の $(n-1)$ 次曲線で，これらの n 個の点を通るものがちょうど一本存在することを示せ．

問 8.4 二直線

$$\frac{x - a_1}{l_1} = \frac{y - b_1}{m_1} = \frac{z - c_1}{n_1}$$
$$\frac{x - a_2}{l_2} = \frac{y - b_2}{m_2} = \frac{z - c_2}{n_2}$$

が交わるか，または平行であるための（同一直線の場合も含む）必要十分条件が，

$$\begin{vmatrix} a_1 - a_2 & b_1 - b_2 & c_1 - c_2 \\ l_1 & m_1 & n_1 \\ l_2 & m_2 & n_2 \end{vmatrix} = 0$$

であるということを示せ.

問 8.5 n 次行列 $A = (a_{ij})_{1 \leq i,j \leq n}$ の第 (i,j) 余因子を $\widetilde{a}_{ij}$ として，A の余因子行列を $\widetilde{A}$ とする．すなわち，

$$\widetilde{A} = \begin{pmatrix} \widetilde{a}_{11} & \widetilde{a}_{21} & \cdots & \widetilde{a}_{n1} \\ \widetilde{a}_{12} & \widetilde{a}_{22} & \cdots & \widetilde{a}_{n2} \\ \vdots & & & \vdots \\ \widetilde{a}_{1n} & \widetilde{a}_{2n} & \cdots & \widetilde{a}_{nn} \end{pmatrix}$$

である．以下の問に答えよ．

(1) $\det \widetilde{A} = (\det A)^{n-1}$ であることを示せ．

(2) $\det A = 0$ であるとき，$A\widetilde{A} = \widetilde{A}A = O$ であることを示せ．

(3) $r(A) \leq n - 2$ であるとき，$\widetilde{A} = O$ であることを示せ．

(4) $r(A) = n - 1$ のとき，$r(\widetilde{A}) = 1$ であることを示せ．

(**ヒント**：(4) についてであるが，$r(A) = n - 1$ のとき，(3) の結論から，ある余因子 $\widetilde{a}_{ik}$ が 0 でない．そこで，つぎの斉次連立一次方程式を考察する．

$$\text{(a)} \begin{cases} a_{11}x_1 + a_{12}x_2 + \cdots + a_{1n}x_n = 0 & (1) \\ \vdots \quad \vdots \quad \vdots \\ a_{i1}x_1 + a_{i2}x_2 + \cdots + a_{in}x_n = 0 & (i) \\ \vdots \quad \vdots \\ a_{n1}x_1 + a_{n2}x_2 + \cdots + a_{nn}x_n = 0 & (n) \end{cases}$$

この方程式の第 $j\ (\neq i)$ 行目に $\widetilde{a}_{jk}$ を乗じて，$j = 1, \ldots, i-1, i+1, \ldots, n$ について足し合わせて，$\det A = 0$ に注意すると，$\sum_{j \neq i} a_{jl}\widetilde{a}_{jk} = -a_{il}\widetilde{a}_{ik}$ であるから，これより，

$$-a_{i1}\widetilde{a}_{ik}x_1 - a_{i2}\widetilde{a}_{ik}x_2 - \cdots - a_{in}\widetilde{a}_{ik}x_n = 0$$

したがって，$a_{i1}x_1 + a_{i2}x_2 + \cdots + a_{in}x_n = 0$ を得る．これは (a) の第 (i) 式である．ゆえに (a) から (i) を取り去った

(b) $\begin{cases} a_{11}x_1+ \cdots + a_{1,k-1}x_{k-1} + a_{1,k+1}x_{k+1} + \cdots + a_{1n}x_n = -a_{1k}x_k \\ \quad\vdots \qquad\qquad\qquad\qquad\qquad\qquad\qquad\qquad\qquad\quad \vdots \\ a_{n1}x_1+ \cdots + a_{n,k-1}x_{k-1} + a_{n,k+1}x_{k+1} + \cdots + a_{nn}x_n = -a_{nk}x_k \end{cases}$

という方程式は (a) と同値な方程式である．この方程式の解について考察せよ）

第9章

ベクトル空間と線型写像

9.1 ベクトル空間の定義

$\mathbf{K}$ を $\mathbf{R}$ または $\mathbf{C}$ とする. $\mathbf{K}$ をスカラーとするベクトル空間 ($\mathbf{K}$ 上のベクトル空間, という) をつぎのように定義する.

定義 9.1 集合 V において, 任意の二つの元 $\mathbf{u}, \mathbf{v} \in V$ に対して, **和** $\mathbf{u} + \mathbf{v}$ と**スカラー倍** $a\mathbf{v}$ ($a \in \mathbf{K}$) が定義されていて, つぎの (1)〜(8) をみたすとき, V を $\mathbf{K}$ **上のベクトル空間**といい, その元を**ベクトル**という.

(1) $(\mathbf{u} + \mathbf{v}) + \mathbf{w} = \mathbf{u} + (\mathbf{v} + \mathbf{w})$ (和の結合法則)

(2) $\mathbf{u} + \mathbf{v} = \mathbf{v} + \mathbf{u}$ (和の交換法則)

(3) 任意のベクトル $\mathbf{v} \in V$ に対して, $\mathbf{v} + \mathbf{0} = \mathbf{0} + \mathbf{v} = \mathbf{v}$ をみたすベクトル $\mathbf{0} \in V$ が存在する. これを V の**零ベクトル**と呼ぶ.

(4) 任意のベクトル $\mathbf{v} \in V$ に対して, 性質 $\mathbf{v} + \mathbf{w} = \mathbf{w} + \mathbf{v} = \mathbf{0}$ をみたすベクトル $\mathbf{w}$ が存在する. このベクトルを $-\mathbf{v}$ と記し, $\mathbf{v}$ の**逆ベクトル**と呼ぶ. ベクトルの差 $\mathbf{u} - \mathbf{v}$ を
$$\mathbf{u} - \mathbf{v} = \mathbf{u} + (-\mathbf{v})$$
により定義する.

(5) スカラー $a, b \in \mathbf{K}$, ベクトル $\mathbf{v} \in V$ に対して, $(a + b)\mathbf{v} = a\mathbf{v} + b\mathbf{v}$ が成立する. (スカラー倍の分配法則)

(6) スカラー $a \in \mathbf{K}$, ベクトル $\mathbf{u}, \mathbf{v} \in V$ に対して, $a(\mathbf{u} + \mathbf{v}) = a\mathbf{u} + a\mathbf{v}$ が成立する. (和の分配法則)

(7) スカラー $a, b \in \mathbf{K}$, ベクトル $\mathbf{v} \in V$ に対して, $(ab)\mathbf{v} = a(b\mathbf{v})$ が成立する. (スカラー倍の結合法則)

(8) $1\mathbf{v} = \mathbf{v}$　（1 倍の正規化）

$\mathbf{K} = \mathbf{R}$ のとき V を**実ベクトル空間**，$\mathbf{K} = \mathbf{C}$ のときは**複素ベクトル空間**という．

例 9.1　m 行 n 列の行列の集合 $M_{mn}(\mathbf{K})$ は $\mathbf{K}$ 上のベクトル空間である．とくに，n 項列ベクトルの集合 $\mathbf{K}^n$，n 項行ベクトルの集合 $\widehat{\mathbf{K}^n}$ は $\mathbf{K}$ 上のベクトル空間である．

命題 9.1　V を $\mathbf{K}$ 上のベクトル空間とする．

(1) V の零ベクトルは唯一つである．

(2) 任意のベクトル $\mathbf{v} \in V$ に対して，その逆ベクトルは唯一つである．

(3) $0\mathbf{v} = \mathbf{0}$ がすべてのベクトル $\mathbf{v} \in V$ に対して成立する．

(4) $(-1)\mathbf{v} = -\mathbf{v}$ がすべてのベクトル $\mathbf{v} \in V$ に対して成立する．

(5) n を自然数とするとき，$n\mathbf{v} = \underbrace{\mathbf{v} + \cdots + \mathbf{v}}_{n}$ が成立する．ただし，$\underbrace{\mathbf{v} + \cdots + \mathbf{v}}_{n}$ は和の結合法則を用いて，$\underbrace{\mathbf{v} + \cdots + \mathbf{v}}_{n} = (\underbrace{\mathbf{v} + \cdots + \mathbf{v}}_{n-1}) + \mathbf{v}$ として定義される．

(6) スカラー $a \in \mathbf{K}$ は零でなく，また，$a\mathbf{v} = \mathbf{0}$ とするとき，$\mathbf{v} = \mathbf{0}$ である．

証明　(1) $\mathbf{0}, \mathbf{0}'$ を V の零ベクトルとすると，零ベクトルの性質から，$\mathbf{0}' = \mathbf{0}' + \mathbf{0} = \mathbf{0}$ が成り立つ．(2) $\mathbf{v} \in V$ に対して，$\mathbf{w}, \mathbf{w}'$ をその逆ベクトルとすると，$\mathbf{w}' = \mathbf{w}' + \mathbf{0} = \mathbf{w}' + (\mathbf{v} + \mathbf{w}) = (\mathbf{w}' + \mathbf{v}) + \mathbf{w} = \mathbf{0} + \mathbf{w} = \mathbf{w}$ が成立つ．(3) ~ (6) については問題とする． □

問 9.1　命題 9.1 の (3) ~ (6) を示せ．

定義 9.2　V を $\mathbf{K}$ 上のベクトル空間とする．V の部分集合 W が，V における和とスカラー倍について閉じている，すなわち，

(1) $\mathbf{v}, \mathbf{w} \in W$ に対して，$\mathbf{v} + \mathbf{w} \in W$．

(2) $\mathbf{v} \in W, a \in \mathbf{K}$ に対して，$a\mathbf{v} \in W$．

が成立するとき，W を V の**ベクトル部分空間**（あるいは，単に**部分空間**）と呼ぶ．

9.1 ベクトル空間の定義

ベクトル部分空間は，それ自身，ベクトル空間でもある．また，全空間 V，零ベクトルだけからなる部分集合 $\{\mathbf{0}\}$（零ベクトル空間と呼ぶことにする）は V のベクトル部分空間である．

例 9.2 $x_1,\ldots,x_n$ を未知数とする斉次連立一次方程式

$$\begin{cases} a_{11}x_1 + a_{12}x_2 + \cdots + a_{1n}x_n = 0 \\ \vdots \qquad \vdots \qquad \qquad \vdots \qquad \vdots \\ a_{m1}x_1 + a_{m2}x_2 + \cdots + a_{mn}x_n = 0 \end{cases} \tag{9.1}$$

の解空間を W とする．係数行列を A とすれば，

$$W = \left\{ \mathbf{x} = \begin{pmatrix} x_1 \\ \vdots \\ x_n \end{pmatrix} \in \mathbf{K}^n \,\middle|\, A\mathbf{x} = \mathbf{0}_m \right\} \tag{9.2}$$

と表すことができる．これは $V = \mathbf{K}^n$ の部分集合であり，その和とスカラー倍について閉じている（第 8 章 命題 8.6）．よって，W は V のベクトル部分空間である．

例 9.3 ベクトル空間の重要な例として関数の作る**関数空間**がある．実軸上で定義されている実数値連続関数の全体を V とする．$f, g \in V$，スカラー $a \in \mathbf{R}$ に対して，

$$(f+g)(x) = f(x) + g(x), \qquad (af)(x) = af(x) \quad (x \in [0,1])$$

により関数の和とスカラー倍を定義する．連続関数の和，連続関数のスカラー倍は再び連続関数であるので，$f+g \in V$, $af \in V$ である．すなわち，V において和とスカラー倍が定義される．また，$\mathbf{0} \in V$ を恒等的に 0 という値を取る関数

$$\mathbf{0}(x) = 0$$

と定義すると，これが V の零ベクトルである．また，$f \in V$ に対して，

$$(-f)(x) = -f(x)$$

とすると，これが f の逆ベクトルである．以上により V が実ベクトル空間になることは明らか．実軸上で定義された何回でも微分可能な実数値関数（C^∞ 級関数）の全体を W, U を多項式関数の全体とすると，W, U は明らかに V のベクトル部分空間であり，$U \subset W \subset V$ という包含関係をみたす．

9.2 線型写像の定義と基本的な性質

定義 9.3 V, W を $\mathbf{K}$ 上のベクトル空間,$T : V \longrightarrow W$ を写像とする.任意の $\mathbf{u}$, $\mathbf{v} \in V$ 任意のスカラー $a \in \mathbf{K}$ に対して

$$T(\mathbf{u} + \mathbf{v}) = T(\mathbf{u}) + T(\mathbf{v}) \qquad T(a\mathbf{v}) = aT(\mathbf{v}) \tag{9.3}$$

が成立するとき,T を**線型写像**と呼ぶ.線型写像 $T : V \longrightarrow W$ に対して,

$$\operatorname{Ker} T = \{\mathbf{v} \in V \,|\, T(\mathbf{v}) = \mathbf{0}_W\} \tag{9.4}$$

($\mathbf{0}_W$ は W の零ベクトルを表す)を線型写像 T の**核**と呼ぶ.これは $\mathbf{0}_W$ の T に関する原像であるといってもよい.

$$\operatorname{Ker} T = T^{-1}(\mathbf{0}_W) \tag{9.5}$$

ベクトル空間 V に対して,V の恒等写像

$$\operatorname{id}_V : V \longrightarrow V, \quad \operatorname{id}_V(\mathbf{v}) = \mathbf{v} \quad (\mathbf{v} \in V) \tag{9.6}$$

は線型写像である.また,ベクトル空間 V, W に対して**零写像**

$$O_{V,W} : V \longrightarrow W, \quad O_{V,W}(\mathbf{v}) = \mathbf{0}_W \quad (\mathbf{v} \in V) \tag{9.7}$$

も線型写像である.$V = W$ のときは,$O_{V,W}$ を O_V と記すことにする.すなわち,

$$O_V : V \longrightarrow V, \quad O_V(\mathbf{v}) = \mathbf{0}_V \quad (\mathbf{v} \in V) \tag{9.8}$$

である.これを V の**零変換**と呼ぶことにする.

命題 9.2 V, W を $\mathbf{K}$ 上のベクトル空間,$T : V \longrightarrow W$ を線型写像とする.

(1) $\mathbf{0}_V$, $\mathbf{0}_W$ などはそれぞれのベクトル空間の零ベクトルを表すとする.このとき,$T(\mathbf{0}_V) = \mathbf{0}_W$ が成立つ.

(2) V の T による像 $T(V)$ は W のベクトル部分空間である.

(3) T が全射であるための必要十分条件は,$T(V) = W$ となることである.

(4) T の核 $\operatorname{Ker} T$ は V のベクトル部分空間である．

(5) T が単射であるための必要十分条件は，$\operatorname{Ker} T = \{\mathbf{0}_V\}$ となることである．

証明 (1) $\mathbf{0}_V = \mathbf{0}_V + \mathbf{0}_V$ であるから，$T(\mathbf{0}_V) = T(\mathbf{0}_V) + T(\mathbf{0}_V)$ である．よって，$T(\mathbf{0}_V) = \mathbf{0}_W$ を得る．

(2) $\mathbf{w}_1, \mathbf{w}_2 \in T(V)$ とすると，$\mathbf{v}_1, \mathbf{v}_2 \in V$ が存在して，$\mathbf{w}_i = T(\mathbf{v}_i)$ $(i = 1, 2)$ となる．よって，$\mathbf{w}_1 + \mathbf{w}_2 = T(\mathbf{v}_1 + \mathbf{v}_2) \in T(V)$ である．$\mathbf{w} \in T(V)$ に対して，$\mathbf{v} \in V$ が存在して，$\mathbf{w} = T(\mathbf{v})$ となる．よって，スカラー $a \in \mathbf{K}$ に対して，$a\mathbf{w} = T(a\mathbf{v}) \in T(V)$ である．以上で，$T(V)$ が W のベクトル部分空間であることが証明された．

(3) 全射の定義から明らかである．

(4) $\mathbf{v}_1, \mathbf{v}_2 \in \operatorname{Ker} T$ とすると，$T(\mathbf{v}_i) = \mathbf{0}_W$ $(i = 1, 2)$ であるから，$T(\mathbf{v}_1 + \mathbf{v}_2) = T(\mathbf{v}_1) + T(\mathbf{v}_2) = \mathbf{0}_W + \mathbf{0}_W = \mathbf{0}_W$．よって，$\mathbf{v}_1 + \mathbf{v}_2 \in \operatorname{Ker} T$ である．また，$\mathbf{v} \in \operatorname{Ker} T$ とスカラー $a \in \mathbf{K}$ に対して，$T(a\mathbf{v}) = aT(\mathbf{v}) = a\mathbf{0}_W = \mathbf{0}_W$ である．よって，$a\mathbf{v} \in \operatorname{Ker} T$ である．以上で，$\operatorname{Ker} T$ が V のベクトル部分空間であることが証明された．

(5) T を単射とする．$\mathbf{v} \in \operatorname{Ker} T$ に対して，$T(\mathbf{v}) = T(\mathbf{0}_V) = \mathbf{0}_W$ であるから，$\mathbf{v} = \mathbf{0}_V$ でなければならない．よって，$\operatorname{Ker} T = \{\mathbf{0}_V\}$ である．逆に，$\operatorname{Ker} T = \{\mathbf{0}_V\}$ とする．$T(\mathbf{v}_1) = T(\mathbf{v}_2)$ とするとき，$T(\mathbf{v}_1 - \mathbf{v}_2) = \mathbf{0}_W$ なので，$\mathbf{v}_1 - \mathbf{v}_2 \in \operatorname{Ker} T$ である．よって，$\mathbf{v}_1 = \mathbf{v}_2$ となるので，T は単射である． □

定義 9.4 V, W を $\mathbf{K}$ 上のベクトル空間，$T, S : V \longrightarrow W$ を線型写像，$a \in \mathbf{K}$ をスカラーとする．このとき $T + S : V \longrightarrow W$，および $aT : V \longrightarrow W$ をつぎのように定義する．

$$(T + S)(\mathbf{v}) = T(\mathbf{v}) + S(\mathbf{v}), \quad (aT)(\mathbf{v}) = aT(\mathbf{v}) \quad (\mathbf{v} \in V) \tag{9.9}$$

これを，それぞれ，**線型写像の和**，**線型写像のスカラー倍**という．

命題 9.3 V, W を $\mathbf{K}$ 上のベクトル空間，$T, S : V \longrightarrow W$ を線型写像とする．つぎが成立つ．

(1) $T + S, aT$ は V から W への線型写像である．

(2) V から W への線型写像の全体は，上で定義した線型写像の和とスカラー倍に関して，$\mathbf{K}$ 上のベクトル空間になる．このベクトル空間の零ベクトルは零写像 $O_{V,W}$ である．

問 9.2 命題 9.3 を証明せよ．

命題 9.4 U, V, W を $\mathbf{K}$ 上のベクトル空間とする．二つの線型写像 $S: U \longrightarrow V$, $T: V \longrightarrow W$ の合成 $T \circ S: U \longrightarrow W$ は線型写像である．

証明 $\mathbf{u}$, $\mathbf{u}' \in U$, $a \in \mathbf{K}$ とする．

$$\begin{aligned}(T \circ S)(\mathbf{u} + \mathbf{u}') &= T\bigl(S(\mathbf{u} + \mathbf{u}')\bigr) = T\bigl(S(\mathbf{u}) + S(\mathbf{u}')\bigr) \\ &= T\bigl(S(\mathbf{u})\bigr) + T\bigl(S(\mathbf{u}')\bigr) \\ &= (T \circ S)(\mathbf{u}) + (T \circ S)(\mathbf{u}')\end{aligned}$$

同様に，

$$\begin{aligned}(T \circ S)(a\mathbf{u}) &= T\bigl(S(a\mathbf{u})\bigr) = T\bigl(aS(\mathbf{u})\bigr) \\ &= aT\bigl(S(\mathbf{u})\bigr) = a(T \circ S)(\mathbf{u})\end{aligned}$$

よって，$T \circ S$ は線型写像である． □

定義 9.5 V, W をベクトル空間とする．線型写像 $T: V \longrightarrow W$ が全単射であるとき，T を**線型同型写像**と呼ぶ．また，このとき，V と W は**線型同型**であるという．

命題 9.5 V, W をベクトル空間，$T: V \longrightarrow W$ を線型同型写像とする．このとき，逆写像 $T^{-1}: W \longrightarrow V$ は線型同型写像である．また，$S: U \longrightarrow V$ がベクトル空間の線型同型写像であるとき，合成 $T \circ S: U \longrightarrow W$ は線型同型写像である．

証明 T は全単射であるから，逆写像 $T^{-1}: W \longrightarrow V$ が存在し，T^{-1} も全単射である．$\mathbf{w}$, $\mathbf{w}' \in W$ に対して，$\mathbf{v} = T^{-1}(\mathbf{w})$, $\mathbf{v}' = T^{-1}(\mathbf{w}')$ とおく．このとき $\mathbf{w} = T(\mathbf{v})$, $\mathbf{w}' = T(\mathbf{v}')$ であり，T が線型写像であることから，$\mathbf{w} + \mathbf{w}' = T(\mathbf{v}) + T(\mathbf{v}') = T(\mathbf{v} + \mathbf{v}')$ が成立つ．よって，$T^{-1}(\mathbf{w} + \mathbf{w}') = \mathbf{v} + \mathbf{v}' = T^{-1}(\mathbf{w}) + T^{-1}(\mathbf{w}')$ が成立つ．同様に，$T^{-1}(a\mathbf{w}) = aT^{-1}(\mathbf{w})$ を示すことができる（各自，証明を試みよ）．以上で，$T^{-1}: W \longrightarrow V$ は線型写像であり，かつ，全単射である，すなわち，線型同型写像である．

また，$S: U \longrightarrow V$ も線型同型写像のとき，合成 $T \circ S: U \longrightarrow W$ は線型写像であり，かつ，全単射と全単射の合成は全単射であるので，$T \circ S$ は線型同型写像である． □

例 9.4 実軸上で定義された C^∞ 級関数の全体の作るベクトル空間を W とする．$f \in W$ に対して，$D(f)$ を

$$D(f)(x) = f'(x)$$

と定義する．ここで，f' は f の導関数である．f' も C^∞ 級であるから D は W から W への写像 $D: W \longrightarrow W$ である．しかも，

$$(f+g)'(x) = f'(x) + g'(x), \qquad (af)'(x) = af'(x)$$

（ここで a は実定数）であるから，D は線型写像である．$a_0, a_1, \ldots, a_n$ を実定数として，D の一般化に相当する写像

$$P: W \longrightarrow W, \quad P(f)(x) = a_0 f^{(n)}(x) + a_1 f^{(n-1)}(x) + \cdots + a_{n-1} f'(x) + a_n f(x)$$

（$f^{(k)}(x)$ は f の k 階の導関数）も線型写像である．これを n 階の**線型微分作用素**という．そして，$f \in V$ を**未知関数**とする方程式

$$P(f) = a_0 f^{(n)} + a_1 f^{(n-1)} + \cdots + a_{n-1} f' + a_n f = 0$$

を n 階の**線型常微分方程式**という．この微分方程式の解の全体（＝解空間）は，$\operatorname{Ker} P$ に他ならない．

例 9.5 写像 $T: M_{mn}(\mathbf{K}) \longrightarrow \mathbf{K}^{mn}$ を

$$T(X) = \begin{pmatrix} x_{11} \\ \vdots \\ x_{1n} \\ \vdots \\ x_{m1} \\ \vdots \\ x_{mn} \end{pmatrix} \in \mathbf{K}^{mn}, \qquad (X \in M_{mn}(\mathbf{K}))$$

により定義する．これは，明らかに線型写像であり，全単射であることも明らか．つまり，T は線型同型写像であり，$M_{mn}(\mathbf{K})$ と $\mathbf{K}^{mn}$ は線型同型である．

9.3 ベクトル空間の基底

定義 9.6 V を $\mathbf{K}$ 上のベクトル空間とする．$\mathbf{v}_1, \ldots, \mathbf{v}_k \in V$ が**線型独立**であるとは，

$$a_1\mathbf{v}_1 + \cdots + a_k\mathbf{v}_k = \mathbf{0} \quad (a_1,\ldots,a_k \in \mathbf{K}) \tag{9.10}$$

が成立するのが

$$a_1 = \cdots = a_k = 0$$

のときに限ることである.

　式 (9.10) の右辺を $\mathbf{v}_1,\ldots,\mathbf{v}_k$ の間に成立つ**線型関係式**という. つまり, $\mathbf{v}_1,\ldots,\mathbf{v}_k$ が線型独立であるとは, それらの間に成立つ線型関係式が自明なものに限ることに他ならない.

定義 9.7 $\mathbf{v}_1,\ldots,\mathbf{v}_k \in V$ が**線型従属**であるとは, 線型独立でないことである. したがって, それらの間に非自明な線型関係式 ((9.10) における係数 a_j に 0 でないものがあること) が存在することである.

　$\mathbf{v}_1,\ldots,\mathbf{v}_k \in V$ が線型従属であるとき, これらの中のいずれかのベクトルが残りのベクトルの線型結合として表すことができる. つまり, ある $\mathbf{v}_j$ を

$$\mathbf{v}_j = c_1\mathbf{v}_1 + \cdots + c_{j-1}\mathbf{v}_{j-1} + c_{j+1}\mathbf{v}_{j+1} + \cdots + c_k\mathbf{v}_k$$

と書くことができる.

命題 9.6 V, W を $\mathbf{K}$ 上のベクトル空間とする.

(1) $\mathbf{v}_1,\ldots,\mathbf{v}_k \in V$ が線型独立であるとき, これらのベクトルの中に零ベクトルは存在しない.

(2) $\mathbf{v}_1,\ldots,\mathbf{v}_k \in V$ が線型独立であるとき, $\mathbf{v}_1,\ldots,\mathbf{v}_k$ の線型結合の表し方は唯一通りである. つまり,

$$a_1\mathbf{v}_1 + \cdots + a_k\mathbf{v}_k = a'_1\mathbf{v}_1 + \cdots + a'_k\mathbf{v}_k$$

であるとすると,

$$a_1 = a'_1,\ldots,a_k = a'_k$$

でなければならない.

(3) $\mathbf{v}_1,\ldots,\mathbf{v}_k \in V$ が線型独立であり, かつ, ベクトル $\mathbf{u} \in V$ がこれらの線型結合で表すことができないならば, $\mathbf{v}_1,\ldots,\mathbf{v}_k, \mathbf{u} \in V$ も線型独立である.

(4) V のベクトル $\mathbf{v}_1,\ldots,\mathbf{v}_k$ は線型独立であるとする．線型写像 $T: V \longrightarrow W$ が単射であれば，W において $T(\mathbf{v}_1),\ldots,T(\mathbf{v}_k)$ は線型独立である．

証明 (1) 例えば，$\mathbf{v}_1 = \mathbf{0}$ とすれば，$1\mathbf{v}_1 + 0\mathbf{v}_2 + \cdots + 0\mathbf{v}_k = \mathbf{0}$ は非自明な線型関係式である．

(2) $(a_1 - a_1')\mathbf{v}_1 + \cdots + (a_k - a_k')\mathbf{v}_k = \mathbf{0}$ より，$a_1 - a_1' = \cdots = a_k - a_k' = 0$ となる．

(3) $a_1\mathbf{v}_1 + \cdots + a_k\mathbf{v}_k + a\mathbf{u} = \mathbf{0}$ とする．$a \neq 0$ ならば，$\mathbf{u}$ は $\mathbf{v}_1,\ldots,\mathbf{v}_k$ の線型結合で表せることになるので，$a = 0$．しかるに，このとき，$a_1\mathbf{v}_1 + \cdots + a_k\mathbf{v}_k = \mathbf{0}$ であるので，$a_1 = \cdots = a_k = 0$ である．よって，$\mathbf{v}_1,\ldots,\mathbf{v}_k,\mathbf{u}$ は線型独立．

(4) $a_1T(\mathbf{v}_1) + \cdots + a_kT(\mathbf{v}_k) = \mathbf{0}_W$ とすると，$a_1\mathbf{v}_1 + \cdots + a_k\mathbf{v}_k \in \mathrm{Ker}\,T$ である．T は単射であるから，$\mathrm{Ker}\,T = \{\mathbf{0}_V\}$ である．したがって，$a_1\mathbf{v}_1 + \cdots + a_k\mathbf{v}_k = \mathbf{0}_V$ である．$\mathbf{v}_1,\ldots,\mathbf{v}_k \in V$ は線型独立であるので，$a_1 = \cdots = a_k = 0$ である．よって，$T(\mathbf{v}_1),\ldots,T(\mathbf{v}_k) \in W$ は線型独立である． □

定義 9.8 V を $\mathbf{K}$ 上のベクトル空間，$\mathbf{v}_1,\ldots,\mathbf{v}_k \in V$ とする．

$$V = \{a_1\mathbf{v}_1 + \cdots + a_k\mathbf{v}_k \,|\, a_1,\ldots,a_k \in \mathbf{K}\}$$

であるとき，すなわち，V の任意のベクトルが $\mathbf{v}_1,\ldots,\mathbf{v}_k$ の線型結合として表すことができるとき，V は $\mathbf{v}_1,\ldots,\mathbf{v}_k$ によって**生成される**という．このとき，$\mathbf{v}_1,\ldots,\mathbf{v}_k$ を V の**生成系**という．

定義 9.9 (1) ベクトル空間 V が有限個のベクトルからなる生成系を持つとき，V は有限次元であるという．そうでないとき，無限次元という．

(2) V は有限次元とする．$\mathbf{v}_1,\ldots,\mathbf{v}_n \in V$ が V の**基底**であるとは，$\mathbf{v}_1,\ldots,\mathbf{v}_n$ が線型独立，かつ，V の生成系であることである．

つまり，$\mathbf{v}_1,\ldots,\mathbf{v}_n$ が V の基底であるとは，V の任意のベクトルが $\mathbf{v}_1,\ldots,\mathbf{v}_n$ の線型結合として唯一通りの仕方で表すことができることに他ならない．

例 9.6 n 項列ベクトルの作るベクトル空間 $\mathbf{K}^n$ は有限次元である．任意のベクトル $\mathbf{x} \in \mathbf{K}^n$ が

$$\mathbf{x} = \begin{pmatrix} x_1 \\ \vdots \\ x_n \end{pmatrix} = x_1\mathbf{e}_1 + \cdots + x_n\mathbf{e}_n$$

と，単位ベクトル

$$\mathbf{e}_1 = \begin{pmatrix} 1 \\ 0 \\ \vdots \\ 0 \end{pmatrix}, \mathbf{e}_2 = \begin{pmatrix} 0 \\ 1 \\ \vdots \\ 0 \end{pmatrix}, \ldots, \mathbf{e}_n = \begin{pmatrix} 0 \\ 0 \\ \vdots \\ 1 \end{pmatrix}$$

の線型結合として一意的に表すことができるので，$\mathbf{e}_1,\ldots,\mathbf{e}_n$ は $\mathbf{K}^n$ の基底である．

m 行 n 列の行列がつくるベクトル空間 $M_{mn}(\mathbf{K})$ も有限次元である．基底として，行列単位 $E_{ij} = (\delta_{pi}\delta_{qj})_{1\le p\le m,\,1\le q\le n}$ の全体を取ることができる．

例 9.7 m 行 n 列の行列 A を係数行列とする斉次連立一次方程式

$$A\mathbf{x} = \mathbf{0}_m \quad (\mathbf{x} \in \mathbf{K}^n)$$

の解空間 W は $\mathbf{K}^n$ のベクトル部分空間であることを例 9.2 において示した．

$r(A) = r$ であるとき，方程式は

$$\begin{cases} x_1   + b_{1,r+1}x_{r+1} + b_{1,n}x_n = 0 \\ x_2 + b_{2,r+1}x_{r+1} + b_{2,n}x_n = 0 \\ \ddots \phantom{+x_{r+1}} \vdots \phantom{+b_{r,n}x_n} \vdots \vdots \\ x_r + b_{r,r+1}x_{r+1} + b_{r,n}x_n = 0 \end{cases}$$

に変形される（ここで，未知数の交換は行っていないと仮定した）．このとき，$x_r = \alpha_r,\ldots,x_n = \alpha_n$ をパラメータとして，(9.1) の任意の解は（すなわち W に属する任意のベクトルは），つぎのように表示されるのであった（第 8 章命題 8.2）．

$$\mathbf{x} = \begin{pmatrix} x_1 \\ \vdots \\ x_r \\ x_{r+1} \\ \vdots \\ x_n \end{pmatrix} = \alpha_{r+1}\begin{pmatrix} -b_{1,r+1} \\ \vdots \\ -b_{r,r+1} \\ 1 \\ \vdots \\ 0 \end{pmatrix} + \cdots + \alpha_n \begin{pmatrix} -b_{1,n} \\ \vdots \\ -b_{r,n} \\ 0 \\ \vdots \\ 1 \end{pmatrix}$$

ベクトル $\mathbf{x} \in W$ に対してこの表示が一意的であることは明らかなので，W の基底として，

$$\begin{pmatrix} -b_{1,r+1} \\ \vdots \\ -b_{r,r+1} \\ 1 \\ \vdots \\ 0 \end{pmatrix}, \ldots\ldots, \begin{pmatrix} -b_{1,n} \\ \vdots \\ -b_{r,n} \\ 0 \\ \vdots \\ 1 \end{pmatrix}$$

を取ることができる．

9.4　ベクトル空間の基底の存在と次元

命題 9.7　V を $\mathbf{K}$ 上の有限次元ベクトル空間，$V \neq \{\mathbf{0}\}$ とする．

(1) $\mathbf{v}_1, \ldots, \mathbf{v}_k$ が V の線型独立なベクトルであるとき，これに何個かのベクトルを付加して V の基底を作ることができる．

(2) $\mathbf{u}_1, \ldots, \mathbf{u}_m$ が V の生成系であるとする．これらのベクトルの中で線型独立であるベクトルの最大個数を n として，$\mathbf{u}_{i_1}, \ldots, \mathbf{u}_{i_n}$ が線型独立であるとすると，これは V の基底である．

証明　(1) V は有限次元であるので，有限個のベクトル $\mathbf{w}_1, \ldots, \mathbf{w}_r$ で生成される．$\mathbf{v}_1, \ldots, \mathbf{v}_k$ が V の基底でないとすると，$\mathbf{w}_1, \ldots, \mathbf{w}_r$ の中のいずれかが $\mathbf{v}_1, \ldots, \mathbf{v}_k$ の線型結合として表されないことになる．例えば，$\mathbf{w}_1$ がそのようなベクトルであるとすると，命題 9.6 (3) により，$\mathbf{v}_1, \ldots, \mathbf{v}_k, \mathbf{w}_1$ は線型独立である．もし，$\mathbf{v}_1, \ldots, \mathbf{v}_k, \mathbf{w}_1$ が基底でないならば，$\mathbf{w}_2, \ldots, \mathbf{w}_r$ のいずれかが $\mathbf{v}_1, \ldots, \mathbf{v}_k, \mathbf{w}_1$ の線型結合で表されない．そのようなベクトルを $\mathbf{w}_2$ とすると，$\mathbf{v}_1, \ldots, \mathbf{v}_k, \mathbf{w}_1, \mathbf{w}_2$ は線型独立である．......　この操作を高々 r 回繰り返せば基底に到達する．

(2) $\mathbf{u}_{i_1}, \ldots, \mathbf{u}_{i_n}$ にこれ以外の生成系のベクトル $\mathbf{u}_j$ を加えると，それは線型従属である．よって，$\mathbf{u}_j$ は $\mathbf{u}_{i_1}, \ldots, \mathbf{u}_{i_n}$ の線型結合として書くことができる．これは $\mathbf{u}_{i_1}, \ldots, \mathbf{u}_{i_n}$ が V の生成系になることを意味する．よって，$\mathbf{u}_{i_1}, \ldots, \mathbf{u}_{i_n}$ が V の基底である．　□

定理 9.8　V を有限次元のベクトル空間，$V \neq \{\mathbf{0}\}$ とする．V には基底が存在する．

証明　$V \neq \{\mathbf{0}\}$ であるから，$\mathbf{v}_1 \neq \mathbf{0}$ が存在する．$\mathbf{v}_1$ は線型独立であるから，これにいくつかのベクトルを付加して基底を作ることができる．　□

以上で，基底の存在が分かった．つぎは基底を構成するベクトルの個数が，基底の選び方によらず，ベクトル空間のみで決ることを示さねばならない．これを段階を踏んで示していくことにする．

step 1 V が n 個のベクトルからなる基底 $\mathbf{v}_1, \ldots, \mathbf{v}_n$ を持つとする．このとき，V は $\mathbf{K}^n$ に線型同型である．

証明 写像 $\varphi : \mathbf{K}^n \longrightarrow V$ を $\mathbf{x} = \begin{pmatrix} x_1 \\ \vdots \\ x_n \end{pmatrix} \in \mathbf{K}^n$ に対して，

$$\varphi(\mathbf{x}) = \sum_{i=1}^{n} x_i \mathbf{v}_i$$

と定義する．この写像が線型写像であることは明らか．V の任意のベクトル $\mathbf{v}$ は $\mathbf{v} = \sum_{i=1}^{n} x_i \mathbf{v}_i$ の形に唯一通りに表すことができるので，φ は全単射である．よって，φ は線型同型写像である． □

step 2 $\mathbf{K}^m$ において m 個より多くのベクトルは線型従属である．

証明 $m < n$ として，ベクトル $\mathbf{a}_1, \ldots, \mathbf{a}_n \in \mathbf{K}^m$ を考える．これが非自明な線型関係

$$c_1 \mathbf{a}_1 + \cdots + c_n \mathbf{a}_n = \mathbf{0}_m$$

を持つことと，連立一次方程式

$$A\mathbf{x} = \mathbf{0}_m$$

（ただし，$A = (\mathbf{a}_1, \ldots, \mathbf{a}_n)$ m 行 n 列の行列）が，非自明な解（$\mathbf{0}$ 以外の解）を持つことは同値である．行列 A の階数を r とすると，$r \leq m < n$ であるから，例 9.7 より，上の方程式は $n - r > 0$ 個の非自明な解を持つ．よって，$\mathbf{a}_1, \ldots, \mathbf{a}_n$ は線型従属である． □

step 3 $n \neq m$ ならば，$\mathbf{K}^n$ と $\mathbf{K}^m$ は線型同型ではない．

証明 $T : \mathbf{K}^n \longrightarrow \mathbf{K}^m$ を線型同型写像，$\mathbf{e}_1, \ldots, \mathbf{e}_n$ を $\mathbf{K}^n$ の単位ベクトルとする．命題 9.6 (4) より，$\mathbf{K}^m$ において，$T(\mathbf{e}_1), \ldots, T(\mathbf{e}_n)$ は線型独立である．よって，step 2 より $n \leq m$ でなければならない．$T^{-1} : \mathbf{K}^m \longrightarrow \mathbf{K}^n$ も線型同型写像であるので，今の議論を適用して $m \leq n$ も成立する．ゆえに，$m = n$ である． □

定理 9.9 ベクトル空間 $V \neq \{\mathbf{0}\}$ が，n 個のベクトルからなる基底を持つとする．このとき，

(1) V において，n 個より多くのベクトルは線型従属である．

(2) V の任意の基底は n 個のベクトルからなる．

証明 (1) step 1 より，線型同型写像 $\varphi: \mathbf{K}^n \longrightarrow V$ が存在する．$n < r$ として，$\mathbf{w}_1, \ldots, \mathbf{w}_r \in V$ を考える．step 2 より，$\mathbf{K}^n$ において，$\varphi^{-1}(\mathbf{w}_1), \ldots, \varphi^{-1}(\mathbf{w}_r)$ は線型従属である．すなわち，非自明な線型関係式 $c_1 \varphi^{-1}(\mathbf{w}_1) + \cdots + c_r \varphi^{-1}(\mathbf{w}_r) = \mathbf{0}_n$ が存在する．これを φ で V に写すと，$c_1 \mathbf{w}_1 + \cdots c_r \mathbf{w}_r = \mathbf{0}_V$ となる．よって，$\mathbf{w}_1, \ldots, \mathbf{w}_r$ は線型従属である．

(2) m 個のベクトルからなる基底があるとすれば，それより，線型同型写像 $\psi: \mathbf{K}^m \longrightarrow V$ が存在する．このとき，$\varphi^{-1} \circ \psi: \mathbf{K}^m \longrightarrow \mathbf{K}^n$ は線型同型写像である．よって，step 3 より，$n = m$. □

定義 9.10 V を有限次元のベクトル空間，$V \neq \{\mathbf{0}\}$ とする．V の基底のベクトルの個数を V の**次元**と呼び，$\dim V$ と記す．なお零ベクトル空間 $V = \{\mathbf{0}\}$ に対しては，$\dim V = 0$ と定義する．

定理 9.9 と次元の定義より，つぎの定理を示すことができる．

定理 9.10 V, W を有限次元ベクトル空間とする．V と W が線型同型であるための必要十分条件は，$\dim V = \dim W$ である．

証明 $\dim V = n$，$\dim W = m$ とする．V と W が線型同型であれば，線型同型写像 $T: V \longrightarrow W$ が存在する．一方，仮定により，線型同型写像 $\varphi: \mathbf{K}^n \longrightarrow V$，$\psi: \mathbf{K}^m \longrightarrow W$ が存在する．このとき，合成

$$\psi^{-1} \circ T \circ \varphi : \mathbf{K}^n \longrightarrow \mathbf{K}^m$$

は線型同型写像である（命題 9.5）．step 3 より，$n = m$ である．逆に，$n = m$ であれば，線型同型写像 $\varphi: \mathbf{K}^n \longrightarrow V$，$\psi: \mathbf{K}^n \longrightarrow W$ が存在するので，

$$\psi \circ \varphi^{-1} : V \longrightarrow W$$

は線型同型写像である．よって，V と W は線型同型である．

命題 9.11 $\dim V = n > 0$ とする. $\mathbf{v}_1, \ldots, \mathbf{v}_n$ が V の基底であるための必要十分条件は, $\mathbf{v}_1, \ldots, \mathbf{v}_n$ が線型独立であることである.

証明 基底であれば, 線型独立であることは定義から明らか. 逆を示そう. $\mathbf{v}_1, \ldots, \mathbf{v}_n$ が線型独立であるとしよう. 定理 9.9 (1) より, 任意の $\mathbf{v} \in V$ に対して, $\mathbf{v}_1, \ldots, \mathbf{v}_n, \mathbf{v}$ は線型従属である. よって, それらの間に非自明な線型関係

$$a_1 \mathbf{v}_1 + \cdots + a_n \mathbf{v}_n + a\mathbf{v} = \mathbf{0}$$

がある. $\mathbf{v}_1, \ldots, \mathbf{v}_n$ が線型独立であるから, $a \neq 0$ である. よって,

$$\mathbf{v} = -\frac{a_1}{a}\mathbf{v}_1 - \cdots - \frac{a_n}{a}\mathbf{v}_n$$

である. したがって, V は $\mathbf{v}_1, \ldots, \mathbf{v}_n$ により生成される. □

命題 9.12 V を有限次元ベクトル空間, $W \subset V$ をベクトル部分空間とする. このとき, $\dim W \leq \dim V$ である. この不等式で等号成立の必要十分条件は $V = W$ である.

証明 $\mathbf{w}_1, \ldots, \mathbf{w}_m$ を W の基底とすると, これらのベクトルは線型独立である. そこで, これらに適当にベクトルを加えることで, V の基底を得ることができる. よって, $\dim W \leq \dim V$ である. ここで, 等号が成立するとき, $n = \dim V = m$ とすると $\mathbf{w}_1, \ldots, \mathbf{w}_n$ が線型独立となるので, 命題 9.11 より $\mathbf{w}_1, \ldots, \mathbf{w}_n$ は V の基底である. よって, $W = V$ である. □

例 9.8 定理 9.9 より, 無限個の線型独立なベクトルを有するベクトル空間は無限次元であることが分る. このことから, 例 9.3 で導入した関数空間は無限次元ベクトル空間であることが分る.

それを見るには, 多項式関数の作るベクトル空間 U が無限次元であることを証明すればよい. 任意の非負整数 n に対して, 単項式関数 $f_n(x) = x^n$ が線型独立であることを示そう ($f_0(x) = 1$ は値 1 を取る定数関数である).

線型関係式

$$a_0 f_0(x) + a_1 f_1(x) + \cdots + a_n f_n(x) = \mathbf{0}$$

があるとしよう. ここで, $\mathbf{0}$ は値 0 を取る定数関数であり, 関数空間における零ベクトルである. これらのすべての関数は何回でも微分可能であるから, n 回微分すると,

$$n!a_n = 0$$

であるから，$a_n = 0$ である．したがって，

$$a_0 f_0(x) + a_1 f_1(x) + \cdots + a_{n-1} f_{n-1}(x) = \mathbf{0}$$

である．今度は $n-1$ 回微分すれば，$a_{n-1} = 0$ である，．．．．こうして，すべての係数 a_j が 0 であることが分る．よって，$f_0(x), f_1(x), f_2(x), \ldots, f_n(x), \ldots$ は線型独立である．

9.5 次元定理とその応用

定理 9.13 (次元定理) V, W を有限次元の $\mathbf{K}$ 上のベクトル空間，$T: V \longrightarrow W$ を線型写像とする．T の核 $\mathrm{Ker}\, T = \{\mathbf{v} \in V \,|\, T(\mathbf{v}) = \mathbf{0}_W\}$ と T の像空間 $T(V) = \{T(\mathbf{v}) \in W \,|\, \mathbf{v} \in V\}$ の次元の間につぎの関係式が成立する．

$$\dim V = \dim \mathrm{Ker}\, T + \dim T(V) \tag{9.11}$$

証明 $\dim V = n$，$\dim \mathrm{Ker}\, T = k$ とする．$k \leq n$ である．$\mathrm{Ker}\, T$ の基底 $\mathbf{v}_1, \ldots, \mathbf{v}_k$ を選ぶ．これにいくつかのベクトルを付加して，V の基底 $\mathbf{v}_1, \ldots, \mathbf{v}_k, \mathbf{v}_{k+1}, \ldots, \mathbf{v}_n$ を作る．$\mathbf{w} \in T(V)$ とすると，$\mathbf{w} = T(\mathbf{v})$ $(\mathbf{v} \in V)$ とおくことができる．$\mathbf{v}$ は基底を用いて，

$$\mathbf{v} = c_1 \mathbf{v}_1 + \cdots + c_k \mathbf{v}_k + c_{k+1} \mathbf{v}_{k+1} + \cdots + c_n \mathbf{v}_n$$

と書くことができるが，$T(\mathbf{v}_j) = \mathbf{0}_W$ $(j = 1, \ldots, k)$ であるので，

$$T(\mathbf{v}) = c_{k+1} T(\mathbf{v}_{k+1}) + \cdots + c_n T(\mathbf{v}_n)$$

となる．つまり，像 $T(V)$ は，$T(\mathbf{v}_{k+1}), \ldots, T(\mathbf{v}_n)$ で生成される．つぎにこれらのベクトルが線型独立であることを示す．$a_{k+1} T(\mathbf{v}_{k+1}) + \cdots + a_n T(\mathbf{v}_n) = \mathbf{0}_W$ とすると，$a_{k+1} \mathbf{v}_{k+1} + \cdots + a_n \mathbf{v}_n \in \mathrm{Ker}\, T$ である．これは

$$a_{k+1} \mathbf{v}_{k+1} + \cdots + a_n \mathbf{v}_n = a_1 \mathbf{v}_1 + \cdots + a_k \mathbf{v}_k$$

と書かれることを意味する．よって，

$$a_1 \mathbf{v}_1 + \cdots + a_k \mathbf{v}_k - a_{k+1} \mathbf{v}_{k+1} - \cdots - a_n \mathbf{v}_n = \mathbf{0}_V$$

である．したがって，$a_1 = \cdots = a_k = a_{k+1} = \cdots = a_n = 0$．以上で，$\dim T(V) = n - k$ である． □

命題 9.14 V は有限次元ベクトル空間とする．線型写像 $T: V \longrightarrow V$ に対して，T が単射であることと全射であることは同値である．したがって，T が単射，あるいは全射であれば，線型同型写像である．

証明 線型写像 $T: V \longrightarrow V$ が単射であるとすると，$\operatorname{Ker} T = \{\mathbf{0}\}$ であるので，$\dim \operatorname{Ker} T = 0$ である．次元定理より $\dim T(V) = \dim V$ である．よって，$T(V) = V$ であるから，T は全射である．逆の推論を辿ることもできるので，以上で命題の主張が証明された． □

命題 9.15 $A \in M_{mn}(\mathbf{K})$ として，A を係数行列とする斉次連立一次方程式 $A\mathbf{x} = \mathbf{0}_m$ ($\mathbf{x} \in \mathbf{K}^n$) の解空間を V とする（例 9.2 参照）．

$$V = \{\mathbf{x} \in \mathbf{K}^n \mid A\mathbf{x} = \mathbf{0}_m\}$$

このとき，$r = r(A)$ であることと，$\dim V = n - r$ であることは同値である．

証明 $r < n$ とすると，例 9.7 より，V の基底として，

$$\begin{pmatrix} -b_{1,r+1} \\ \vdots \\ -b_{r,r+1} \\ 1 \\ \vdots \\ 0 \end{pmatrix}, \ldots\ldots, \begin{pmatrix} -b_{1,n} \\ \vdots \\ -b_{r,n} \\ 0 \\ \vdots \\ 1 \end{pmatrix}$$

を取ることができるので，$\dim V = n - r$ である．$r = n$ とすると，方程式はつぎの形に変形される（未知数の入れ換えはしていないとする）．

$$\begin{cases} x_1 & & & = 0 \\ & x_2 & & = 0 \\ & & \ddots & \vdots \\ & & & x_n = 0 \end{cases}$$

つまり，$V = \{\mathbf{0}\}$ である．よって $\dim V = 0$．このようにして，A の階数と V の次元の間に対応関係 $\dim V = n - r(A)$ がついた． □

行列 $A \in M_{mn}(\mathbf{K})$ から決る写像 $T : \mathbf{K}^n \longrightarrow \mathbf{K}^m$

$$T(\mathbf{x}) = A\mathbf{x} \tag{9.12}$$

を考えよう．この写像は線型写像である．T の核 $\operatorname{Ker} T$ は，斉次連立一次方程式 $A\mathbf{x} = \mathbf{0}_m$ の解空間に他ならない．この解空間の次元は例 9.8 より，$n - r(A)$ である．一方，次元定理より，$\dim \operatorname{Ker} T = n - \dim T(\mathbf{K}^n)$ であるから，$r(A) = \dim T(\mathbf{K}^n)$ である．つまり，つぎの命題を得る．

命題 9.16 行列 A の階数は，それによって定まる線型写像 T (9.12) の像空間 $T(\mathbf{K}^n)$ の次元である．

さて，A の列ベクトル表示を $A = (\mathbf{a}_1, \ldots, \mathbf{a}_n)$, $\mathbf{a}_j \in \mathbf{K}^m$ とする．$\mathbf{a}_j = A\mathbf{e}_j = T(\mathbf{e}_j)$. ただし，$\mathbf{e}_j$ は $\mathbf{K}^n$ の単位ベクトルである．像空間 $T(\mathbf{K}^n)$ は $\mathbf{a}_1, \ldots, \mathbf{a}_m$ によって生成される．したがって，$T(\mathbf{K}^n)$ の次元は，命題 9.7(2) より，これらのベクトルの中で線型独立であるベクトルの最大個数である．A と転置行列 ${}^t\!A$ の階数は等しい（第 7 章命題 7.3）ことに注意して，つぎの命題を得る．

命題 9.17 行列の階数は，その列ベクトル表示において，線型独立である列ベクトルの最大個数に等しい．また，行ベクトル表示において，線型独立である行ベクトルの最大個数にも等しい．

以上の命題より像空間と行列の階数の関係は判明したが，像空間そのものについてはつぎのように考えることができる．まず，像空間を

$$T(\mathbf{K}^n) = \{ \mathbf{y} \in \mathbf{K}^m \,|\, \exists \mathbf{x} \in \mathbf{K}^n \text{ s.t. } A\mathbf{x} = \mathbf{y} \}$$

と書くことができることに注意しよう．つまり，

$$\mathbf{y} \in T(\mathbf{K}^n) \iff A\mathbf{x} = \mathbf{y} \text{ が解 } \mathbf{x} \text{ を持つ}$$

である．したがって，

$$T(\mathbf{K}^n) = \{ \mathbf{y} \in \mathbf{K}^m \,|\, \mathbf{y} \text{ は連立一次方程式 } A\mathbf{x} = \mathbf{y} \text{ の可解条件をみたす} \}$$

が成立つ．したがって，連立一次方程式 $A\mathbf{x} = \mathbf{y}$ に対する変形から可解条件を求めることにより（第 8 章の考察を参照），像空間 $T(\mathbf{K}^n)$ の具体的な記述を得ることができる．

あるいはまた，A の転置行列 ${}^t\!A$ で決る線型写像

$$S : \mathbf{K}^m \longrightarrow \mathbf{K}^n, \quad S(\mathbf{y}) = {}^t\!A\,\mathbf{y} \quad (\mathbf{y} \in \mathbf{K}^m) \tag{9.13}$$

の核 $\operatorname{Ker} S$ を経由すれば，像空間 $T(\mathbf{K}^n)$ をつぎのように表現することもできる．

命題 9.18 (1) $\dim \operatorname{Ker} S = n - r$. ただし，$r = r(A)$ である．

(2) $\operatorname{Ker} S$ の基底を $\mathbf{q}_1, \ldots, \mathbf{q}_{n-r}, \mathbf{q}_j = \begin{pmatrix} q_{1j} \\ \vdots \\ q_{mj} \end{pmatrix}$ $(j = 1, \ldots, n-r)$ とするとき，

$$T(\mathbf{K}^n) = \left\{ \mathbf{y} \in \mathbf{K}^m \,\Big|\, \sum_{i=1}^m q_{ij} y_i = 0 \ (j = 1, \ldots, n-r) \right\} \tag{9.14}$$

が成立する．

証明 (1) $r(A) = r({}^t\!A)$ であるから，命題 9.15 より，$\dim \operatorname{Ker} S = n - r$ である．

(2) $A = \begin{pmatrix} \widehat{\mathbf{a}}_1 \\ \vdots \\ \widehat{\mathbf{a}}_m \end{pmatrix}$ を A の行ベクトル表示とするとき，$q_1 \widehat{\mathbf{a}}_1 + \cdots + q_m \widehat{\mathbf{a}}_m = 0$ は，

$\mathbf{q} = \begin{pmatrix} q_1 \\ \vdots \\ q_m \end{pmatrix} \in \operatorname{Ker} S$ と同値である．第 8 章命題 8.4 より，つぎのことが分る．

$$T(\mathbf{K}^n) = \left\{ \mathbf{y} \in \mathbf{K}^m \,\Big|\, \sum_{i=1}^m q_i y_i = 0 \ (\forall \mathbf{q} \in \operatorname{Ker} S) \right\}$$

これより，(9.14) を得る． □

最後に正方行列が正則であるための条件はつぎのようにまとめることができる．

命題 9.19 n 次行列

$$A = (\mathbf{a}_1, \ldots, \mathbf{a}_n) \ \text{列ベクトル表示} \ = \begin{pmatrix} \widehat{\mathbf{a}}_1 \\ \vdots \\ \widehat{\mathbf{a}}_n \end{pmatrix} \ \text{行ベクトル表示}$$

に関するつぎの条件は同値である．

(1) A が正則行列である.

(2) $\det A \neq 0$.

(3) $A\mathbf{x} = \mathbf{0}_n \ (\mathbf{x} \in \mathbf{K}^n)$ ならば, $\mathbf{x} = \mathbf{0}_n$ である.

(4) A の列ベクトル $\mathbf{a}_1, \ldots, \mathbf{a}_n$ は線型独立である.

(5) A の行ベクトル $\widehat{\mathbf{a}}_1, \ldots, \widehat{\mathbf{a}}_n$ は線型独立である.

問 9.3 行列 A を

$$A = \begin{pmatrix} 1 & 2 & -2 & 1 \\ 1 & 1 & 1 & -2 \\ 1 & 0 & 4 & -5 \end{pmatrix} = (\mathbf{a}_1, \mathbf{a}_2, \mathbf{a}_3, \mathbf{a}_4) \quad \text{(列ベクトル表示)}$$

として,線型写像 $T: \mathbf{K}^4 \longrightarrow \mathbf{K}^3$ を $T(\mathbf{x}) = A\mathbf{x} \ (\mathbf{x} \in \mathbf{K}^4)$ と定める.以下の設問に答えよ.

(1) $\operatorname{Ker} T = \{\mathbf{x} \in \mathbf{K}^4 \,|\, T(\mathbf{x}) = \mathbf{0}_3\}$ の基底を求めよ.

(2) $\mathbf{a}_3, \mathbf{a}_4$ を $\mathbf{a}_1, \mathbf{a}_2$ の線型結合として表せ.逆に,$\mathbf{a}_1, \mathbf{a}_2$ を $\mathbf{a}_3, \mathbf{a}_4$ の線型結合として表せ.

(3) $\mathbf{a}_1, \mathbf{a}_2$ が線型独立であることを示せ.また,$\mathbf{a}_3, \mathbf{a}_4$ も線型独立であることを示せ.

(4) $W = T(\mathbf{K}^4)$ とおく.

$$W = \left\{ \mathbf{y} = \begin{pmatrix} y_1 \\ y_2 \\ y_3 \end{pmatrix} \in \mathbf{K}^3 \,\bigg|\, y_1 - 2y_2 + y_3 = 0 \right\}$$

であることを示せ.また,W の基底を求めよ.

(5) $\dim \operatorname{Ker} T + \dim T(\mathbf{K}^4) = 4 \ (= \dim \mathbf{K}^4)$ の成立を確認せよ.

問 9.4 行列 A を

$$A = \begin{pmatrix} 1 & 2 & -2 & 1 \\ 2 & 4 & -4 & 2 \end{pmatrix} = (\mathbf{a}_1, \mathbf{a}_2, \mathbf{a}_3, \mathbf{a}_4) \quad \text{(列ベクトル表示)}$$

として,線型写像 $T: \mathbf{K}^4 \longrightarrow \mathbf{K}^2$ を $T(\mathbf{x}) = A\mathbf{x} \ (\mathbf{x} \in \mathbf{K}^4)$ と定める.以下の設問に答えよ.

(1) $\operatorname{Ker} T = \{\mathbf{x} \in \mathbf{K}^4 \,|\, T(\mathbf{x}) = \mathbf{0}_2\}$ の基底を求めよ.

(2) $\mathbf{a}_1, \mathbf{a}_2, \mathbf{a}_3, \mathbf{a}_4$ の中で線型独立なベクトルはどうなるかを考察せよ.

(3) $W = T(\mathbf{K}^4)$ とおく.

$$W = \left\{ \mathbf{y} = \begin{pmatrix} y_1 \\ y_2 \end{pmatrix} \in \mathbf{K}^2 \,\middle|\, 2y_1 - y_2 = 0 \right\}$$

であることを示せ. また, W の基底を求めよ.

(4) $\dim \operatorname{Ker} T + \dim T(\mathbf{K}^4) = 4 \, (= \dim \mathbf{K}^4)$ の成立を確認せよ.

問 9.5 行列 A を

$$A = \begin{pmatrix} 1 & 2 & 0 & -1 \\ 3 & 5 & -1 & -2 \\ 2 & 4 & 0 & -2 \\ 6 & 10 & -2 & -4 \end{pmatrix} = (\mathbf{a}_1, \mathbf{a}_2, \mathbf{a}_3, \mathbf{a}_4) \quad (\text{列ベクトル表示})$$

として, 線型写像 $T : \mathbf{K}^4 \longrightarrow \mathbf{K}^4$ を $T(\mathbf{x}) = A\mathbf{x} \, (\mathbf{x} \in \mathbf{K}^4)$ と定める. 以下の設問に答えよ.

(1) $\operatorname{Ker} T = \{ \mathbf{x} \in \mathbf{K}^4 \,|\, T(\mathbf{x}) = \mathbf{0}_4 \}$ の基底を求めよ.

(2) $\mathbf{a}_3, \mathbf{a}_4$ を $\mathbf{a}_1, \mathbf{a}_2$ の線型結合として表せ. 逆に, $\mathbf{a}_1, \mathbf{a}_2$ を $\mathbf{a}_3, \mathbf{a}_4$ の線型結合として表せ.

(3) $\mathbf{a}_1, \mathbf{a}_2$ が線型独立であることを示せ. また, $\mathbf{a}_3, \mathbf{a}_4$ も線型独立であることを示せ.

(4) $W = T(\mathbf{K}^4)$ とおく.

$$W = \left\{ \mathbf{y} = \begin{pmatrix} y_1 \\ y_2 \\ y_3 \\ y_4 \end{pmatrix} \in \mathbf{K}^4 \,\middle|\, 2y_1 - y_3 = 0, \; 2y_2 - y_4 = 0 \right\}$$

であることを示せ. また, W の基底を求めよ.

(5) $\dim \operatorname{Ker} T + \dim T(\mathbf{K}^4) = 4 \, (= \dim \mathbf{K}^4)$ の成立を確認せよ.

問 9.6 行列 A を

$$A = \begin{pmatrix} 1 & 2 & 1 & -1 \\ 1 & 1 & 1 & -2 \\ 1 & 1 & 3 & -3 \end{pmatrix} = (\mathbf{a}_1, \mathbf{a}_2, \mathbf{a}_3, \mathbf{a}_4) \quad (\text{列ベクトル表示})$$

として, 線型写像 $T : \mathbf{K}^4 \longrightarrow \mathbf{K}^3$ を $T(\mathbf{x}) = A\mathbf{x} \, (\mathbf{x} \in \mathbf{K}^4)$ と定める. 以下の設問に答えよ.

(1) $\mathrm{Ker} T = \{\mathbf{x} \in \mathbf{K}^4 \,|\, T(\mathbf{x}) = \mathbf{0}_3\}$ の基底を求めよ．

(2) $\mathbf{a}_1$, $\mathbf{a}_2$, $\mathbf{a}_3$, $\mathbf{a}_4$ の中で線型独立なベクトルはどうなるかを考察せよ．

(3) $T(\mathbf{K}^4) = \mathbf{K}^3$ であることを示せ．

(4) $\dim \mathrm{Ker}\, T + \dim T(\mathbf{K}^4) = 4\ (= \dim \mathbf{K}^4)$ の成立を確認せよ．

9.6 ベクトル空間の直和

V を $\mathbf{K}$ 上のベクトル空間，W_1, W_2 を V のベクトル部分空間とする．

定義 9.11 W_1, W_2 の和 $W_1 + W_2$ を

$$W_1 + W_2 = \{\mathbf{w}_1 + \mathbf{w}_2 \,|\, \mathbf{w}_i \in W_i\ (i=1,2)\} \tag{9.15}$$

で定義する．

命題 9.20 ベクトル部分空間の和 $W_1 + W_2$，および，共通部分 $W_1 \cap W_2$ はともに V のベクトル部分空間である．

証明 $\mathbf{w} = \mathbf{w}_1 + \mathbf{w}_2$, $\mathbf{w}' = \mathbf{w}'_1 + \mathbf{w}'_2 \in W_1 + W_2\ \bigl(\mathbf{w}_i,\ \mathbf{w}'_i \in W_i\ (i=1,2)\bigr)$ とすると，

$$\mathbf{w} + \mathbf{w}' = (\mathbf{w}_1 + \mathbf{w}'_1) + (\mathbf{w}_2 + \mathbf{w}'_2) \in W_1 + W_2$$

$$a\mathbf{w} = a\mathbf{w}_1 + a\mathbf{w}_2 \in W_1 + W_2$$

であるから，$W_1 + W_2$ はベクトル部分空間である．

$\mathbf{w}$, $\mathbf{w}' \in W_1 \cap W_2$ とする．W_1 がベクトル部分空間であるから，$\mathbf{w} + \mathbf{w}' \in W_1$．同様に，$\mathbf{w} + \mathbf{w}' \in W_2$．よって，$\mathbf{w} + \mathbf{w}' \in W_1 \cap W_2$ である．$a\mathbf{w} \in W_1 \cap W_2$ も同じように証明できる． □

例 9.9 $V = \mathbf{K}^3$ とする．$W_1 = \{\mathbf{x} \in \mathbf{K}^3 \,|\, x_1 = 0\}$, $W_2 = \{\mathbf{x} \in \mathbf{K}^3 \,|\, x_2 = 0\}$ とすると，

$$W_1 + W_2 = V, \qquad W_1 \cap W_2 = \{\mathbf{x} \in \mathbf{K}^3 \,|\, x_1 = x_2 = 0\}$$

である．なお，ベクトル空間の和 $W_1 + W_2$ と集合としての和（集合）$W_1 \cup W_2$ は異なる概念であることに注意する．今の場合は，

$$W_1 \cup W_2 = \{\mathbf{x} \in \mathbf{K}^3 \,|\, x_1 = 0\ \text{または}\ x_2 = 0\}$$

である．

命題 9.21 V は有限次元であるとする．このとき，
$$\dim(W_1 + W_2) = \dim W_1 + \dim W_2 - \dim(W_1 \cap W_2) \tag{9.16}$$
が成立する．

証明 $\dim(W_1 \cap W_2) = k$, $\dim W_1 = m_1$, $\dim W_2 = m_2$ とする．$W_1 \cap W_2$ の基底を $\mathbf{w}_1, \ldots, \mathbf{w}_k$ とすると，命題 9.7 より，これに何個かのベクトルを付加して，W_1 の基底 $\mathbf{w}_1, \ldots, \mathbf{w}_k, \mathbf{u}_1, \ldots, \mathbf{u}_{m_1-k}$ と W_2 の基底 $\mathbf{w}_1, \ldots, \mathbf{w}_k, \mathbf{v}_1, \ldots, \mathbf{v}_{m_2-k}$ を作ることができる．このとき，$\mathbf{w}_1, \ldots, \mathbf{w}_k, \mathbf{u}_1, \ldots, \mathbf{u}_{m_1-k}, \mathbf{v}_1, \ldots, \mathbf{v}_{m_2-k}$ が $W_1 + W_2$ の生成系であることは明らか．また，

$$a_1\mathbf{w}_1 + \cdots + a_k\mathbf{w}_k + b_1\mathbf{u}_1 + \cdots + b_{m_1-k}\mathbf{u}_{m_1-k} + c_1\mathbf{v}_1 + \cdots + c_{m_2-k}\mathbf{v}_{m_2-k} = \mathbf{0}$$

とすると，

$$W_2 \ni c_1\mathbf{v}_1 + \cdots + c_{m_2-k}\mathbf{v}_{m_2-k}$$
$$= -(a_1\mathbf{w}_1 + \cdots + a_k\mathbf{w}_k + b_1\mathbf{u}_1 + \cdots + b_{m_1-k}\mathbf{u}_{m_1-k}) \in W_1$$

であるから，$c_1\mathbf{v}_1 + \cdots + c_{m_2-k}\mathbf{v}_{m_2-k} \in W_1 \cap W_2$ である．したがって，$c'_1, \ldots, c'_k \in \mathbf{K}$ が存在して，

$$c'_1\mathbf{w}_1 + \cdots + c'_k\mathbf{w}_k + c_1\mathbf{v}_1 + \cdots + c_{m_2-k}\mathbf{v}_{m_2-k} = \mathbf{0}$$

となる．$\mathbf{w}_1, \ldots, \mathbf{w}_k, \mathbf{v}_1, \ldots, \mathbf{v}_{m_2-k}$ は W_2 の基底なので，$c_1 = \cdots = c_{m_2-k} = c'_1 = \cdots = c'_k = 0$ である．よって，

$$a_1\mathbf{w}_1 + \cdots + a_k\mathbf{w}_k + b_1\mathbf{u}_1 + \cdots + b_{m_1-k}\mathbf{u}_{m_1-k} = \mathbf{0}$$

であるが，$\mathbf{w}_1, \ldots, \mathbf{w}_k, \mathbf{u}_1, \ldots, \mathbf{u}_{m_1-k}$ は W_1 の基底なので，$a_1 = \cdots = a_k = b_1 = \cdots = b_{m_1-k} = 0$ である．以上で，$\mathbf{w}_1, \ldots, \mathbf{w}_k, \mathbf{u}_1, \ldots, \mathbf{u}_{m_1-k}, \mathbf{v}_1, \ldots, \mathbf{v}_{m_2-k}$ が線型独立であるので，これらは W_1+W_2 の基底となる．よって，$\dim(W_1+W_2) = (m_1-k)+(m_2-k)+k = m_1+m_2-k$ であることが結論された． □

定義 9.12 V を $\mathbf{K}$ 上のベクトル空間，W_1, W_2 を V のベクトル部分空間とする．

$$V = W_1 + W_2, \qquad W_1 \cap W_2 = \{\mathbf{0}\} \tag{9.17}$$

であるとき，V は W_1, W_2 の**直和**といい，

$$V = W_1 \oplus W_2 \tag{9.18}$$

と記す.

命題 9.22 $V = W_1 \oplus W_2$ のとき,以下のことが成立つ.

(1) 任意のベクトル $\mathbf{v} \in V$ に対して,

$$\mathbf{v} = \mathbf{w}_1 + \mathbf{w}_2 \tag{9.19}$$

をみたす $\mathbf{w}_1 \in W_1$, $\mathbf{w}_2 \in W_2$ がただ一組存在する.

(2) V が有限次元のとき,$\dim V = \dim W_1 + \dim W_2$ である.

証明 (9.19) をみたす $\mathbf{w}_1 \in W_1$, $\mathbf{w}_2 \in W_2$ の存在は明らかである.そこで,

$$\mathbf{v} = \mathbf{w}_1 + \mathbf{w}_2 = \mathbf{w}_1' + \mathbf{w}_2' \quad (\mathbf{w}_i, \mathbf{w}_i' \in W_i \ (i=1,2))$$

とすると,

$$\mathbf{w}_1 - \mathbf{w}_1' = \mathbf{w}_2' - \mathbf{w}_2 \in W_1 \cap W_2$$

である.ところが,$W_1 \cap W_2 = \{\mathbf{0}\}$ であるから,$\mathbf{w}_i = \mathbf{w}_i' \ (i=1,2)$ でなければならない.これで一意性が示された.

(2) 命題 9.21 (2) より明らか. □

式 (9.19) において,$\mathbf{w}_i$ を,$\mathbf{v}$ の W_i への W_j $(j \neq i)$ に平行な**射影**という.

問 9.7 V を K 上のベクトル空間,W_1, W_2 を V のベクトル部分空間で,$V = W_1 \oplus W_2$ とする.命題 9.22 より,任意のベクトル $\mathbf{v} \in V$ は

$$\mathbf{v} = \mathbf{w}_1 + \mathbf{w}_2, \quad \mathbf{w}_1 \in W_1, \ \mathbf{w}_2 \in W_2$$

と一意的に表すことができることが分かっている.このとき,写像 $P_i : V \longrightarrow V \ (i=1,2)$ を

$$P_i(\mathbf{v}) = \mathbf{w}_i$$

により定義することができる.つぎのことを示せ.

(1) P_i は線型変換である.

(2) $P_i^2 = P_i$, $P_1 + P_2 = \mathrm{id}_V$, $P_i \circ P_j = O_V \ (i \neq j)$ である.ただし,$P_i^2 = P_i \circ P_i$ であり,O_V は V の零変換である.

定義 9.13 P_i を,W_i への W_j $(j \neq i)$ に平行な**射影作用素**という.

9.7 ベクトル空間の基底の変換と線型写像の行列表示

V を $\mathbf{K}$ 上の $n\,(\geq 1)$ 次元ベクトル空間, $\mathcal{B}=\{\mathbf{v}_1,\ldots,\mathbf{v}_n\}$, $\mathcal{B}'=\{\mathbf{v}'_1,\ldots,\mathbf{v}'_n\}$ をその二組の基底とする. ここで, $\mathcal{B}, \mathcal{B}'$ は基底に付けられた名前である. 各 $\mathbf{v}'_j$ は $\mathbf{v}_1,\ldots,\mathbf{v}_n$ の線型結合として唯一通りに表すことができる. すなわち,

$$\mathbf{v}'_j = \sum_{i=1}^n p_{ij}\mathbf{v}_i \quad (j=1,\ldots,n) \tag{9.20}$$

が成立している. これをまとめてつぎのように書くことにしよう.

$$(\mathbf{v}'_1,\ldots,\mathbf{v}'_n) = (\mathbf{v}_1,\ldots,\mathbf{v}_n)\begin{pmatrix} p_{11} & p_{12} & \cdots & p_{1n} \\ p_{21} & p_{22} & \cdots & p_{2n} \\ \vdots & \vdots & \cdots & \vdots \\ p_{n1} & p_{n2} & \cdots & p_{nn} \end{pmatrix} \tag{9.21}$$

ここの右辺に現れた n 次行列を P とする. この行列 P を**基底の変換** $\mathcal{B} \longrightarrow \mathcal{B}'$ に関する**変換行列**と呼び, $\mathcal{B} \xrightarrow{P} \mathcal{B}'$ と記すことにする.

例 9.10 $\mathbf{K}^n$ において, 単位ベクトルからなる基底 $\mathcal{B}_0=\{\mathbf{e}_1,\ldots,\mathbf{e}_n\}$ を**標準基底**と呼ぶことにしよう. $\mathbf{K}^n$ の基底 $\mathcal{B}=\{\mathbf{v}_1,\ldots,\mathbf{v}_n\}$ において, $\mathbf{v}_j = \begin{pmatrix} p_{1j} \\ p_{2j} \\ \vdots \\ p_{nj} \end{pmatrix}$ とすれば,

$$\mathbf{v}_j = \sum_{i=1}^n p_{ij}\mathbf{e}_i \quad (j=1,\ldots,n)$$

であるから, 基底の変換行列 $\mathcal{B}_0 \xrightarrow{P} \mathcal{B}$ は

$$P = (\mathbf{v}_1,\ldots,\mathbf{v}_n) \quad (\text{列ベクトル表示})$$

により与えられる. そして, (9.21) に対応する式

$$(\mathbf{v}_1,\ldots,\mathbf{v}_n) = (\mathbf{e}_1,\ldots,\mathbf{e}_n)P$$

を列ベクトル表示された行列の間の関係式としてみると, $P = E_n P$ である.

命題 9.23 V の三つの基底 $\mathcal{B}, \mathcal{B}'$ と $\mathcal{B}'' = \{\mathbf{v}_1'', \ldots, \mathbf{v}_n''\}$ について以下のことが成立する.

(1) $\mathcal{B} \xrightarrow{P} \mathcal{B}' \xrightarrow{Q} \mathcal{B}''$ とすると, $\mathcal{B} \xrightarrow{PQ} \mathcal{B}''$ である.

(2) 変換行列 P は正則行列である.

(3) $\mathcal{B}' \xrightarrow{P^{-1}} \mathcal{B}$ である.

証明 (1) 変換行列の定義 (9.21) により,

$$(\mathbf{v}_1', \ldots, \mathbf{v}_n') = (\mathbf{v}_1, \ldots, \mathbf{v}_n)P, \quad (\mathbf{v}_1'', \ldots, \mathbf{v}_n'') = (\mathbf{v}_1', \ldots, \mathbf{v}_n')Q$$

である. よって,

$$(\mathbf{v}_1'', \ldots, \mathbf{v}_n'') = \bigl((\mathbf{v}_1, \ldots, \mathbf{v}_n)P\bigr)Q = (\mathbf{v}_1, \ldots, \mathbf{v}_n)PQ$$

が成立つ. これは, $\mathcal{B} \xrightarrow{PQ} \mathcal{B}''$ を意味する.

(2),(3) (1) において, $\mathcal{B}'' = \mathcal{B}$ とすると, $\mathcal{B} \xrightarrow{PQ} \mathcal{B}$. 一方において, $\mathcal{B} \xrightarrow{E_n} \mathcal{B}$ であるから, $PQ = E_n$. 同様に, $QP = E_n$ である. よって, P は正則行列であり, $Q = P^{-1}$. すなわち, $\mathcal{B}' \xrightarrow{P^{-1}} \mathcal{B}$ である. □

この命題の逆も成立する.

命題 9.24 V を n (≥ 1) 次元ベクトル空間, $\{\mathbf{v}_1, \ldots, \mathbf{v}_n\}$ を V の基底とする. P を n 次正則行列とするとき,

$$(\mathbf{v}_1', \ldots, \mathbf{v}_n') = (\mathbf{v}_1, \ldots, \mathbf{v}_n)P$$

により定まるベクトルの組 $\{\mathbf{v}_1', \ldots, \mathbf{v}_n'\}$ は V の基底である.

証明 $a_1'\mathbf{v}_1' + \cdots + a_n'\mathbf{v}_n' = \mathbf{0}$ とする.

$$\begin{pmatrix} a_1 \\ \vdots \\ a_n \end{pmatrix} = P \begin{pmatrix} a_1' \\ \vdots \\ a_n' \end{pmatrix}$$

とおくと, $a_1\mathbf{v}_1 + \cdots + a_n\mathbf{v}_n = \mathbf{0}$ である. $\{\mathbf{v}_1, \ldots, \mathbf{v}_n\}$ は V の基底なので, $a_1 = \cdots = a_n = 0$. P は正則行列であるので, 命題 9.19 より, $a_1' = \cdots = a_n' = 0$ である. □

問 9.8 $V = \{\mathbf{x} \in \mathbf{K}^3 \,|\, x_1 - 2x_2 + x_3 = 0\}$ において,つぎの基底を考える.

$$\mathcal{B}_1 = \{\mathbf{u}_1, \mathbf{u}_2\} \quad \mathbf{u}_1 = \begin{pmatrix} 1 \\ 1 \\ 1 \end{pmatrix}, \; \mathbf{u}_2 = \begin{pmatrix} 2 \\ 1 \\ 0 \end{pmatrix}$$

$$\mathcal{B}_2 = \{\mathbf{v}_1, \mathbf{v}_2\} \quad \mathbf{v}_1 = \begin{pmatrix} -2 \\ 1 \\ 4 \end{pmatrix}, \; \mathbf{v}_2 = \begin{pmatrix} 1 \\ -2 \\ -5 \end{pmatrix}$$

$$\mathcal{B}_2 = \{\mathbf{w}_1, \mathbf{w}_2\} \quad \mathbf{w}_1 = \begin{pmatrix} 2 \\ 1 \\ 0 \end{pmatrix}, \; \mathbf{w}_2 = \begin{pmatrix} -1 \\ 0 \\ 1 \end{pmatrix}$$

基底の変換行列,$\mathcal{B}_1 \xrightarrow{P} \mathcal{B}_2,\; \mathcal{B}_2 \xrightarrow{Q} \mathcal{B}_3,\; \mathcal{B}_1 \xrightarrow{R} \mathcal{B}_3$ を求めよ.また,$R = PQ$ となることを確認せよ.

V を $n\,(\geq 1)$ 次元ベクトル空間とする.線型写像 $T: V \longrightarrow V$ を,とくに,V 上の**線型変換**と呼ぶ.V の基底 $\mathcal{B} = \{\mathbf{v}_1, \ldots, \mathbf{v}_n\}$ を一つ固定する.このとき,$T(\mathbf{v}_j)$ は再び $\mathbf{v}_1, \ldots, \mathbf{v}_n$ の線型結合として唯一通りに表すことができる.

$$T(\mathbf{v}_j) = \sum_{i=1}^{n} t_{ij} \mathbf{v}_i \tag{9.22}$$

そこで,

$$\pi_{\mathcal{B}}(T) = (t_{ij})_{1 \leq i,j \leq n} \in M_n(\mathbf{K}) \tag{9.23}$$

とおいて,これを線型変換 T の基底 $\mathcal{B}$ に関する**表現行列**と呼ぶことにする.(9.22) は

$$\bigl(T(\mathbf{v}_1), \ldots, T(\mathbf{v}_n)\bigr) = (\mathbf{v}_1, \ldots, \mathbf{v}_n) \pi_{\mathcal{B}}(T) \tag{9.24}$$

と表示することができる.より詳しく書けば,

$$\bigl(T(\mathbf{v}_1), \ldots, T(\mathbf{v}_n)\bigr) = (\mathbf{v}_1, \ldots, \mathbf{v}_n) \begin{pmatrix} t_{11} & \cdots & t_{1n} \\ \vdots & & \vdots \\ t_{n1} & \cdots & t_{nn} \end{pmatrix} \tag{9.25}$$

である.

9.7 ベクトル空間の基底の変換と線型写像の行列表示

命題 9.25 V を $\mathbf{K}$ 上の n (≥ 1) 次元ベクトル空間, $\mathcal{B} = \{\mathbf{v}_1, \ldots, \mathbf{v}_n\}$ を V の基底, T を V 上の線型変換とする. $\mathbf{v} = \sum_{i=1}^{n} x_i \mathbf{v}_i$ に対して, $T(\mathbf{v}) = \sum_{i=1}^{n} y_i \mathbf{v}_i$ とすると,

$$\begin{pmatrix} y_1 \\ \vdots \\ y_n \end{pmatrix} = \pi_{\mathcal{B}}(T) \begin{pmatrix} x_1 \\ \vdots \\ x_n \end{pmatrix} \tag{9.26}$$

が成立つ.

証明 $T(\mathbf{v}_j) = \sum_{i=1}^{n} t_{ij} \mathbf{v}_i$ とすると,

$$T(\mathbf{v}) = \sum_{j=1}^{n} x_j T(\mathbf{v}_j) = \sum_{i=1}^{n} \Big(\sum_{j=1}^{n} t_{ij} x_j \Big) \mathbf{v}_i$$

よって, $y_i = \sum_{j=1}^{n} t_{ij} x_j$ である. これで主張が示された. □

命題 9.26 V を $\mathbf{K}$ 上の n (≥ 1) 次元ベクトル空間, $\mathcal{B} = \{\mathbf{v}_1, \ldots, \mathbf{v}_n\}$ を V の基底, T, S を V 上の線型変換とする. つぎが成立する.

(1) $\pi_{\mathcal{B}}(T + S) = \pi_{\mathcal{B}}(T) + \pi_{\mathcal{B}}(S)$.

(2) $\pi_{\mathcal{B}}(O_V) = O_n$.

(3) $\pi_{\mathcal{B}}(T \circ S) = \pi_{\mathcal{B}}(T) \, \pi_{\mathcal{B}}(S)$.

(4) $\pi_{\mathcal{B}}(\mathrm{id}_V) = E_n$.

証明 (1) $S(\mathbf{v}_k) = \sum_{j=1}^{n} s_{jk} \mathbf{v}_j$, $T(\mathbf{v}_j) = \sum_{i=1}^{n} t_{ij} \mathbf{v}_i$ とすると,

$$(T + S)(\mathbf{v}_j) = T(\mathbf{v}_j) + S(\mathbf{v}_j) = \sum_{i=1}^{n} (t_{ij} + s_{ij}) \mathbf{v}_i$$

である. これより主張を得る.

(2) V の零変換 O_V について, $O_V + O_V = O_V$ なので, 両辺の表現行列を取ることで主張を得る.

(3) (1) と同じように, S, T の表現行列をおくと,

$$T\big(S(\mathbf{v}_k)\big) = T\Big(\sum_{j=1}^{n} s_{jk} \mathbf{v}_j \Big) = \sum_{j=1}^{n} s_{jk} T(\mathbf{v}_j) = \sum_{i=1}^{n} \Big\{ \sum_{j=1}^{n} t_{ij} s_{jk} \Big\} \mathbf{v}_i$$

が成立つ. これで主張が示された.

(4) $\mathrm{id}_V(\mathbf{v}_j) = \mathbf{v}_j$ より明らかである. □

命題 9.27 $n\ (\geq 1)$ 次元ベクトル空間 V 上の線型変換 $T : V \longrightarrow V$ を考える．V の基底 $\mathcal{B}, \mathcal{B}'$ が与えられ，基底の変換行列を $\mathcal{B} \xrightarrow{P} \mathcal{B}'$ とするとき，T の基底に関する表現行列の間に

$$\pi_{\mathcal{B}'}(T) = P^{-1} \pi_{\mathcal{B}}(T) P \tag{9.27}$$

が成立する．

証明 $\mathcal{B} = \{\mathbf{v}_1, \ldots, \mathbf{v}_n\}$, $\mathcal{B}' = \{\mathbf{v}'_1, \ldots, \mathbf{v}'_n\}$ として，

$$(\mathbf{v}'_1, \ldots, \mathbf{v}'_n) = (\mathbf{v}_1, \ldots, \mathbf{v}_n) P$$

とする．この両辺に T を施すと，

$$\begin{aligned}
\bigl(T(\mathbf{v}'_1), \ldots, T(\mathbf{v}'_n)\bigr) &= \bigl(T(\mathbf{v}_1), \ldots, T(\mathbf{v}_n)\bigr) P \\
&= (\mathbf{v}_1, \ldots, \mathbf{v}_n) \pi_{\mathcal{B}}(T) P \\
&= (\mathbf{v}'_1, \ldots, \mathbf{v}'_n) P^{-1} \pi_{\mathcal{B}}(T) P
\end{aligned}$$

を得る．一方において，

$$\bigl(T(\mathbf{v}'_1), \ldots, T(\mathbf{v}'_n)\bigr) = (\mathbf{v}'_1, \ldots, \mathbf{v}'_n) \pi_{\mathcal{B}'}(T)$$

であるから，両者の右辺を比較して，(9.27) を得る． □

線型変換 $T : \mathbf{K}^n \longrightarrow \mathbf{K}^n$ を $T(\mathbf{x}) = A\mathbf{x}$ と定義されているものとする．ここで，$A = (a_{ij}) \in M_n(\mathbf{K})$ である．A の列ベクトル表示を $A = (\mathbf{a}_1, \ldots, \mathbf{a}_n)$ とする．行列 A を T の表現行列と呼んでいたが，これは正確には，

$$A = \pi_{\mathcal{B}_0}(T) \tag{9.28}$$

に他ならない（$\mathcal{B}_0$ は $\mathbf{K}^n$ の標準基底である）．何故ならば，$\mathbf{a}_i = A\mathbf{e}_i = T(\mathbf{e}_i)$ であるから，

$$\begin{aligned}
(T(\mathbf{e}_1), \ldots, T(\mathbf{e}_n)) &= (\mathbf{a}_1, \ldots, \mathbf{a}_n) = \bigl(\sum_{i=1}^n a_{i1} \mathbf{e}_i, \ldots, \sum_{i=1}^n a_{in} \mathbf{e}_i\bigr) \\
&= (\mathbf{e}_1, \ldots, \mathbf{e}_n) A
\end{aligned}$$

となる．つまり，A は T の標準基底に関する表現行列である．

また，$\mathcal{B}_0 \xrightarrow{P} \mathcal{B}$ であるとき，

9.7 ベクトル空間の基底の変換と線型写像の行列表示

$$\pi_{\mathcal{B}}(T) = P^{-1}AP$$

である．(n 次)行列 A に対して，

$$A \longmapsto P^{-1}AP \tag{9.29}$$

とすることを，正則行列 P による A の**相似変換**というのであった（第 5 章を参照）．

問 9.9 $V = \{\mathbf{x} \in \mathbf{K}^3 \,|\, x_1 + x_2 + x_3 = 0\}$ として，その基底

$$\mathcal{C}_1 = \{\mathbf{v}_1, \mathbf{v}_2\}, \quad \mathbf{v}_1 = \begin{pmatrix} 1 \\ -1 \\ 0 \end{pmatrix}, \ \mathbf{v}_2 = \begin{pmatrix} 0 \\ 1 \\ -1 \end{pmatrix},$$

$$\mathcal{C}_2 = \{\mathbf{w}_1, \mathbf{w}_2\}, \quad \mathbf{w}_1 = \begin{pmatrix} 1 \\ -2 \\ 1 \end{pmatrix}, \ \mathbf{w}_2 = \begin{pmatrix} 1 \\ 1 \\ -2 \end{pmatrix}$$

を考える．

(1) 基底の変換行列 $\mathcal{C}_1 \xrightarrow{P} \mathcal{C}_2$ を求めよ．

(2) V 上で定義される写像 S を

$$S(\mathbf{x}) = \begin{pmatrix} x_2 \\ x_3 \\ x_1 \end{pmatrix}$$

とする．これが V 上の線型変換であることを示せ．

(3) S の表現行列 $\pi_{\mathcal{C}_1}(S), \pi_{\mathcal{C}_2}(S)$ を求めよ．また，$\pi_{\mathcal{C}_2}(S) = P^{-1}\pi_{\mathcal{C}_1}(S)P$ であることを確認せよ．

(4) $V \ni \mathbf{x} = \alpha_1 \mathbf{v}_1 + \alpha_2 \mathbf{v}_2$, $V \ni \mathbf{y} = T(\mathbf{x}) = \beta_1 \mathbf{v}_1 + \beta_2 \mathbf{v}_2$ とするとき，

$$\begin{pmatrix} \beta_1 \\ \beta_2 \end{pmatrix} = \pi_{\mathcal{C}_1}(S) \begin{pmatrix} \alpha_1 \\ \alpha_2 \end{pmatrix}$$

となることを確認せよ．

(5) $\mathbf{K}^3$ 上の線型変換 $T: \mathbf{K}^3 \longrightarrow \mathbf{K}^3$ を

$$T(\mathbf{x}) = \begin{pmatrix} x_2 \\ x_3 \\ x_1 \end{pmatrix} = \begin{pmatrix} 0 & 1 & 0 \\ 0 & 0 & 1 \\ 1 & 0 & 0 \end{pmatrix} \begin{pmatrix} x_1 \\ x_2 \\ x_3 \end{pmatrix} = A\mathbf{x}$$

とする.$\mathbf{v}_3 = \begin{pmatrix} 1 \\ 1 \\ 1 \end{pmatrix}$,$\mathcal{B} = \{\mathbf{v}_1, \mathbf{v}_2, \mathbf{v}_3\}$ が $\mathbf{K}^3$ の基底であることを確認して,T の $\mathcal{B}$ に関する表現行列 $\pi_\mathcal{B}(T)$ が,つぎのようになることを示せ.

$$\pi_\mathcal{B}(T) = \begin{pmatrix} \pi_{\mathcal{C}_1}(S) & \mathbf{0}_2 \\ \widehat{\mathbf{0}}_2 & 1 \end{pmatrix}$$

(6) 正則行列 Q を $Q = (\mathbf{v}_1, \mathbf{v}_2, \mathbf{v}_3)$ 列ベクトル表示とおく.このとき,Q^{-1} を求めて,

$$Q^{-1}AQ = \pi_\mathcal{B}(T)$$

であることを確認せよ.

問 9.10 (1) $\mathbf{R}^3$ 上の線型変換 $T: \mathbf{R}^3 \longrightarrow \mathbf{R}^3$ を

$$T(\mathbf{x}) = \begin{pmatrix} x_1 + x_3 \\ x_2 + x_3 \\ x_1 + x_2 \end{pmatrix}$$

によって定める.$\mathbf{R}^3$ の標準基底 $\mathcal{B}_0 = \{\mathbf{e}_1, \mathbf{e}_2, \mathbf{e}_3\}$ に表現行列 $\pi_{\mathcal{B}_0}(T)$ を求めよ.

(2) $\mathbf{R}^3$ のベクトル部分空間 V を

$$V = \{\mathbf{x} \in \mathbf{R}^3 \,|\, x_1 + x_2 + x_3 = 0\}$$

とする.$\mathbf{x} \in V$ であるとき,$T(\mathbf{x}) \in V$ であることを示せ.

(3) V 上の線型変換 $S: V \longrightarrow V$ を

$$S(\mathbf{x}) = T(\mathbf{x}) \quad \mathbf{x} \in V$$

により定義する.V の基底 $\mathcal{C}$ を

$$\mathcal{C} = \{\mathbf{v}_1, \mathbf{v}_2\}, \quad \mathbf{v}_1 = \frac{1}{\sqrt{6}} \begin{pmatrix} 1 \\ -2 \\ 1 \end{pmatrix}, \quad \mathbf{v}_2 = \frac{1}{\sqrt{2}} \begin{pmatrix} 1 \\ 0 \\ -1 \end{pmatrix}$$

とおく.線型変換 S の基底 $\mathcal{C}$ に関する表現行列 $\pi_\mathcal{C}(T)$ を求めよ.

(4) ベクトル $\mathbf{v}_3$ を

$$\mathbf{v}_3 = \frac{1}{\sqrt{3}} \begin{pmatrix} 1 \\ 1 \\ 1 \end{pmatrix}$$

とおいて，$\mathcal{B} = \{\mathbf{v}_1, \mathbf{v}_2, \mathbf{v}_3\}$ と定める．$\mathcal{B}$ が

$$(\mathbf{v}_i, \mathbf{v}_i) = 1 \quad (i = 1, 2, 3) \qquad (\mathbf{v}_i, \mathbf{v}_j) = 0 \quad (i \neq j)$$

をみたすことを確認せよ．ここで $(\cdot, \cdot)$ は $\mathbf{R}^3$ の内積である．また，つぎのことを示せ．

$$\pi_\mathcal{B}(T) = \begin{pmatrix} \pi_\mathcal{C}(S) & \mathbf{0}_2 \\ \widehat{\mathbf{0}}_2 & 2 \end{pmatrix}$$

(5) $\pi_\mathcal{C}(S)$ を対角化せよ．すなわち，適当な 2 次正則行列 Q を選んで，$Q^{-1}\pi_\mathcal{C}(S)Q$ が対角行列となるようにせよ．

問 9.11 (1) $\mathbf{C}^3$ 上の線型変換 $T: \mathbf{C}^3 \longrightarrow \mathbf{C}^3$ を

$$T(\mathbf{x}) = \begin{pmatrix} x_1 + ix_3 \\ x_2 + ix_3 \\ -ix_1 - ix_2 \end{pmatrix}$$

によって定める．$\mathbf{C}^3$ の標準基底を $\mathcal{B}_0 = \{\mathbf{e}_1, \mathbf{e}_2, \mathbf{e}_3\}$ に関する表現行列 $\pi_{\mathcal{B}_0}(T)$ を求めよ．

(2) $\mathbf{C}^3$ のベクトル部分空間 V を

$$V = \{\mathbf{x} \in \mathbf{C}^3 \,|\, x_1 + x_2 + ix_3 = 0\}$$

とする．$\mathbf{x} \in V$ であるとき，$T(\mathbf{x}) \in V$ であることを示せ．

(3) V 上の線型変換 $S: V \longrightarrow V$ を

$$S(\mathbf{x}) = T(\mathbf{x}) \quad \mathbf{x} \in V$$

により定義する．V の基底 $\mathcal{C}$ を

$$\mathcal{C} = \{\mathbf{v}_1, \mathbf{v}_2\}, \quad \mathbf{v}_1 = \frac{1}{\sqrt{6}} \begin{pmatrix} 1 \\ -2 \\ -i \end{pmatrix}, \quad \mathbf{v}_2 = \frac{1}{\sqrt{2}} \begin{pmatrix} 1 \\ 0 \\ i \end{pmatrix}$$

とおく．線型変換 S の基底 $\mathcal{C}$ に関する表現行列 $\pi_\mathcal{C}(S)$ を求めよ．

(4) ベクトル $\mathbf{v}_3$ を

$$\mathbf{v}_3 = \frac{1}{\sqrt{3}}\begin{pmatrix} 1 \\ 1 \\ -i \end{pmatrix}$$

とおいて，$\mathcal{B} = \{\mathbf{v}_1, \mathbf{v}_2, \mathbf{v}_3\}$ と定める．$\mathcal{B}$ が

$$(\mathbf{v}_i, \mathbf{v}_i) = 1 \quad (i = 1, 2, 3), \qquad (\mathbf{v}_i, \mathbf{v}_j) = 0 \quad (i \neq j)$$

をみたすことを確認せよ．ここで $(\cdot, \cdot)$ は $\mathbf{C}^3$ の内積である（第 4 章を参照せよ）．また，

$$\pi_{\mathcal{B}}(T) = \begin{pmatrix} \pi_{\mathcal{C}}(S) & \mathbf{0}_2 \\ \widehat{\mathbf{0}}_2 & 2 \end{pmatrix}$$

であることを示せ．

(5) $\pi_{\mathcal{C}}(S)$ を対角化せよ．すなわち，適当な 2 次正則行列 Q を選んで，$Q^{-1}\pi_{\mathcal{C}}(S)Q$ が対角行列となるようにせよ．

演習問題

問 9.12 実数の集合 $\mathbf{R}$ は，スカラーを有理数としてベクトル空間となることを証明し，$\mathbf{R}$ の元 $1, a$ が線型独立であるための必要十分条件は，a が無理数であるということを証明せよ．

問 9.13 実軸上で定義された C^∞ 級関数が作る関数空間を W とする．$\alpha_1, \ldots, \alpha_n$ を相異なる（実）定数とするとき，関数

$$e^{\alpha_1 x}, \ldots, e^{\alpha_n x}$$

が W において線型独立であることを示せ．

問 9.14 区間 $[0, \pi]$ において定義された実数値連続関数の作る関数空間において

$$\sin x, \sin 2x, \ldots, \sin nx$$

は線型独立であることを示せ．
（ヒント：積分 $\int_0^\pi \sin mx \cdot \sin kx\, dx$ を考えよ）

問 9.15 A を l 行 m 列の行列，B を m 行 n 列の行列とする．

$$r(AB) \leq \min\{r(A),\ r(B)\}$$

であることを証明せよ．
（ヒント：線型写像 $T : \mathbf{K}^n \longrightarrow \mathbf{K}^m$ に対して，$\dim T(V) \leq n$ であることに注意せよ）

問 9.16 2次式 $f(x_1, x_2, x_3) = a_{11}x_1^2 + a_{22}x_2^2 + a_{33}x^2 + 2a_{12}x_1x_2 + 2a_{23}x_2x_3 + 2a_{13}x_1x_3$ に対して，3次の対称行列

$$A = \begin{pmatrix} a_{11} & a_{12} & a_{13} \\ a_{12} & a_{22} & a_{23} \\ a_{13} & a_{23} & a_{33} \end{pmatrix}$$

を対応させる．このとき，つぎの問に答えよ．

(1) $f(x_1, x_2, x_3)$ が一次式の積に因数分解されるときは，$r(A) \leq 2$ であることを示せ．

(2) $f(x_1, x_2, x_3)$ が完全平方式のときは，$r(A) \leq 1$ であることを示せ．

問 9.17 A を n 次行列とする．多項式 $f(x) = a_0 x^k + a_1 x^{k-1} + \cdots + a_{k-1} x + a_k$ に対して，

$$f(A) = a_0 A^k + a_1 A^{k-1} + \cdots + a_{k-1} A + a_k E$$

と定義する．任意の A に対して，

$$f(A) = O$$

となる（零でない）多項式が少なくとも一つ存在することを示せ．
（**ヒント**：単位ベクトル $\mathbf{e}_i \in \mathbf{K}^n$ に対して，$\mathbf{e}_i, A\mathbf{e}_i, \ldots, A^n \mathbf{e}_i$ は $n+1$ 個のベクトルなので線型従属であることに注意せよ）

問 9.18 A は n 次行列で，ある N に対して $A^N = O$ をみたすとする．このとき

$$A^n = O$$

であることを示せ．
（**ヒント**：前問のヒントを用いよ．なお，この問の性質をみたす行列を**冪零行列**という）

問 9.19 V を $n\ (\geq 1)$ 次元ベクトル空間，W を $m\ (\geq 1)$ 次元ベクトル空間として，$\mathcal{B} = \{\mathbf{v}_1, \ldots, \mathbf{v}_n\}$ を V の基底，$\mathcal{C} = \{\mathbf{w}_1, \ldots, \mathbf{w}_m\}$ を W の基底とする．$T: V \longrightarrow W$ を線型写像とする．

$$T(\mathbf{v}_j) = \sum_{i=1}^m a_{ij} \mathbf{w}_i$$

とするとき，行列 $A = (a_{ij}) \in M_{mn}(\mathbf{K})$ を $\pi_{\mathcal{B}\mathcal{C}}(T)$ と記し，これを線型写像 T の基底 $\mathcal{B}, \mathcal{C}$ に関する**表現行列**という．

(1) $\mathbf{v} = x_1 \mathbf{v}_1 + \cdots + x_n \mathbf{v}_n \in V$ に対して，$\mathbf{w} = T(\mathbf{v}) = y_1 \mathbf{w}_1 + \cdots + y_m \mathbf{w}_m$ とおくとき，

$$\begin{pmatrix} y_1 \\ \vdots \\ y_m \end{pmatrix} = A \begin{pmatrix} x_1 \\ \vdots \\ x_n \end{pmatrix}$$

であることを示せ．

(2) V の基底の変換 $\mathcal{B} \xrightarrow{P} \mathcal{B}'$, W の基底の変換 $\mathcal{C} \xrightarrow{Q} \mathcal{C}'$ をするとき,
$$\pi_{\mathcal{B}'\mathcal{C}'}(T) = Q^{-1}\pi_{\mathcal{B}\mathcal{C}}(T)P$$
であることを示せ.

問 9.20 $A = \begin{pmatrix} 1 & 2 \\ -1 & 1 \\ 1 & 1 \end{pmatrix} \in M_{32}(\mathbf{R})$ とおく. 以下の問に答えよ.

(1) $\widetilde{P} = {}^tA \cdot A$ が (2次の) 対称かつ正則な行列であることを示せ.

(2) $B = \widetilde{P}^{-1} \cdot {}^tA$ とおくと, つぎがみたされることを示せ.
$$ABA = A, \qquad BAB = B$$
$${}^t(AB) = AB, \qquad {}^t(BA) = BA$$

(3) $W = \{\mathbf{y} \in \mathbf{R}^3 \mid -2y_1 + y_2 + 3y_3 = 0\}$ として, 線型写像 T を $T : \mathbf{R}^2 \longrightarrow W$, $T(\mathbf{x}) = A\mathbf{x}$ ($\mathbf{x} \in \mathbf{R}^2$) と定義する. T が線型同型写像であることを示せ.

(4) T の逆写像 $T^{-1} : W \longrightarrow \mathbf{R}^2$ が, $T^{-1}(\mathbf{y}) = B\mathbf{y}$ ($\mathbf{y} \in W$) で与えられることを示せ.

問 9.21 $A = \begin{pmatrix} 1 & 1 & 1 \\ 0 & -1 & 1 \end{pmatrix} \in M_{23}(\mathbf{R})$ とおく. 以下の問に答えよ.

(1) $\widetilde{Q} = A \cdot {}^tA$ が (2次の) 対称かつ正則な行列であることを示せ.

(2) $B = {}^tA \cdot \widetilde{Q}^{-1}$ とおくと, つぎがみたされることを示せ.
$$ABA = A, \qquad BAB = B$$
$${}^t(AB) = AB, \qquad {}^t(BA) = BA$$

(3) $V = \{\mathbf{x} \in \mathbf{R}^3 \mid x_1 - x_2 - x_3 = 0\}$ として, 線型写像 T を $T : V \longrightarrow \mathbf{R}^2$, $T(\mathbf{x}) = A\mathbf{x}$ ($\mathbf{x} \in V$) と定義する. T が線型同型写像であることを示せ.

(4) T の逆写像 $T^{-1} : \mathbf{R}^2 \longrightarrow V$ が, $T^{-1}(\mathbf{y}) = B\mathbf{y}$ ($\mathbf{y} \in \mathbf{R}^2$) で与えられることを示せ.

問 9.22 $A = \begin{pmatrix} 1 & 0 & 1 \\ -2 & 1 & 0 \\ 1 & -1 & -1 \end{pmatrix} \in M_3(\mathbf{R})$ とおく. 以下の問に答えよ.

演習問題　　　　　　　　　　　　　　179

(1) $\widehat{P} \in M_{32}(\mathbf{R})$, $\widehat{Q} \in M_{23}(\mathbf{R})$ を, $A = \widehat{P}\widehat{Q}$ をみたすように選べ.

(2) $\widetilde{P} = {}^t\widehat{P} \cdot \widehat{P}$, $\widetilde{Q} = \widehat{Q} \cdot {}^t\widehat{Q}$ とおく. これらの行列が(2次の)対称かつ正則な行列であることを示せ.

(3) $B = {}^t\widehat{Q} \cdot \widetilde{Q}^{-1} \cdot \widetilde{P}^{-1} \cdot {}^t\widehat{P}$ とおくと, つぎがみたされることを示せ.

$$ABA = A, \qquad BAB = B$$
$$^t(AB) = AB, \quad {}^t(BA) = BA$$

(4) $V = \{\mathbf{x} \in \mathbf{R}^3 \,|\, x_1 + 2x_2 - x_3 = 0\}$, $W = \{\mathbf{y} \in \mathbf{R}^3 \,|\, y_1 + y_2 + y_3 = 0\}$ として, 線型写像 T を $T : V \longrightarrow W$, $T(\mathbf{x}) = A\mathbf{x}$ と定義する. T が線型同型写像であることを示せ.

(5) T の逆写像 $T^{-1} : W \longrightarrow V$ が, $T^{-1}(\mathbf{y}) = B\mathbf{y}$ ($\mathbf{y} \in W$) で与えられることを示せ.

(ヒント：(1) について, A の階数は 2 なので, $PAQ = F_{33}(2)$ と標準形に変形される. P, Q は変形を表す行列である. そこで,

$$\widehat{P} = P^{-1} \begin{pmatrix} 1 & 0 \\ 0 & 1 \\ 0 & 0 \end{pmatrix}, \quad \widehat{Q} = \begin{pmatrix} 1 & 0 & 0 \\ 0 & 1 & 0 \end{pmatrix} Q^{-1}$$

とおくと, $A = \widehat{P}\widehat{Q}$ である)

(注意：一般に $A \in M_{mn}(\mathbf{K})$ に対して, $ABA = A$ をみたす行列 $B \in M_{nm}(\mathbf{K})$ を A の**一般逆行列**という. さらに,

$$ABA = A, \qquad BAB = B$$
$$(AB)^* = AB, \quad (BA)^* = BA$$

をみたす行列 $B \in M_{nm}(\mathbf{K})$ を A の**ムーア–ペンローズ逆行列**, または, **擬逆行列**という. ここで, $X \in M_{mn}(\mathbf{K})$ に対して, $X^* = {}^t\overline{X} \in M_{nm}(\mathbf{K})$ と定義した. $\overline{X} \in M_{mn}(\mathbf{K})$ は X の**複素共役行列**である, すなわち, X の成分の複素共役を成分とする行列である. X^* を X の**エルミート共役行列**という)

問 9.23 $u = u(x)$ を未知関数とする n 階の微分方程式

$$u^{(n)} + a_1 u^{(n-1)} + \cdots + a_{n-1} u' + a_n u = 0 \tag{$*$}$$

($a_1, \ldots, a_n$ は定数) を考える. 以下の問に答えよ.

(1) $\mathbf{u} = \begin{pmatrix} u \\ u' \\ \vdots \\ u^{(n-1)} \end{pmatrix}$ とおく．微分方程式 $(*)$ は

$$\mathbf{u}' = \begin{pmatrix} 0 & 1 & 0 & \cdots & 0 \\ 0 & 0 & 1 & \cdots & 0 \\ \vdots & \vdots & \vdots & & \vdots \\ 0 & 0 & 0 & \cdots & 1 \\ -a_n & -a_{n-1} & -a_{n-2} & \cdots & -a_1 \end{pmatrix} \mathbf{u} \qquad (**)$$

と同値であることを示せ．

(2) $u(x) = e^{\lambda x}$ は，λ が n 次方程式

$$\lambda^n + a_1 \lambda^{n-1} + \cdots + a_{n-1} \lambda + a_n = 0$$

の根であるときに限って方程式 $(*)$ の解であることを示せ．

第10章

ベクトル空間の内積

10.1 ベクトル空間の内積

定義 10.1 V を $\mathbf{K}$ 上のベクトル空間とする．任意のベクトル $\mathbf{u}, \mathbf{v} \in V$ に対して値 $(\mathbf{u}, \mathbf{v}) \in \mathbf{K}$ が対応していて，これが以下の性質をみたしているとする．

(1) $(\mathbf{u}' + \mathbf{u}'', \mathbf{v}) = (\mathbf{u}', \mathbf{v}) + (\mathbf{u}'', \mathbf{v}), \quad (\mathbf{u}, \mathbf{v}' + \mathbf{v}'') = (\mathbf{u}, \mathbf{v}') + (\mathbf{u}, \mathbf{v}'')$

(2) $a \in \mathbf{K}$ に対して, $(a\mathbf{u}, \mathbf{v}) = a(\mathbf{u}, \mathbf{v}), \quad (\mathbf{u}, a\mathbf{v}) = \overline{a}(\mathbf{u}, \mathbf{v})$

(3) $(\mathbf{u}, \mathbf{v}) = \overline{(\mathbf{v}, \mathbf{u})}$

(4) $(\mathbf{v}, \mathbf{v}) \geq 0$, かつ, $(\mathbf{v}, \mathbf{v}) = 0$ となるのは, $\mathbf{v} = \mathbf{0}$ に限る.

(1), (2) を**双線型性**, (3) を**対称性**, (4) を**正値性**という．この $(\cdot, \cdot)$ を V の内積という．$\mathbf{K} = \mathbf{R}$ のときは, (3), (4) において共役複素数を取る必要はない．内積を備えたベクトル空間を**内積空間**と呼ぶことにする．

(2) より，

$$(a\mathbf{u}, a\mathbf{v}) = |a|^2 (\mathbf{u}, \mathbf{v})$$

が成立することに注意する．

V に内積が与えられているとき，

$$\|\mathbf{v}\| = \sqrt{(\mathbf{v}, \mathbf{v})} \tag{10.1}$$

を $\mathbf{v}$ の**長さ**という．

命題 10.1 つぎの不等式が成立つ．

(1) $|(\mathbf{u}, \mathbf{v})| \leq \|\mathbf{u}\| \|\mathbf{v}\|$ （シュヴァルツの不等式）

(2) $\|\mathbf{u} + \mathbf{v}\| \leq \|\mathbf{u}\| + \|\mathbf{v}\|$ （三角不等式）

証明 (1) $\mathbf{K} = \mathbf{C}$ の場合に証明する．$\|\mathbf{u}\| > 0$, かつ，$(\mathbf{u}, \mathbf{v}) \neq 0$ とする．t を実のパラメータ，$c \in \mathbf{C}$ とするとき，

$$\|tc\mathbf{u} + \mathbf{v}\|^2 \geq 0$$

が成立する．ここで，$c = \overline{(\mathbf{u}, \mathbf{v})}$ とおくと，

$$t^2 |(\mathbf{u}, \mathbf{v})|^2 \|\mathbf{u}\|^2 + 2t |(\mathbf{u}, \mathbf{v})|^2 + \|\mathbf{v}\|^2 \geq 0$$

がすべての実数 t に対して成立することが分る．右辺の t の二次式の判別式より，

$$|(\mathbf{u}, \mathbf{v})|^4 \leq |(\mathbf{u}, \mathbf{v})|^2 \|\mathbf{u}\|^2 \|\mathbf{v}\|^2$$

両辺を $|(\mathbf{u}, \mathbf{v})|^2$ で割って平方根を取れば，シュヴァルツの不等式を得る．$\|\mathbf{u}\| = 0$, または，$(\mathbf{u}, \mathbf{v}) = 0$ のときは，不等式は明らかに成立する．
(2) シュヴァルツの不等式を使うと

$$\begin{aligned}\|\mathbf{u} + \mathbf{v}\|^2 &= \|\mathbf{u}\|^2 + 2\mathrm{Re}\,(\mathbf{u}, \mathbf{v}) + \|\mathbf{v}\|^2 \\ &\leq \|\mathbf{u}\|^2 + 2|(\mathbf{u}, \mathbf{v})| + \|\mathbf{v}\|^2 \\ &\leq \|\mathbf{u}\|^2 + 2\|\mathbf{u}\|\|\mathbf{v}\| + \|\mathbf{v}\|^2 = (\|\mathbf{u}\| + \|\mathbf{v}\|)^2\end{aligned}$$

両辺の平方根を取れば三角不等式を得る． □

定義 10.2 $(\mathbf{u}, \mathbf{v}) = 0$ であるとき，二つのベクトル $\mathbf{u}$, $\mathbf{v}$ は**直交**するという．

零ベクトル $\mathbf{0} \in V$ は V のすべてのベクトルと直交する．その逆の主張も成立つ．すなわち，つぎの命題を得る．

命題 10.2 すべての $\mathbf{v} \in V$ に対して，$(\mathbf{u}, \mathbf{v}) = 0$ が成立つならば，$\mathbf{u} = \mathbf{0}$ である．

証明 仮定より，$\mathbf{u}$ は $\mathbf{u}$ 自身と直交するので，$(\mathbf{u}, \mathbf{u}) = 0$ である．よって，内積の正値性より，$\mathbf{u} = \mathbf{0}$ である． □

定義 10.3 V を内積 $(\cdot, \cdot)$ を備えた内積空間，$V \supset W$ をベクトル部分空間とする．W の上に V の内積を制限する．すなわち，$\mathbf{w}, \mathbf{w}' \in W$ に対して $(\mathbf{w}, \mathbf{w}')$ を対応させることで，W に内積が与えられる．W にこの内積を与えたとき，W を V の**内積部分空間**と呼ぶことにする．

例 10.1 n 項列ベクトルの空間 $\mathbf{K}^n$ に内積を導入する．$\mathbf{x} = \begin{pmatrix} x_1 \\ \vdots \\ x_n \end{pmatrix}$, $\mathbf{y} = \begin{pmatrix} y_1 \\ \vdots \\ y_n \end{pmatrix} \in \mathbf{K}^n$ に対して，

$$(\mathbf{x}, \mathbf{y}) = \sum_{j=1}^{n} x_j \overline{y_j} = (x_1, \ldots, x_n) \begin{pmatrix} \overline{y_1} \\ \vdots \\ \overline{y_n} \end{pmatrix} = {}^t\mathbf{x}\,\overline{\mathbf{y}} \tag{10.2}$$

とおく．ただし，${}^t\mathbf{x}$ は $\mathbf{x}$ を転置して得られる行ベクトル，$\overline{\mathbf{y}}$ は $\mathbf{y}$ の各成分の複素共役を成分とするベクトルである．$\mathbf{K} = \mathbf{R}$ のときは，もちろん複素共役を取る必要はない．この内積を**ユークリッド内積**といい，内積空間 $\mathbf{K}^n$ を**ユークリッド・ベクトル空間**，$\mathbf{K} = \mathbf{C}$ のときはとくに**複素ユークリッド・ベクトル空間**，$\mathbf{K} = \mathbf{R}$ のときは**実ユークリッド・ベクトル空間**と呼ぶことにする．ベクトルの長さ $\|\mathbf{x}\|$ はつぎのようになる．

$$\|\mathbf{x}\| = \sqrt{\sum_{j=1}^{n} |x_j|^2}$$

10.2 正規直交基底

V を内積 $(\cdot, \cdot)$ を備えた内積空間とする．まず，つぎの命題に注意する．

命題 10.3 $\mathbf{0}$ でないベクトル $\mathbf{v}_1, \ldots, \mathbf{v}_k \in V$ が互いに直交するならば，それらは線型独立である．

証明 仮定は，$(\mathbf{v}_i, \mathbf{v}_j) = 0$ $(i \neq j)$ であるので，$a_1 \mathbf{v}_1 + \cdots + a_k \mathbf{v}_k = \mathbf{0}$ ならば，

$$0 = \Big(\sum_{i=1}^{k} a_i \mathbf{v}_i, \mathbf{v}_j\Big) = a_j \|\mathbf{v}_j\|^2$$

よって，$a_j = 0$ $(j = 1, \ldots, k)$ である．したがって，$\mathbf{v}_1, \ldots, \mathbf{v}_k$ は線型独立である． □

定義 10.4 内積空間 V の次元を n とする．$\mathbf{v}_1, \ldots, \mathbf{v}_n \in V$ が V の**正規直交基底**であるとは，

$$(\mathbf{v}_i, \mathbf{v}_j) = \delta_{ij} \quad (i, j = 1, \ldots, n) \tag{10.3}$$

をみたすことである．すなわち，互いに直交し長さが 1 の n 個のベクトルのことである．

例 10.2 ユークリッド・ベクトル空間 $\mathbf{K}^n$ において，単位ベクトル $\mathbf{e}_1, \ldots, \mathbf{e}_n$ は正規直交基底である．

命題 10.4 V を $\{\mathbf{0}\}$ でない有限次元の内積空間とする．V は正規直交基底を持つ．

証明 $\mathbf{u}_1, \ldots, \mathbf{u}_k \in V$ を線型独立なベクトルとする．これらのベクトルから，互いに直交し長さが 1 のベクトル（**正規直交系**）をつぎのように作り出すことができる．まず，

$$\mathbf{v}_1 = \frac{\mathbf{u}_1}{\|\mathbf{u}_1\|}$$
$$\mathbf{v}_2' = \mathbf{u}_2 - (\mathbf{u}_2, \mathbf{v}_1)\mathbf{v}_1$$

とおくと，$\|\mathbf{v}_1\| = 1$，かつ $(\mathbf{v}_2', \mathbf{v}_1) = 0$ である．また，$\mathbf{v}_1$ と $\mathbf{u}_2$ は線型独立であるから，$\mathbf{v}_2' \neq \mathbf{0}$ である．よって，

$$\mathbf{v}_2 = \frac{\mathbf{v}_2'}{\|\mathbf{v}_2'\|}$$

とすれば，$\mathbf{v}_1, \mathbf{v}_2$ は正規直交系である．こうして，正規直交系 $\mathbf{v}_1, \ldots, \mathbf{v}_{i-1}$ が得られたとする．これらのベクトルはその作り方から

$$\mathbf{v}_1 = a_{11}\mathbf{u}_1$$
$$\mathbf{v}_2 = a_{12}\mathbf{u}_1 + a_{22}\mathbf{u}_2$$
$$\vdots$$
$$\mathbf{v}_{i-1} = a_{1i-1}\mathbf{u}_1 + a_{2i-1}\mathbf{u}_2 + \cdots + a_{i-1i-1}\mathbf{u}_{i-1}$$

と表されることに注意する．このとき，

$$\mathbf{v}_i' = \mathbf{u}_i - (\mathbf{u}_i, \mathbf{v}_1)\mathbf{v}_1 - \cdots - (\mathbf{u}_i, \mathbf{v}_{i-1})\mathbf{v}_{i-1}$$

とすれば，$\mathbf{v}_i'$ は $(\mathbf{v}_i', \mathbf{v}_j) = 0$ $(j = 1, \ldots, i-1)$ をみたし，しかも上に述べた注意により，

$$\mathbf{v}_i' = a_{1i}'\mathbf{u}_1 + a_{2i}'\mathbf{u}_2 + \cdots + \mathbf{u}_i$$

となる．$\mathbf{u}_1, \mathbf{u}_2, \ldots, \mathbf{u}_i$ は線型独立であるから，$\mathbf{v}_i' \neq \mathbf{0}$ である．よって，

$$\mathbf{v}_i = \frac{\mathbf{v}_i'}{\|\mathbf{v}_i'\|}$$

とすれば，$\mathbf{v}_1, \mathbf{v}_2, \ldots, \mathbf{v}_i$ は正規直交系である． □

証明で示した正規直交系の構成法を**シュミットの直交化法**と呼ぶ．

命題 10.5 V を n 次元内積空間，$\mathbf{v}_1, \ldots, \mathbf{v}_n \in V$ を正規直交基底とする．任意のベクトル $\mathbf{v} \in V$ は

$$\mathbf{v} = (\mathbf{v}, \mathbf{v}_1)\mathbf{v}_1 + (\mathbf{v}, \mathbf{v}_2)\mathbf{v}_2 + \cdots + (\mathbf{v}, \mathbf{v}_n)\mathbf{v}_n \tag{10.4}$$

と表すことができる．また，

$$\|\mathbf{v}\|^2 = |(\mathbf{v}, \mathbf{v}_1)|^2 + |(\mathbf{v}, \mathbf{v}_2)|^2 + \cdots + |(\mathbf{v}, \mathbf{v}_2)|^2 \tag{10.5}$$

が成立している．

証明 ベクトル $\mathbf{v} \in V$ は，基底 $\mathbf{v}_1, \ldots, \mathbf{v}_n$ を用いて，

$$\mathbf{v} = a_1\mathbf{v}_1 + a_2\mathbf{v}_2 + \cdots + a_n\mathbf{v}_n$$

と表すことができる．このとき，$(\mathbf{v}_i, \mathbf{v}_j) = \delta_{ij}$ より，

$$(\mathbf{v}, \mathbf{v}_j) = \Big(\sum_{i=1}^n a_i\mathbf{v}_i, \mathbf{v}_j\Big) = a_j$$

である．これで，式 (10.4) を証明できた．また，

$$\|\mathbf{v}\|^2 = \Big(\sum_{i=1}^n a_i\mathbf{v}_i, \sum_{j=1}^n a_j\mathbf{v}_j\Big) = \sum_{i=1}^n |a_i|^2 = \sum_{i=1}^n |(\mathbf{v}, \mathbf{v}_i)|^2$$

である． □

式 (10.4) をベクトル $\mathbf{v}$ の正規直交基底 $\mathbf{v}_1, \ldots, \mathbf{v}_n$ による展開と呼ぶことにする．

10.3 直交補空間

定義 10.5 V を内積空間，$V \supset W$ を内積部分空間とするとき，W の任意のベクトルと直交するベクトルの全体を W の**直交補空間**といい，$W^\perp$ と記す．すなわち，

$$W^\perp = \{\mathbf{v} \in V \mid (\mathbf{v}, \mathbf{w}) = 0 \quad (\mathbf{w} \in W)\} \tag{10.6}$$

である．

直交補空間 $W^\perp$ はベクトル部分空間である．実際，$\mathbf{v}, \mathbf{v}' \in W^\perp$，$a \in \mathbf{K}$ とすると，任意の $\mathbf{w} \in W$ に対して，

$$(\mathbf{v} + \mathbf{v}', \mathbf{w}) = (\mathbf{v}, \mathbf{w}) + (\mathbf{v}', \mathbf{w}) = 0, \quad (a\mathbf{v}, \mathbf{w}) = a(\mathbf{v}, \mathbf{w}) = 0$$

となるからである．直交補空間も内積部分空間と見なす．さらに，

$$W \cap W^\perp = \{\mathbf{0}\} \tag{10.7}$$

である．なぜならば，$\mathbf{w} \in W \cap W^\perp$ とすると，$(\mathbf{w}, \mathbf{w}) = 0$ となるので，$\mathbf{w} = \mathbf{0}$．よって，$W \cap W^\perp = \{\mathbf{0}\}$ である．

命題 10.6 V を $\{\mathbf{0}\}$ でない有限次元の内積空間，$V \supset W$ を内積部分空間とする．このとき，V は W と $W^\perp$ の直和である．すなわち，

$$V = W \oplus W^\perp \tag{10.8}$$

である．とくに，

$$\dim W^\perp = \dim V - \dim W \tag{10.9}$$

である．

証明 $\dim V = n$，$\dim W = m$ とする．$W \neq \{\mathbf{0}\}$ として，その正規直交基底を $\mathbf{w}_1, \ldots, \mathbf{w}_m \in W$ とする．任意の $\mathbf{v} \in V$ に対して，

$$\mathbf{v}' = \sum_{i=1}^m (\mathbf{v}, \mathbf{w}_i) \mathbf{w}_i \in W, \quad \mathbf{v}'' = \mathbf{v} - \mathbf{v}'$$

とおくと，$(\mathbf{v}'', \mathbf{w}_i) = 0$ $(i = 1, \ldots, m)$ であるので，$\mathbf{v}'' \in W^\perp$ となる．よって，$V = W + W^\perp$ である．また，(10.7) が成立している．以上で，$V = W \oplus W^\perp$ である． □

命題 10.6 において，W の正規直交基底を $\mathbf{w}_1, \ldots, \mathbf{w}_m$，$W^\perp$ の正規直交基底を $\mathbf{w}_{m+1}, \ldots, \mathbf{w}_n$ とすれば，$\mathbf{w}_1, \ldots, \mathbf{w}_n$ は V の正規直交基底になる．任意のベクトル $\mathbf{v} \in V$ は，命題 10.5 より，

$$\mathbf{v} = \mathbf{v}' + \mathbf{v}'' \tag{10.10}$$

$$\mathbf{v}' = \sum_{i=1}^m (\mathbf{v}, \mathbf{w}_i) \mathbf{w}_i \in W, \quad \mathbf{v}'' = \sum_{i=m+1}^n (\mathbf{v}, \mathbf{w}_i) \mathbf{w}_i \in W^\perp \tag{10.11}$$

と，W のベクトルと $W^\perp$ のベクトルの和として一意的に表すことができる．

定義 10.6 写像 $P: V \longrightarrow V$ をつぎにより定義する．これを W への**正射影作用素**という．

$$P(\mathbf{v}) = \mathbf{v}' \tag{10.12}$$

正射影作用素は，第 9 章問 9.7 において考察した射影作用素の特別な場合である．正射影作用素の性質については 10.6 節で考察することにする．

10.4　ユニタリ変換，エルミート変換

V を有限次元の $\mathbf{K}$ 上の内積空間，$(\cdot,\cdot)$ をその内積とする．

定義 10.7　V 上の線型変換 T が

$$\bigl(T(\mathbf{u}), T(\mathbf{v})\bigr) = (\mathbf{u}, \mathbf{v}) \tag{10.13}$$

をすべての $\mathbf{u}, \mathbf{v} \in V$ に対してみたすとき，$\mathbf{K} = \mathbf{C}$ のときは**ユニタリ変換**，$\mathbf{K} = \mathbf{R}$ のときは**直交変換**という．

命題 10.7　(1)　式 (10.13) の成立は，

$$\|T(\mathbf{v})\| = \|\mathbf{v}\| \tag{10.14}$$

がすべての $\mathbf{v} \in V$ に対して成立つことと同値である．

(2)　ユニタリ変換（直交変換）は線型同型写像である．

証明　(1)　式 (10.13) から式 (10.14) が従うことは明らか．逆に，式 (10.14) から式 (10.13) が従うことを示す．(10.14) より，

$$\bigl(T(\mathbf{u}+\mathbf{v}), T(\mathbf{u}+\mathbf{v})\bigr) = (\mathbf{u}+\mathbf{v}, \mathbf{u}+\mathbf{v}),$$
$$\bigl(T(\mathbf{u}+i\mathbf{v}), T(\mathbf{u}+i\mathbf{v})\bigr) = (\mathbf{u}+i\mathbf{v}, \mathbf{u}+i\mathbf{v})$$

であるが，この二つの式は，それぞれ (10.13) の実部と虚部が等しいことを意味するので，(10.13) を得る．

(2)　(1) より，$T(\mathbf{v}) = \mathbf{0}$ ならば $\mathbf{v} = \mathbf{0}$ である．よって，T は単射である．第 9 章「次元定理」命題 9.14 より，T は線型同型写像である．　□

定義 10.8 線型変換 $T: V \longrightarrow V$ が

$$\bigl(T(\mathbf{u}), \mathbf{v}\bigr) = \bigl(\mathbf{u}, T(\mathbf{v})\bigr) \tag{10.15}$$

をすべての $\mathbf{u}, \mathbf{v} \in V$ に対してみたすとき，$\mathbf{K} = \mathbf{C}$ のときは**エルミート変換**，$\mathbf{K} = \mathbf{R}$ のときは**実対称変換**という．

定義 10.9 $A = (a_{ij})_{1 \leq i,j \leq n} \in M_n(\mathbf{C})$ に対して，

(1) $\overline{A} = (\overline{a_{ij}})_{1 \leq i,j \leq n}$ を A の**複素共役行列**という．さらに，

$$A^* = {}^t\overline{A} \tag{10.16}$$

を A の**エルミート共役行列**という．A が実行列であれば，エルミート共役行列は転置行列に他ならない．

(2) $A^*A = E$ をみたす行列を**ユニタリ行列**という．A が実行列，つまり $A \in M_n(\mathbf{R})$ のときは**直交行列**という．すなわち，直交行列は ${}^tAA = E$ をみたす実行列である．

(3) $A^* = A$ をみたす行列を**エルミート行列**という．A が実行列のときは**実対称行列**という．すなわち，実対称行列は ${}^tA = A$ をみたす実行列である．

エルミート共役の定義からつぎの命題は明らかであろう．

命題 10.8 エルミート共役について以下のことが成立つ．

(1) $A \in M_n(\mathbf{C})$ とすると，

$$(A\mathbf{x}, \mathbf{y}) = (\mathbf{x}, A^*\mathbf{y}) \quad (\mathbf{x}, \mathbf{y} \in \mathbf{C}^n) \tag{10.17}$$

である．

(2) $A, B \in M_n(\mathbf{C})$ とすると，

$$(A^*)^* = A \tag{10.18}$$
$$(AB)^* = B^*A^* \tag{10.19}$$

である．

エルミート行列，ユニタリ行列について基本的な注意を与えておく．

命題 10.9 (1) A がユニタリ行列（直交行列）ならば，$A^{-1} = A^*$ ($A^{-1} = {}^tA$) である．

(2) $A = (\mathbf{a}_1, \ldots, \mathbf{a}_n) \in M_n(\mathbf{C})$ を列ベクトル表示とすると，A がユニタリ行列（直交行列）であるための必要十分条件は，$\mathbf{a}_1, \ldots, \mathbf{a}_n$ が複素（実）ユークリッド・ベクトル空間 $\mathbf{C}^n$ ($\mathbf{R}^n$) の正規直交基底となることである．

(3) A, B がユニタリ行列（直交行列）ならば，AB, A^* (${}^tA$) もユニタリ行列（直交行列）である．

(4) A がエルミート行列（実対称行列），B がユニタリ行列（直交行列）ならば，$B^{-1}AB$ もエルミート行列（実対称行列）である．

証明 (1) $A^*A = E$ であるから，第 6 章命題 6.14 より，A は正則行列であり，$A^{-1} = A^*$ である．

(2) ユニタリ行列の定義は ${}^tA\overline{A} = E$ と書くことができる．

$$ {}^tA\overline{A} = \begin{pmatrix} {}^t\mathbf{a}_1 \\ \vdots \\ {}^t\mathbf{a}_n \end{pmatrix} (\overline{\mathbf{a}_1}, \ldots, \overline{\mathbf{a}_n}) = \big((\mathbf{a}_i, \mathbf{a}_j)\big)_{1 \leq i,j \leq n}, \quad E = (\delta_{ij})_{1 \leq i,j \leq n} $$

であるから，$\big((\mathbf{a}_i, \mathbf{a}_j)\big) = \delta_{ij}$．よって，$\mathbf{a}_1, \ldots, \mathbf{a}_n$ は正規直交基底である．

(3) $(AB)^*(AB) = (B^*A^*)(AB) = B^*(A^*A)B = B^*EB = B^*B = E$ である．また，ユニタリ行列に対しては，$A^{-1} = A^*$ であるから，$AA^* = AA^{-1} = E$ である．よって，$(A^*)^*A^* = AA^* = E$ なので，A^* もユニタリ行列である．

(4) (2) より，$B^{-1} = B^*$ であるから，$(B^{-1}AB)^* = (B^*AB)^* = B^*A^*(B^*)^* = B^{-1}AB$ を得る．よって，$B^{-1}AB$ はエルミート行列である． □

命題 10.10 V を $n(\geq 1)$ 次元の $\mathbf{K}$ 上の内積空間とする．$\mathcal{B} = \{\mathbf{v}_1, \ldots, \mathbf{v}_n\}$，$\mathcal{B}' = \{\mathbf{v}'_1, \ldots, \mathbf{v}'_n\}$ を V の正規直交基底とする．基底の変換 $\mathcal{B} \longrightarrow \mathcal{B}'$ の変換行列を P とするとき，P はユニタリ行列（直交行列）である．

証明 $P = (p_{ij})_{1 \leq i,j \leq n}$ とすると，$\mathbf{v}'_j = \sum_{i=1}^n p_{ij}\mathbf{v}_i$ であるから，

$$ \delta_{kl} = (\mathbf{v}'_k, \mathbf{v}'_l) = \Big(\sum_{i=1}^n p_{ik}\mathbf{v}_i, \sum_{j=1}^n p_{jl}\mathbf{v}_j\Big) $$

$$= \sum_{i,j=1}^{n} p_{ik}\overline{p_{jl}}(\mathbf{v}_i, \mathbf{v}_j) = \sum_{i,j=1}^{n} p_{ik}\overline{p_{jl}}\delta_{ij} = \sum_{i=1}^{n} p_{ik}\overline{p_{il}}$$

を得る．これは $^tP\overline{P} = E$ の成立を意味する．よって，P はユニタリ行列（直交行列）である． □

命題 10.11 V を $n(\geq 1)$ 次元の $\mathbf{K}$ 上の内積空間とする．

(1) V 上のユニタリ変換（直交変換）の正規直交基底に関する行列表示は，ユニタリ行列（直交行列）である．逆に，ある正規直交基底に関する行列表示がユニタリ行列（直交行列）である線型変換は，ユニタリ変換（直交変換）である．

(2) とくに，ユニタリ行列（直交行列）A で決る，$\mathbf{C}^n$ ($\mathbf{R}^n$) 上の線型変換 $T(\mathbf{x}) = A\mathbf{x}$ は，ユニタリ変換（直交変換）である．

(3) 正方行列 A がユニタリ行列（直交行列）であるための必要十分条件は，

$$\|A\mathbf{x}\| = \|\mathbf{x}\| \tag{10.20}$$

がすべてのベクトル $\mathbf{x} \in \mathbf{C}^n$ に対して成立つことである．

(4) V 上のエルミート変換（実対称変換）の正規直交基底に関する行列表示は，エルミート行列（実対称行列）である．逆に，ある正規直交基底に関する行列表示がエルミート行列（実対称行列）である線型変換は，エルミート変換（実対称変換）である．

(5) とくに，エルミート行列（実対称行列）A で決る，$\mathbf{C}^n$ ($\mathbf{R}^n$) 上の線型変換 $T(\mathbf{x}) = A\mathbf{x}$ は，エルミート変換（実対称変換）である．

証明 (1) $\mathcal{B} = \{\mathbf{v}_1, \ldots, \mathbf{v}_n\}$ を V の正規直交基底とする．このとき，

$$\bigl(T(\mathbf{v}_i), T(\mathbf{v}_j)\bigr) = (\mathbf{v}_i, \mathbf{v}_j)$$

より，$\mathcal{B}' = \{T(\mathbf{v}_1), \ldots, T(\mathbf{v}_n)\}$ も V の正規直交基底である．

$$T(\mathbf{v}_j) = \sum_{i=1}^{n} t_{ij}\mathbf{v}_i$$

とすると，命題 10.10 の証明で見たように，$\pi_{\mathcal{B}}(T) = (t_{ij})$ はユニタリ行列（直交行列）である．逆に，ある正規直交基底 $\mathcal{B} = \{\mathbf{v}_1, \ldots, \mathbf{v}_n\}$ に関する T の表現行列 $\pi_{\mathcal{B}}(T) = (t_{ij})$ が

10.4 ユニタリ変換，エルミート変換

ユニタリ行列（直交行列）であるとき（このとき，命題 10.9 と命題 10.10 により，すべての正規直交基底に関する表現行列がユニタリ行列になる），

$$\bigl(T(\mathbf{v}_i), T(\mathbf{v}_j)\bigr) = (\mathbf{v}_i, \mathbf{v}_j)$$

が成立つ．これより，すべてのベクトル $\mathbf{u}$, $\mathbf{v}$ に対して，

$$\bigl(T(\mathbf{u}), T(\mathbf{v})\bigr) = (\mathbf{u}, \mathbf{v})$$

が成立つので，T はユニタリ変換（直交変換）である．

(2) 線型変換 $T: \mathbf{C}^n \longrightarrow \mathbf{C}^n$, $T(\mathbf{x}) = A\mathbf{x}$ において，行列 A は標準基底に関する T の表現行列であった（第 9 章 (9.26) を参照）．標準基底は正規直交基底であるので，(1) より T はユニタリ変換である．

(3) ユークリッド・ベクトル空間のユニタリ変換 $T(\mathbf{x}) = A\mathbf{x}$ に対して式 (10.14) を用いればよい．

(4) $\mathcal{B} = \{\mathbf{v}_1, \ldots, \mathbf{v}_n\}$ を V の正規直交基底とする．このとき，

$$\bigl(T(\mathbf{v}_i), \mathbf{v}_j\bigr) = \bigl(\mathbf{v}_i, T(\mathbf{v}_j)\bigr)$$

である．そこで，

$$T(\mathbf{v}_i) = \sum_{i=1}^{n} t_{ki} \mathbf{v}_k$$

を上の式に代入すると，

$$\bigl(T(\mathbf{v}_i), \mathbf{v}_j\bigr) = \Bigl(\sum_{i=1}^{n} t_{ki} \mathbf{v}_k, \mathbf{v}_j\Bigr) = t_{ji}$$

を得る．同様に，

$$\bigl(\mathbf{v}_i, T(\mathbf{v}_j)\bigr) = \overline{t_{ij}}$$

なので，$\overline{t_{ij}} = t_{ji}$ である．よって，$\pi_\mathcal{B}(T) = (t_{ij})$ はエルミート行列（実対称行列）である．逆に，ある正規直交基底 $\mathcal{B} = \{\mathbf{v}_1, \ldots, \mathbf{v}_n\}$ に関する表現行列 $\pi_\mathcal{B}(T)$ がエルミート行列（実対称行列）ならば，

$$\bigl(T(\mathbf{v}_i), \mathbf{v}_j\bigr) = \bigl(\mathbf{v}_i, T(\mathbf{v}_j)\bigr)$$

が成立つ．よって，すべてのベクトル $\mathbf{u}$, $\mathbf{v}$ に対して，

$$\bigl(T(\mathbf{u}), \mathbf{v}\bigr) = \bigl(\mathbf{u}, T(\mathbf{v})\bigr)$$

が成立つので，T はエルミート変換（実対称変換）である．

(5) (2) の証明と同じである． □

10.5 随伴変換

V を $n(\geq 1)$ 次元の内積空間とし,その内積を $(\cdot,\cdot)$ とする. V の正規直交基底 $\mathcal{B} = \{\mathbf{v}_1,\ldots,\mathbf{v}_n\}$ を一つ選ぶ. V 上の線型変換 T の基底 $\mathcal{B}$ に関する表現行列を $\pi_{\mathcal{B}}(T) = A = (a_{ij})_{1 \leq i,j \leq n}$ とおく.

$T^* : V \longrightarrow V$ を

$$T^*(\mathbf{v}_j) = \sum_{i=1}^{n} \overline{a_{ji}}\, \mathbf{v}_i,$$

$$T^*(c_1 \mathbf{v}_1 + \cdots + c_n \mathbf{v}_n) = c_1 T^*(\mathbf{v}_1) + \cdots + c_n T^*(\mathbf{v}_n)$$

$(c_1,\ldots,c_n \in \mathbf{K})$ により定義する. T^* は V 上の線型変換であり,$\pi_{\mathcal{B}}(T^*) = A^*$ である. また,

$$\bigl(T(\mathbf{u}),\mathbf{v}\bigr) = \bigl(\mathbf{u},T^*(\mathbf{v})\bigr) \tag{10.21}$$

が成立している. 実際,$\mathbf{u} = \sum_{j=1}^{n} b_j \mathbf{v}_j$, $\mathbf{v} = \sum_{j=1} c_j \mathbf{v}_j$ とすると,

$$\bigl(T(\mathbf{u}),\mathbf{v}\bigr) = \sum_{j,k} b_j \overline{c_k}\, \bigl(T(\mathbf{v}_j),\mathbf{v}_k\bigr) = \sum_{j,k} b_j a_{kj} \overline{c_k}$$

であり,つぎも成立するからである.

$$\bigl(\mathbf{u},T^*(\mathbf{v})\bigr) = \sum_{j,k} b_j \overline{c_k}\, \bigl(\mathbf{v}_j,T^*(\mathbf{v}_k)\bigr) = \sum_{j,k} b_j a_{kj} \overline{c_k}$$

また,V の別の正規直交基底 $\mathcal{B}' = \{\mathbf{v}_1',\ldots,\mathbf{v}_n'\}$ に対して,$\pi_{\mathcal{B}'}(T) = A'$ とするとき,$\pi_{\mathcal{B}'}(T^*) = (A')^*$ である. 実際,基底の変換 $\mathcal{B} \longrightarrow \mathcal{B}'$ の変換行列を P とすると,命題 10.10 より,P はユニタリ行列(直交行列)であるので,

$$A' = \pi_{\mathcal{B}'}(T) = P^{-1} \pi_{\mathcal{B}}(T) P = P^{-1} A P = P^* A P$$

である. よって,

$$\pi_{\mathcal{B}'}(T^*) = P^{-1} \pi_{\mathcal{B}}(T^*) P = P^* A^* P = (P^* A P)^* = (A')^*$$

となるからである. すなわち,T^* の定義は,実は,正規直交基底の選び方によらない. T^* を T の**随伴変換**という.

随伴変換の定義からつぎの命題は明らかである.

10.6 正射影作用素

命題 10.12 $T(\mathbf{x}) = A\mathbf{x}$ $(\mathbf{x} \in \mathbf{C}^n)$ で定義される複素ユークリッド・ベクトル空間 $\mathbf{C}^n$ 上の線型変換 T に対して,

$$T^*(\mathbf{x}) = A^*\mathbf{x} \tag{10.22}$$

である.

エルミート変換, ユニタリ変換は随伴変換の概念を用いるとつぎのように説明される.

命題 10.13 V を $n(\geq 1)$ 次元の内積空間, V 上の線型変換 T についてつぎが成立する.

(1) $(T^*)^* = T$.

(2) T がエルミート変換 (実対称変換) であることは, $T = T^*$ の成立と同値である.

(3) T がユニタリ変換 (直交変換) であることは, $T^{-1} = T^*$ の成立と同値である.

証明 (1) 正方行列 A について, $(A^*)^* = A$ であることから従う.
(2) T をエルミート変換とすると, $(T(\mathbf{u}), \mathbf{v}) = (\mathbf{u}, T(\mathbf{v}))$ であるが, (10.21) より, これは $(\mathbf{u}, T(\mathbf{v})) = (\mathbf{u}, T^*(\mathbf{v}))$ と同値. 命題 10.2 より, $T(\mathbf{v}) = T^*(\mathbf{v})$ と同値. よって, $T = T^*$ と同値である.
(3) T がユニタリ変換であることは, (2) と同様の考察により, $T^* \circ T = \mathrm{id}_V$ の成立と同値であることが分る. そして, これが成立するとき T は単射である. 何故ならば, $T(\mathbf{v}) = \mathbf{0}$ とすると,

$$\mathbf{v} = \mathrm{id}_V(\mathbf{v}) = T^*(T(\mathbf{v})) = T^*(\mathbf{0}) = \mathbf{0}$$

となるからである. したがって, 第 9 章「次元定理」命題 9.14 より, T は線型同型写像である. よって, 逆写像 T^{-1} が存在する. よって, $T^* = T^* \circ \mathrm{id}_V = (T^* \circ T) \circ T^{-1} = T^{-1}$. 逆に, $T^{-1} = T^*$ ならば, $T^* \circ T = \mathrm{id}_V$ であるから, T はユニタリ変換である. □

10.6 正射影作用素

命題 10.14 V を $n(\geq 1)$ 次元の $\mathbf{K}$ 上の内積空間, W を V の内積部分空間とする. W への正射影作用素 P は $P^2 = P$ をみたすエルミート変換 (実対称変換) である. ただし, $P^2 = P \circ P$. 逆に, P が $P^2 = P$ をみたすエルミート変換 (実対称変換) ならば, P はある内積部分空間に関する正射影作用素である.

証明 正射影作用素は射影作用素の特別なものであるから，P が $P^2 = P$ をみたす線型変換であることはすでに分かっている（第 9 章問 9.7 を参照）．$\mathbf{u}, \mathbf{v} \in V$ を

$$\mathbf{u} = \mathbf{u}' + \mathbf{u}'', \quad \mathbf{u}' \in W, \ \mathbf{u}'' \in W^\perp$$
$$\mathbf{v} = \mathbf{v}' + \mathbf{v}'', \quad \mathbf{v}' \in W, \ \mathbf{v}'' \in W^\perp$$

と分解するとき，$P(\mathbf{u}) = \mathbf{u}'$, $P(\mathbf{v}) = \mathbf{v}'$ であるから，

$$\bigl(P(\mathbf{u}), \mathbf{v}\bigr) = (\mathbf{u}', \mathbf{v}' + \mathbf{v}'') = (\mathbf{u}', \mathbf{v}') = (\mathbf{u}, \mathbf{v}') = \bigl(\mathbf{u}, P(\mathbf{v})\bigr).$$

よって，P はエルミート変換（実対称変換）である．

逆に P が $P^2 = P$ をみたすエルミート変換（実対称変換）とする．$W = P(V)$ とおく．また，$Q = \mathrm{id}_V - P$ とする．これは $Q(\mathbf{u}) = \mathbf{u} - P(\mathbf{u})$ と定義される線型変換である．そして，$W' = Q(V)$ とおく．任意の $\mathbf{u} \in V$ に対して，

$$\mathbf{u} = P(\mathbf{u}) + (\mathbf{u} - P(\mathbf{u})) = P(\mathbf{u}) + Q(\mathbf{u})$$

であるから，$V = W + W'$ である．また，

$$\bigl(P(\mathbf{u}), Q(\mathbf{v})\bigr) = \bigl(P(\mathbf{u}), \mathbf{v} - P(\mathbf{v})\bigr)$$
$$= \bigl(\mathbf{u}, P(\mathbf{v} - P(\mathbf{v}))\bigr) = \bigl(\mathbf{u}, P(\mathbf{v}) - P^2(\mathbf{v})\bigr) = (\mathbf{u}, \mathbf{0}) = 0$$

であるから，$W' \subset W^\perp$ である．よって，$W \cap W' \subset W \cap W^\perp = \{\mathbf{0}\}$ であるから，

$$\dim W' = \dim V - \dim W + \dim(W \cap W') = \dim V - \dim W = \dim W^\perp.$$

よって，$W' = W^\perp$ である．以上で P が W への正射影作用素であることが分かった． □

命題 10.15 V を $n(\geq 1)$ 次元の $\mathbf{K}$ 上の内積空間，W を V の内積部分空間とする．$\mathbf{w}_1, \ldots, \mathbf{w}_m$ を W の正規直交基底，$\mathbf{w}_{m+1}, \ldots, \mathbf{w}_n$ を直交補空間 $W^\perp$ の正規直交基底とする．このとき，W への正射影作用素 P はつぎのように表すことができる．

$$P(\mathbf{v}) = \sum_{i=1}^m (\mathbf{v}, \mathbf{w}_i)\mathbf{w}_i = \mathbf{v} - \sum_{i=m+1}^n (\mathbf{v}, \mathbf{w}_i)\mathbf{w}_i \tag{10.23}$$

証明 $i = 1, \ldots, m$ に対して，$(\mathbf{v}, \mathbf{w}_i) = \bigl(P(\mathbf{v}), \mathbf{w}_i\bigr)$ であることに注意すれば，第一の等式を得る．また，$\mathbf{v} = \sum_{i=1}^n (\mathbf{v}, \mathbf{w}_i)\mathbf{w}_i$ より，第二の等式を得る． □

10.6 正射影作用素

式 (10.23) を見れば明らかなように，ここで定義された正射影作用素の概念は，第 2 章で考察された $\mathbf{R}^3$ におけるベクトルへの正射影や平面への正射影の一般化になっている．

この命題を一般化すれば，エルミート変換，ユニタリ変換を与えることができる．

命題 10.16 V を $n(\geq 1)$ 次元の $\mathbf{K}$ 上の内積空間とし，$\mathbf{v}_1, \ldots, \mathbf{v}_n$ を V の正規直交基底とする．n 個の実数 $c_1, \cdots, c_n$ を任意に選ぶ．このとき，

$$T(\mathbf{v}) = \sum_{i=1}^{n} c_i (\mathbf{v}, \mathbf{v}_i) \mathbf{v}_i \tag{10.24}$$

により定義される V 上の線型変換はエルミート変換（実対称変換）である．

証明 式 (10.25) で定義される T が V 上の線型変換であることは，内積の双線型性から明らかである．命題 10.5 より，$\mathbf{u} = \sum_{i=1}^{n} (\mathbf{u}, \mathbf{v}_i) \mathbf{v}_i$, $\mathbf{v} = \sum_{j=1}^{n} (\mathbf{v}, \mathbf{v}_j) \mathbf{v}_j$ と展開されている．よって，

$$\bigl(T(\mathbf{u}), \mathbf{v}\bigr) = \Bigl(\sum_{i=1}^{n} c_i (\mathbf{u}, \mathbf{v}_i) \mathbf{v}_i, \sum_{j=1}^{n} (\mathbf{v}, \mathbf{v}_j) \mathbf{v}_j\Bigr) = \sum_{i=1}^{n} c_i (\mathbf{u}, \mathbf{v}_i) \overline{(\mathbf{v}, \mathbf{v}_j)}$$

である．c_j らが実数であることに注意すれば，

$$\bigl(\mathbf{u}, T(\mathbf{v})\bigr) = \sum_{i=1}^{n} c_i (\mathbf{u}, \mathbf{v}_i) \overline{(\mathbf{v}, \mathbf{v}_j)}$$

であるから，これより T がエルミート変換（実対称変換）であることが分る． □

また，つぎの命題も成立つ．

命題 10.17 V を $n(\geq 1)$ 次元の $\mathbf{C}$ 上の内積空間とし，$\mathbf{v}_1, \ldots, \mathbf{v}_n$ を V の正規直交基底とする．絶対値が 1 の n 個の複素数 $c_1, \cdots, c_n$ を任意に選ぶ．このとき，

$$T(\mathbf{v}) = \sum_{i=1}^{n} c_i (\mathbf{v}, \mathbf{v}_i) \mathbf{v}_i \tag{10.25}$$

により定義される V 上の線型変換はユニタリ変換である．

証明 $|c_i| = 1$ に注意すれば，前の命題の証明と同様に，

$$\bigl(T(\mathbf{u}), T(\mathbf{v})\bigr) = \sum_{i=1}^{n} (\mathbf{u}, \mathbf{v}_i) \overline{(\mathbf{v}, \mathbf{v}_i)} = (\mathbf{u}, \mathbf{v})$$

を示すことができる．よって，T はユニタリ変換である． □

演習問題

問 10.1 つぎのベクトルから，シュミットの直交化法を用いて正規直交基底を作れ．

(1) $\begin{pmatrix} 1 \\ 2 \end{pmatrix}, \begin{pmatrix} 2 \\ 1 \end{pmatrix}$ (2) $\begin{pmatrix} 1 \\ 1 \\ 1 \end{pmatrix}, \begin{pmatrix} -1 \\ 1 \\ -1 \end{pmatrix}, \begin{pmatrix} 1 \\ 0 \\ 0 \end{pmatrix}$

(3) $\begin{pmatrix} 1 \\ 1 \\ i \end{pmatrix}, \begin{pmatrix} 1 \\ 0 \\ 2i \end{pmatrix}, \begin{pmatrix} 1 \\ i \\ 1 \end{pmatrix}$

問 10.2 複素ユークリッド・ベクトル空間 $\mathbf{C}^4$ のユークリッド・ベクトル部分空間

$$W = \{\mathbf{x} \in \mathbf{C}^4 \,|\, x_1 + x_2 + x_3 + ix_4 = 0\}$$

の正規直交基底を一組求めよ．

問 10.3 V を $\mathbf{K}$ 上の有限次元の内積空間，W, W_1, W_2 を V の内積部分空間とする．つぎのことを示せ．

(1) $(W^\perp)^\perp = W$.

(2) $(W_1 + W_2)^\perp = W_1^\perp \cap W_2^\perp$.

(3) $(W_1 \cap W_2)^\perp = W_1^\perp + W_2^\perp$.

問 10.4 (1) 斉次連立一次方程式

$$\begin{cases} x_1 + x_2 + x_3 - x_4 = 0 \\ x_1 + 2x_2 - x_3 - 2x_4 = 0 \end{cases}$$

の解空間 $W(\subset \mathbf{R}^4)$ の正規直交基底を求めよ．

(2) 直交補空間 $W^\perp$ の正規直交基底を求めよ．

(3) W への正射影作用素の標準基底に関する表現行列を求めよ．

問 10.5 (1) A がユニタリ行列のとき，$|\det A| = 1$ であることを示せ．

(2) A が直交行列であるとき，$\det A = \pm 1$ であることを示せ．

(3) A がエルミート行列であるとき，$\det A$ は実数であることを示せ．

問 10.6 (1) $\mathbf{v}_1 = \dfrac{1}{\sqrt{2}}\begin{pmatrix} 1 \\ -i \end{pmatrix}$, $\mathbf{v}_2 = \dfrac{1}{\sqrt{2}}\begin{pmatrix} -i \\ 1 \end{pmatrix}$ とおく．複素ユークリッド・ベクトル空間 $\mathbf{C}^2$ 上の線型変換 T を

$$T(\mathbf{x}) = (\cos\theta + i\sin\theta)(\mathbf{x}, \mathbf{v}_1)\mathbf{v}_1 + (\cos\theta - i\sin\theta)(\mathbf{x}, \mathbf{v}_2)\mathbf{v}_2$$

とおく．T の標準基底に関する表現行列を求めよ．

(2) $\mathbf{v}_1 = \begin{pmatrix} \cos\theta \\ \sin\theta \end{pmatrix}$, $\mathbf{v}_2 = \begin{pmatrix} -\sin\theta \\ \cos\theta \end{pmatrix}$ とおく．実ユークリッド・ベクトル空間 $\mathbf{R}^2$ 上の線型変換 S を

$$S(\mathbf{x}) = (\mathbf{x}, \mathbf{v}_1)\mathbf{v}_1 - (\mathbf{x}, \mathbf{v}_2)\mathbf{v}_2$$

とおく．S の標準基底に関する表現行列を求めよ．

問 10.7 V を $n(\geq 1)$ 次元の複素ユークリッド・ベクトル空間 $\mathbf{C}^n$ とし，$\mathbf{v}_1, \ldots, \mathbf{v}_n$ を V の正規直交基底とする．絶対値が 1 の n 個の複素数 $c_1, \cdots, c_n$ を任意に選んで，V 上の線型変換 T を

$$T(\mathbf{x}) = \sum_{i=1}^{n} c_i(\mathbf{x}, \mathbf{v}_i)\mathbf{v}_i$$

と定義する．これは，命題 10.17 により，$\mathbf{C}^n$ 上のユニタリ変換である．この変換を実ユークリッド・ベクトル空間 $\mathbf{R}^n$ 上に制限したときに，直交変換となるための条件を求めよ．

問 10.8 V を $n(\geq 1)$ 次元の $\mathbf{K}$ 上の内積空間，$V = V_1 \oplus V_2$ を V の直和分解，V_1 の基底を $\mathbf{v}_1, \ldots, \mathbf{v}_m$, V_2 の基底を $\mathbf{v}_{m+1}, \ldots, \mathbf{v}_n$ とする．$\mathcal{B} = \{\mathbf{v}_1, \ldots, \mathbf{v}_m, \mathbf{v}_{m+1}, \ldots, \mathbf{v}_n\}$ は V の基底である．つぎの問に答えよ．

(1) 基底 $\mathcal{B}$ に対して

$$(\mathbf{w}_i, \mathbf{v}_j) = \delta_{ij}$$

をみたすベクトル $\mathbf{w}_1, \ldots, \mathbf{w}_n$ が唯一通り存在することを示せ．

(2) $\mathcal{B}^* = \{\mathbf{w}_1, \ldots, \mathbf{w}_n\}$ は V の基底であることを示せ（これを $\mathcal{B}$ の**双対基底**という）．

(3) 任意のベクトル $\mathbf{v} \in V$ は

$$\mathbf{v} = \sum_{i=1}^{n} (\mathbf{v}, \mathbf{w}_i)\mathbf{v}_i$$

と展開されることを示せ．

(4) 線型変換 $P_i : V \longrightarrow V \ (i=1,2)$ を

$$P_1(\mathbf{v}) = \sum_{i=1}^{m} (\mathbf{v}, \mathbf{w}_i)\mathbf{v}_i, \quad P_2(\mathbf{v}) = \sum_{i=m+1}^{n} (\mathbf{v}, \mathbf{w}_i)\mathbf{v}_i,$$

とする．P_i が V_i への $V_j \ (j \neq i)$ に平行な射影であることを証明せよ．

問 10.9 n 次正則行列 A の列ベクトル表示を，$A = (\mathbf{a}_1, \ldots, \mathbf{a}_n)$ とし，逆行列 A^{-1} の行ベクトル表示を，$A^{-1} = \begin{pmatrix} \widehat{\mathbf{a}}_1 \\ \vdots \\ \widehat{\mathbf{a}}_n \end{pmatrix}$ とする．$\mathcal{B} = \{\mathbf{a}_1, \ldots, \mathbf{a}_n\}$ は $\mathbf{K}^n$ の基底である．

(1) $\mathbf{a}_i^* = \overline{{}^t\widehat{\mathbf{a}}_i} \in \mathbf{K}^n$ とおく．$\mathcal{B}^* = \{\mathbf{a}_1^*, \ldots, \mathbf{a}_n^*\}$ が $\mathcal{B}$ の双対基底であることを示せ．

(2) $1 \leq m \leq n-1$ とする．n 次行列 $P_i \ (i=1,2)$ を

$$P_1 = A \begin{pmatrix} \widehat{\mathbf{a}}_1 \\ \vdots \\ \widehat{\mathbf{a}}_m \\ \widehat{\mathbf{0}} \\ \vdots \\ \widehat{\mathbf{0}} \end{pmatrix}, \quad P_2 = A \begin{pmatrix} \widehat{\mathbf{0}} \\ \vdots \\ \widehat{\mathbf{0}} \\ \widehat{\mathbf{a}}_{m+1} \\ \vdots \\ \widehat{\mathbf{a}}_n \end{pmatrix}$$

とおくとき，$P_i^2 = P_i$，$P_1 + P_2 = E$，$P_i P_j = O \ (i \neq j)$ であることを示せ．ただし $\widehat{\mathbf{0}} \in \widehat{\mathbf{K}^n}$ は零ベクトルである．

第11章
エルミート行列とユニタリ行列の対角化

11.1 線型変換の固有値と固有ベクトル

V を $\mathbf{K}$ 上の $\{\mathbf{0}\}$ でない有限次元のベクトル空間，$T: V \longrightarrow V$ を V 上の線型変換とする．

定義 11.1 ベクトル $\mathbf{v} \neq \mathbf{0}$ が T の**固有ベクトル**であるとは，ある $\alpha \in \mathbf{K}$ が存在して，

$$T(\mathbf{v}) = \alpha \mathbf{v} \tag{11.1}$$

となることをいう．このとき，α を T の**固有値**という．また，$\mathbf{v}$ を固有値 α に対する固有ベクトルという．

つぎに行列の固有ベクトル，固有値について定義する．

定義 11.2 n 次行列 A の固有ベクトル，固有値とは，A によって決る $\mathbf{C}^n$ 上の線型変換 $T: \mathbf{C}^n \longrightarrow \mathbf{C}^n$, $T(\mathbf{x}) = A\mathbf{x}$ $(\mathbf{x} \in \mathbf{C}^n)$ の固有ベクトル，固有値のことである．すなわち，A の固有値 α の固有ベクトルとは，

$$A\mathbf{p} = \alpha \mathbf{p} \tag{11.2}$$

みたす $\mathbf{0}$ でないベクトル $\mathbf{p} \in \mathbf{C}^n$ のことである．

命題 11.1 A を n 次行列とする．$\mathbf{p} \in \mathbf{C}^n$ が固有値 $\alpha \in \mathbf{C}$ の A の固有ベクトルであるとき，α は代数方程式

$$f_A(\lambda) = \det(\lambda E - A) = 0 \tag{11.3}$$

の根である．つまり $f_A(\alpha) = 0$ をみたす．逆に，$\alpha \in \mathbf{C}$ が上の方程式の根であれば，ある $\mathbf{p} \neq \mathbf{0}$ が存在して，$\mathbf{p}$ は固有値 α の固有ベクトルになる．

証明 $\mathbf{x} \neq \mathbf{0}$ が，$(A - \alpha E)\mathbf{x} = \mathbf{0}$ をみたすことになるので，$\alpha E - A$ は正則行列ではない．よって，$\det(\alpha E - A) = 0$ である．逆に，$\det(\alpha E - A) = 0$ であれば，$\alpha E - A$ は正則行列ではないので，斉次連立一次方程式 $(A - \alpha E)\mathbf{x} = \mathbf{0}$ は，第9章命題9.15 より，非自明な解 $\mathbf{x}$ を持つ．$\mathbf{x}$ は固有値 α の固有ベクトルである． □

定義 11.3 λ の多項式 $f_A(\lambda)$ を行列 A の**特性多項式**，または**固有多項式**という．そして，方程式 (11.3) を A の**特性方程式**または**固有方程式**といい，その根を**特性根**という．

命題 11.1 より，行列 A の固有値と特性根は一致する．特性多項式 $f_A(\lambda)$ は，下の例からも分るように λ の n 次多項式なので，第 6 章「代数学の基本定理」命題 6.17 により，特性根は複素数の範囲で重複度も入れて n 個存在する．

また A が実行列の場合は，$\alpha \in \mathbf{R}$ であれば（すなわち α は実特性根），$\mathbf{p} \in \mathbf{R}^n$ をみたす固有ベクトルが存在する（すなわち $\mathbf{p}$ は実固有ベクトルである）．

例 11.1 2 次行列 $A = \begin{pmatrix} a_{11} & a_{12} \\ a_{21} & a_{22} \end{pmatrix}$ の特性多項式は

$$f_A(\lambda) = \begin{vmatrix} \lambda - a_{11} & -a_{12} \\ -a_{21} & \lambda - a_{22} \end{vmatrix} = \lambda^2 - (a_{11} + a_{22})\lambda + (a_{11}a_{22} - a_{12}a_{21})$$
$$= \lambda^2 - (\operatorname{tr} A)\lambda + \det A$$

である．

例 11.2 3 次行列 $A = \begin{pmatrix} a_{11} & a_{12} & a_{13} \\ a_{21} & a_{22} & a_{23} \\ a_{31} & a_{32} & a_{33} \end{pmatrix}$ の特性多項式は

$$f_A(\lambda) = \begin{vmatrix} \lambda - a_{11} & -a_{12} & -a_{13} \\ -a_{21} & \lambda - a_{22} & -a_{23} \\ -a_{31} & -a_{32} & \lambda - a_{33} \end{vmatrix}$$
$$= \lambda^3 - (a_{11} + a_{22} + a_{33})\lambda^2 + \left\{ \begin{vmatrix} a_{11} & a_{12} \\ a_{21} & a_{22} \end{vmatrix} + \begin{vmatrix} a_{11} & a_{13} \\ a_{31} & a_{33} \end{vmatrix} + \begin{vmatrix} a_{22} & a_{23} \\ a_{32} & a_{33} \end{vmatrix} \right\} \lambda$$
$$- \begin{vmatrix} a_{11} & a_{12} & a_{13} \\ a_{21} & a_{22} & a_{23} \\ a_{31} & a_{32} & a_{33} \end{vmatrix}$$

である．

問 11.1 つぎの行列の特性多項式と固有値，また，対応する固有ベクトルを求めよ．

(1) $\begin{pmatrix} \cos\theta & -\sin\theta \\ \sin\theta & \cos\theta \end{pmatrix}$ (2) $\begin{pmatrix} \cos 2\theta & \sin 2\theta \\ \sin 2\theta & -\cos 2\theta \end{pmatrix}$ (3) $\begin{pmatrix} 0 & 1 & 0 \\ 0 & 0 & 1 \\ 1 & 0 & 0 \end{pmatrix}$

(4) $\begin{pmatrix} 1 & 0 & 1 \\ 0 & 1 & 1 \\ 1 & 1 & 0 \end{pmatrix}$
(5) $\begin{pmatrix} 1 & 0 & i \\ 0 & 1 & i \\ -i & -i & 0 \end{pmatrix}$

V を $\mathbf{K}$ 上の $n\,(\geq 1)$ 次元ベクトル空間, $\mathcal{B} = \{\mathbf{v}_1, \ldots, \mathbf{v}_n\}$ を V の基底, $T : V \longrightarrow V$ を V 上の線型変換とする.第 9 章命題 9.25 よりつぎの命題を得る.

命題 11.2 $\mathbf{v} \in V$ を固有値 $\alpha \in \mathbf{K}$ の T 固有ベクトルとする.$\mathbf{v} = \sum_{i=1}^{n} x_i \mathbf{v}_i$ とする.T の基底 $\mathcal{B}$ に関する表現行列を A とするとき, α は A の固有値であり, $\mathbf{x} = \begin{pmatrix} x_1 \\ \vdots \\ x_n \end{pmatrix} \in \mathbf{K}^n$ は対応する固有ベクトルである.

$\mathcal{B}' = \{\mathbf{v}'_1, \ldots, \mathbf{v}'_n\}$ を V のもう一つの基底とするとき,つぎの命題が成立する.

命題 11.3 T の基底 $\mathcal{B}'$ に関する表現行列を A' とするとき, A の特性多項式と A' の特性多項式は等しい.

証明 基底の変換 $\mathcal{B} \longrightarrow \mathcal{B}'$ の変換行列を P とすると,第 9 章命題 9.27 より, $A' = P^{-1}AP$ である.よって,

$$f_{A'}(\lambda) = \det(\lambda E - A') = \det\left\{P^{-1}(\lambda E - A)P\right\} = \det(\lambda E - A) = f_A(\lambda)$$

を得る. □

この命題により, V 上の線型変換 $T : V \longrightarrow V$ の特性多項式をつぎのように定義することができる.

定義 11.4 V 上の線型変換 $T : V \longrightarrow V$ の特性多項式とは, V の基底に関する T の表現行列の特性多項式である.これを $f_T(\lambda)$ と記す.

したがって, T の固有値とは, $\mathbf{K} = \mathbf{C}$ のときは, T の特性根(特性方程式 $f_T(\lambda) = 0$ の根)に他ならず, $\mathbf{K} = \mathbf{R}$ のときは, T の実特性根のことである.

11.2 エルミート変換とユニタリ変換の固有値

エルミート変換，ユニタリ変換の固有値について考察する．

命題 11.4 (1) V は $\mathbf{C}$ 上の $n\ (\geq 1)$ 次元内積空間とする．V 上のエルミート変換の固有値は実数である．

(2) エルミート行列の固有値は実数である．

(3) 実対称行列の固有値は実数である．

証明 (1) $T: V \longrightarrow V$ をエルミート変換，$(\cdot, \cdot)$ を V の内積とする．$T(\mathbf{v}) = \alpha \mathbf{v}$, $\|\mathbf{v}\| = 1$ とすると，
$$\alpha = (\alpha \mathbf{v}, \mathbf{v}) = \big(T(\mathbf{v}), \mathbf{v}\big) = \big(\mathbf{v}, T(\mathbf{v})\big) = (\mathbf{v}, \alpha \mathbf{v}) = \overline{\alpha}$$
であるから，α は実数である．

(2) A を n 次のエルミート行列とする．A の固有値は線型変換 $T(\mathbf{x}) = A\mathbf{x}\ (\mathbf{x} \in \mathbf{C}^n)$ の固有値のことである．第 10 章命題 10.11 より T はエルミート変換であるから，(1) より A の固有値は実数である．

(3) 実対称行列は実のエルミート行列であるので，(2) より従う． □

命題 11.5 (1) V は $\mathbf{C}$ 上の $n\ (\geq 1)$ 次元内積空間とする．V 上のユニタリ変換の固有値は絶対値が 1 の複素数である．

(2) ユニタリ行列の固有値は絶対値が 1 の複素数である．

(3) 直交行列の固有値は絶対値が 1 の複素数である．

証明 (1) だけ示す．$T: V \longrightarrow V$ をユニタリ変換，$T(\mathbf{v}) = \alpha \mathbf{v}$, $\|\mathbf{v}\| = 1$ とすると，
$$|\alpha|^2 = (\alpha \mathbf{v}, \alpha \mathbf{v}) = \big(T(\mathbf{v}), T(\mathbf{v})\big) = (\mathbf{v}, \mathbf{v}) = 1$$
よって，$|\alpha| = 1$ である． □

命題 11.4 より，実対称行列の固有ベクトルは実ベクトルの範囲で考えればよいことが分る．一方において，直交行列は実行列ではあるが，固有値が必ずしも実数とは限らないので固有ベクトルは複素ベクトルの範囲で考える必要がある．

例 11.3 $A = \begin{pmatrix} \cos\theta & -\sin\theta \\ \sin\theta & \cos\theta \end{pmatrix}$ は直交行列である．固有値は $\cos\theta \pm i\sin\theta$ であり，固有ベクトルとして $\begin{pmatrix} 1 \\ \mp i \end{pmatrix}$ を選ぶことができる．一方，$B = \begin{pmatrix} \cos 2\theta & \sin 2\theta \\ \sin 2\theta & -\cos 2\theta \end{pmatrix}$ も直交行列であるが，固有値は ± 1 であり，固有ベクトルとして $\begin{pmatrix} \cos\theta \\ \sin\theta \end{pmatrix}$, $\begin{pmatrix} -\sin\theta \\ \cos\theta \end{pmatrix}$ を選ぶことができる．

11.3 エルミート変換とユニタリ変換の固有ベクトル

命題 11.6 V を $n\ (\geq 1)$ 次元の $\mathbf{K}$ 上のベクトル空間とし，T を V 上の線型変換とする．$\mathbf{v}_1,\ldots,\mathbf{v}_k$ を固有値 $\alpha_1,\ldots,\alpha_k$ の固有ベクトルとする．これらの固有値が相異なるならば，$\mathbf{v}_1,\ldots,\mathbf{v}_k$ は線型独立である．

証明 $k\ (\geq 1)$ に関する帰納法で証明する．$k=1$ のとき主張は明らかに成立する．そこで，$\mathbf{v}_1,\ldots,\mathbf{v}_{k-1}$ が線型独立であることを仮定して，$\mathbf{v}_1,\ldots,\mathbf{v}_{k-1},\mathbf{v}_k$ が線型独立であることを示そう．$\mathbf{v}_1,\ldots,\mathbf{v}_k$ の間の線型関係

$$c_1\mathbf{v}_1 + \cdots + c_k\mathbf{v}_k = \mathbf{0}$$

を仮定する．この式に線型変換 T を作用させると，

$$c_1\alpha_1\mathbf{v}_1 + \cdots + c_{k-1}\alpha_{k-1}\mathbf{v}_{k-1} + c_k\alpha_k\mathbf{v}_k = \mathbf{0}$$

を得る．一方，最初の関係式に α_k を乗じることで，

$$c_1\alpha_k\mathbf{v}_1 + \cdots + c_{k-1}\alpha_k\mathbf{v}_{k-1} + c_k\alpha_k\mathbf{v}_k = \mathbf{0}$$

これら二つの式を引き算して，

$$c_1(\alpha_1 - \alpha_k)\mathbf{v}_1 + \cdots + c_{k-1}(\alpha_{k-1} - \alpha_k)\mathbf{v}_{k-1} = \mathbf{0}$$

を得る．帰納法の仮定より，

$$c_1(\alpha_1 - \alpha_k) = \cdots = c_{k-1}(\alpha_{k-1} - \alpha_k) = 0$$

であるが，$\alpha_1,\ldots,\alpha_{k-1},\alpha_k$ は相異なるので，$c_1 = \cdots = c_{k-1} = 0$ である．これより，$c_k = 0$ も従う．よって，$\mathbf{v}_1,\ldots,\mathbf{v}_k$ は線型独立である． □

この命題の特別な場合としてつぎの主張を得る.

命題 11.7 V を n (≥ 1) 次元の $\mathbf{K}$ 上のベクトル空間, T を V 上の線型変換とする. T が相異なる n 個の固有値をもてば, V は T の固有ベクトルから成る基底をもつ.

証明 $\alpha_1, \ldots, \alpha_n$ を T のすべての固有値（これらは相異なる）, $\mathbf{v}_1, \ldots, \mathbf{v}_n$ を対応する固有ベクトルとすると, 命題 11.6 によりこれらは線型独立である. したがって, 第 9 章命題 9.11 より, $\mathbf{v}_1, \ldots, \mathbf{v}_n$ は V の基底である. □

エルミート変換, ユニタリ変換に対してつぎの命題が成立つ.

命題 11.8 V を $\mathbf{C}$ 上の n (≥ 1) 次元内積空間, T を V 上のエルミート変換, または, ユニタリ変換とする. つぎのことが成立する.

(1) $\bigl(T(\mathbf{u}), T(\mathbf{v})\bigr) = \bigl(T^*(\mathbf{u}), T^*(\mathbf{v})\bigr)$.

(2) $\|T(\mathbf{v})\| = \|T^*(\mathbf{v})\|$.

(3) $\mathbf{v}$ を固有値 α の T の固有ベクトルとすると, $\mathbf{v}$ は固有値 $\overline{\alpha}$ の T^* の固有ベクトルである.

(4) $\mathbf{v}$ を固有値 α の T の固有ベクトルとする. $\mathbf{v}$ の直交補空間を

$$W = \{\mathbf{w} \in V \mid (\mathbf{w}, \mathbf{v}) = 0\}$$

とおくと, $T(W) \subset W$ である.

証明 (1) 第 10 章命題 10.13 より, T がエルミート変換ならば, $T = T^*$ であるから, $T^* \circ T = T \circ T^* = T^2$ である. また, T がユニタリ変換ならば $T^{-1} = T^*$ であるから, $T^* \circ T = T \circ T^* = \mathrm{id}_V$ である. よって, どちらの場合も第 10 章 (10.21) より

$$\bigl(T(\mathbf{u}), T(\mathbf{v})\bigr) = \bigl(\mathbf{u}, T^*(T(\mathbf{v}))\bigr) = \bigl(\mathbf{u}, T(T^*(\mathbf{v}))\bigr) = \bigl(T^*(\mathbf{u}), T^*(\mathbf{v})\bigr)$$

したがって, (1) が成立する.

(2) (1) より明らか.

(3) $(T - \alpha \mathrm{id}_V)\mathbf{v} = \mathbf{0}$ である. ここで, $(T - \alpha \mathrm{id}_V)^* = T^* - \overline{\alpha}\mathrm{id}_V$ は明らか. したがって, (2) より,

$$0 = \|(T - \alpha \mathrm{id}_V)\mathbf{v}\| = \|(T^* - \overline{\alpha}\mathrm{id}_V)\mathbf{v}\|$$

である．よって，$T^*(\mathbf{v}) = \overline{\alpha}\mathbf{v}$ である．

(4) $\mathbf{w} \in W$ とすると，

$$\bigl(T(\mathbf{w}), \mathbf{v}\bigr) = \bigl(\mathbf{w}, T^*(\mathbf{v})\bigr) = (\mathbf{w}, \overline{\alpha}\mathbf{v}) = \alpha(\mathbf{w}, \mathbf{v}) = 0$$

なので，$T(\mathbf{w}) \in W$．よって，$T(W) \subset W$ である． □

命題 11.9 V は $\mathbf{C}$ 上の $n\ (\geq 1)$ 次元内積空間とする．T を V 上のエルミート変換，または，ユニタリ変換とする．異なる固有値に対する T の固有ベクトルは直交する．

証明 T の固有ベクトル $\mathbf{v}_1, \ldots, \mathbf{v}_k$ の固有値 $\alpha_1, \ldots, \alpha_k$ は相異なるとする．$i \neq j$ に対して，

$$\alpha_i(\mathbf{v}_i, \mathbf{v}_j) = (\alpha_i \mathbf{v}_i, \mathbf{v}_j) = \bigl(T(\mathbf{v}_i), \mathbf{v}_j\bigr) = \bigl(\mathbf{v}_i, T^*(\mathbf{v}_j)\bigr)$$
$$= (\mathbf{v}_i, \overline{\alpha_j}\mathbf{v}_j) = \alpha_j(\mathbf{v}_i, \mathbf{v}_j)$$

である．よって，$(\mathbf{v}_i, \mathbf{v}_j) = 0$ である． □

定理 11.10 V は $\mathbf{C}$ 上の $n\ (\geq 1)$ 次元内積空間，T を V 上のエルミート変換，または，ユニタリ変換とする．このとき，T の固有ベクトルからなる V の正規直交基底が存在する．

証明 T をエルミート変換として証明する．ユニタリ変換の場合の証明もまったく同じである．

ベクトル空間の次元に関する帰納法で証明する．次元が 1 のときは明らかである．そこで，$n-1$ 次元ベクトルに対して主張は正しいと仮定する．この仮定のもとで，$\dim V = n$ の場合を示す．

まず，T の固有ベクトルで長さが 1 のものが存在する．それを $\mathbf{v}_1$，固有値を α_1 とする．$W = \{\mathbf{w} \in V \mid (\mathbf{w}, \mathbf{v}_1) = 0\}$ とおくと，W は第 10 章命題 10.6 より $n-1$ 次元の内積部分空間であり，命題 11.8 により，$T(W) \subset W$ である．W は V の内積部分空間なので，

$$\bigl(T(\mathbf{w}), \mathbf{w}'\bigr) = \bigl(\mathbf{w}, T(\mathbf{w}')\bigr)$$

が W の任意のベクトル $\mathbf{w}, \mathbf{w}'$ に対して成立つ．よって，T は W 上にエルミート変換を定める．$\dim W = n-1$ であるので，帰納法の仮定により，W は T の固有ベクトルからなる正規直交基底 $\mathbf{v}_2, \ldots, \mathbf{v}_n$ をもつ．このとき，$\mathbf{v}_1, \mathbf{v}_2, \ldots, \mathbf{v}_n$ は V の正規直交基底である． □

定理 11.10 より，エルミート変換，ユニタリ変換の表示に関するつぎの命題を得る．

命題 11.11 V は $\mathbf{C}$ 上の n (≥ 1) 次元内積空間とする．T を V 上のエルミート変換，もしくはユニタリ変換とする．$\mathbf{v}_1, \ldots, \mathbf{v}_n$ を T の固有値からなる V の正規直交基底，$\alpha_1, \ldots, \alpha_n$ をその固有値とする．このとき，T は

$$T(\mathbf{v}) = \alpha_1(\mathbf{v}, \mathbf{v}_1)\mathbf{v}_1 + \cdots + \alpha_n(\mathbf{v}, \mathbf{v}_n)\mathbf{v}_n \tag{11.4}$$

と表示される．

証明 (11.4) の右辺により定義される V 上の線型変換を S とする．$S(\mathbf{v}_i) = \alpha_i \mathbf{v}_i$ であり，$\mathbf{v}_1, \ldots, \mathbf{v}_n$ が V の基底なので，$S = T$ である． □

第 10 章命題 10.16, 命題 10.17 と命題 11.11 を合わせれば，内積空間上の線型変換 T がエルミート変換またはユニタリ変換であるための必要十分条件は正規直交基底 $\mathbf{v}_1, \ldots, \mathbf{v}_n$ と固有値 $\alpha_1, \ldots, \alpha_n$（エルミート変換のときはすべて実数，ユニタリ変換のときすべて絶対値が 1 の複素数）により T が式 (11.4) の形に表現されることであることが分る．

この事実を固有空間とスペクトル分解という概念を導入することで述べることにしよう．V は $\mathbf{C}$ 上の n (≥ 1) 次元内積空間，T を V 上の線型変換とする．α を T の固有値とするとき，

$$W_\alpha = \{\mathbf{v} \in V \mid T(\mathbf{v}) = \alpha \mathbf{v}\} \tag{11.5}$$

とおく．これを固有値 α の**固有空間**という．これは内積部分空間である．

T を V 上のエルミート変換，もしくは，ユニタリ変換とする．$\mathbf{v}_1, \ldots, \mathbf{v}_n$ を T の固有値からなる V の正規直交基底，$\alpha_1, \ldots, \alpha_n$ をその固有値とする．$\alpha_{i_1}, \ldots, \alpha_{i_r}$ を相異なる固有値の全体として，

$$\mathbf{v}_j \quad (1 \leq j \leq m_1)$$

の固有値を α_{i_1},

$$\mathbf{v}_j \quad (m_1 + 1 \leq j \leq m_1 + m_2)$$

の固有値を $\alpha_{i_2}, \ldots$ として，

$$\mathbf{v}_j \quad (m_1 + \cdots + m_{r-1} + 1 \leq j \leq m_1 + \cdots + m_r = n)$$

の固有値を α_{i_r} とする．このとき，$\mathbf{v}_j$ $(1 \leq j \leq m_1)$ は固有空間 $W_{\alpha_{i_1}}$ の正規直交基底であり（$\dim W_{\alpha_{i_1}} = m_1$），$\mathbf{v}_j$ $(m_1 + 1 \leq j \leq m_1 + m_2)$ は固有空間 $W_{\alpha_{i_2}}$ の正規直交基底

であり $(\dim W_{\alpha_{i_2}} = m_2)$, ..., $\mathbf{v}_j$ $(m_1 + \cdots + m_{r-1} + 1 \leq j \leq m_1 + \cdots + m_r = n)$ は固有空間 $W_{\alpha_{i_r}}$ の正規直交基底である $(\dim W_{\alpha_{i_r}} = m_r)$.

このとき, V 上の線型変換 P_k $(k = 1, \ldots, r)$ をつぎにより定義する.

$$P_k(\mathbf{v}) = \sum_{j=m_1+\cdots+m_{k-1}+1}^{m_1+\cdots+m_k} (\mathbf{v}, \mathbf{v}_j) \mathbf{v}_j \tag{11.6}$$

ただし, $m_0 = 0$ とする. 第 10 章命題 10.15 より, P_k は固有空間 $W_{\alpha_{i_k}}$ への正射影作用素であり,

$$P_k^2 = P_k, \quad (P_k)^* = P_k, \quad P_1 + \cdots + P_r = \mathrm{id}_V, \quad P_k \circ P_l = O_V \ (k \neq l) \tag{11.7}$$

をみたしている.

命題 11.11 よりつぎを得る.

命題 11.12 T をエルミート変換, もしくは, ユニタリ変換として, $P_1, \ldots, P_r$ を上で導入した正射影作用素とする. このとき, T はつぎのようにこれらの正射影作用素の線型結合として表示される.

$$T = \alpha_{i_1} P_1 + \cdots + \alpha_{i_r} P_r \tag{11.8}$$

式 (11.8) を T の**スペクトル分解**という.

11.4 エルミート行列とユニタリ行列の対角化

前節で準備した線型変換の固有ベクトルに関する諸命題を行列の対角化の議論に応用する.

n 次行列 A が定義する $\mathbf{C}^n$ 上の線型変換 $T(\mathbf{x}) = A\mathbf{x}$ $(\mathbf{x} \in \mathbf{C}^n)$ に命題 11.7 を用いると, A の固有値 $\alpha_1, \ldots, \alpha_n \in \mathbf{C}$ がすべて相異なるとき, 対応する固有ベクトル $\mathbf{p}_1, \ldots, \mathbf{p}_n \in \mathbf{C}^n$ は線型独立であるから,

$$P = (\mathbf{p}_1, \ldots, \mathbf{p}_n) \quad (\text{列ベクトル表示})$$

は正則行列である (第 9 章命題 9.19 による). $A\mathbf{p}_j = \alpha_j \mathbf{p}_j$ $(j = 1, \ldots, n)$ であるから, D を $\alpha_1, \ldots, \alpha_n$ をこの順番に対角成分に並べて得られる対角行列を

$$D = \begin{pmatrix} \alpha_1 & 0 & \cdots & 0 \\ 0 & \alpha_2 & \cdots & 0 \\ \vdots & \vdots & \ddots & \vdots \\ 0 & 0 & \cdots & \alpha_n \end{pmatrix} \tag{11.9}$$

とすると，
$$AP = PD$$
である（第 5 章 5.5 節を参照）．まとめるとつぎの命題を得る．

命題 11.13 n 次行列 A が相異なる固有値 $\alpha_1, \ldots, \alpha_n$ を持つとする．固有ベクトル $\mathbf{p}_1, \ldots, \mathbf{p}_n \in \mathbf{C}^n$ ($A\mathbf{p}_j = \alpha_j \mathbf{p}_j$) を並べて得られる正則行列 $P = (\mathbf{p}_1, \ldots, \mathbf{p}_n)$ による相似変換 $P^{-1}AP$ は

$$P^{-1}AP = D \tag{11.10}$$

と対角行列になる．

この命題において，A が実行列，固有値がすべて実数であれば，固有ベクトルも実ベクトルの範囲で取ることができるので，P は実の正則行列となる．

問 11.2 つぎの行列を対角化せよ．

(1) $\begin{pmatrix} 0 & 1 & 0 \\ 0 & 0 & 1 \\ 6 & -11 & 6 \end{pmatrix}$ (2) $\begin{pmatrix} 0 & 1 & 0 \\ 0 & 0 & 1 \\ 1 & 0 & 0 \end{pmatrix}$ (3) $\begin{pmatrix} 0 & 1 & 0 & 0 \\ 0 & 0 & 1 & 0 \\ 0 & 0 & 0 & 1 \\ -24 & 50 & -35 & 10 \end{pmatrix}$

つぎに n 次のエルミート行列 A の対角化を考える．A が定める複素ユークリッド・ベクトル空間 $\mathbf{C}^n$ 上の線型変換 $T(\mathbf{x}) = A\mathbf{x}$ は，第 10 章命題 10.11 より，エルミート変換であるから，A の固有ベクトル $\mathbf{p}_1, \ldots, \mathbf{p}_n$ からなる $\mathbf{C}^n$ の正規直交基底が存在する．対応する固有値を $\alpha_1, \ldots, \alpha_n$ とする．固有ベクトルを並べて得られる n 次行列 $P = (\mathbf{p}_1, \ldots, \mathbf{p}_n)$ はユニタリ行列である（第 10 章命題 10.9 による）．

同様のことがユニタリ行列についても成立つ．

命題 11.14 A を n 次エルミート行列（あるいは，ユニタリ行列）とする．A の固有ベクトル $\mathbf{p}_1, \ldots, \mathbf{p}_n$ からなる複素ユークリッド・ベクトル空間 $\mathbf{C}^n$ の正規直交基底が存在する．対応する固有値を $\alpha_1, \ldots, \alpha_n$ とし，$P = (\mathbf{p}_1, \ldots, \mathbf{p}_n)$ とおくと，P はユニタリ行列であり，

$$P^{-1}AP = P^*AP = D$$

が成立する．D は (11.9) の対角行列である．

A が実対称行列の場合は，固有値は実数であるので，固有ベクトルとして実ベクトルを取ることができる．よって，行列 P は直交行列になる．

命題 11.15 A を n 次の実対称行列とする．A の固有ベクトル $\mathbf{p}_1, \ldots, \mathbf{p}_n$ からなる実ユークリッド・ベクトル空間 $\mathbf{R}^n$ の正規直交基底が存在する．対応する固有値を $\alpha_1, \ldots, \alpha_n$ とし，$P = (\mathbf{p}_1, \ldots, \mathbf{p}_n)$ とおくと，P は直交行列であり，

$$P^{-1}AP = {}^tPAP = D$$

が成立する．D は (11.9) の対角行列である．

11.5 エルミート行列とユニタリ行列の対角化の計算プロセス

例 11.4 2 次の実対称行列

$$A = \begin{pmatrix} 1 & 1 \\ 1 & 1 \end{pmatrix}$$

を直交行列によって対角化することを考える．まず，A の固有値を求める．

$$f_A(\lambda) = \begin{vmatrix} \lambda - 1 & -1 \\ -1 & \lambda - 1 \end{vmatrix} = \lambda^2 - 2\lambda$$

であるから，A の固有値は，$\lambda = 0, 2$ である．それぞれの固有値に対応する固有空間 W_0, W_2 を求める．

$$W_\alpha = \{\mathbf{x} \in \mathbf{C}^2 \mid A\mathbf{x} = \alpha\mathbf{x}\} \quad (\alpha = 0, 2)$$

$A - \alpha E = \begin{pmatrix} 1 & 1 \\ 1 & 1 \end{pmatrix}$ $(\alpha = 1)$, $\begin{pmatrix} -1 & 1 \\ 1 & -1 \end{pmatrix}$ $(\alpha = 2)$ であるから，その階数はどちらも 1 である．よって，$\dim W_\alpha = 1$ である．W_0, W_2 の長さが 1 の基底は

$$\frac{1}{\sqrt{2}} \begin{pmatrix} 1 \\ -1 \end{pmatrix} \in W_0, \quad \frac{1}{\sqrt{2}} \begin{pmatrix} 1 \\ 1 \end{pmatrix} \in W_2$$

であり，これらは $\mathbf{R}^2$ の正規直交基底をなす．したがって，

$$P = \frac{1}{\sqrt{2}} \begin{pmatrix} 1 & 1 \\ -1 & 1 \end{pmatrix}$$

とおくと，P は直交行列であり，

$$P^{-1}AP = {}^tPAP = \begin{pmatrix} 0 & 0 \\ 0 & 2 \end{pmatrix}$$

問 11.3 つぎの実対称行列（エルミート行列）を直交行列（ユニタリ行列）により対角化せよ．

(1) $\begin{pmatrix} 1 & 2 \\ 2 & 1 \end{pmatrix}$ (2) $\begin{pmatrix} 1 & i \\ -i & 1 \end{pmatrix}$ (3) $\begin{pmatrix} 1 & 1 & 0 \\ 1 & 0 & 1 \\ 0 & 1 & 1 \end{pmatrix}$ (4) $\begin{pmatrix} 2 & 1 & 0 \\ 1 & 1 & -i \\ 0 & i & 2 \end{pmatrix}$

固有空間の次元は，対応する固有値の重複度を見ることで分る．特性多項式が

$$f_A(\lambda) = (\lambda - \alpha_1)^{m_1}(\lambda - \alpha_2)^{m_2}\cdots(\lambda - \alpha_r)^{m_r}$$

と因数分解されるとき，つぎの命題が成立つ．

命題 11.16 固有空間 W_{α_i} の次元は，$\dim W_{\alpha_i} = m_i$ である．

証明 $\dim W_{\alpha_k} = d_i$ とすると，W_{α_i} の正規直交基底 $\mathbf{p}_1^{(i)},\ldots,\mathbf{p}_{d_i}^{(i)}$ を取ることができる．このときユニタリ行列 P を

$$P = (\mathbf{p}_1^{(1)},\ldots,\mathbf{p}_{d_1}^{(1)},\mathbf{p}_1^{(2)},\ldots,\mathbf{p}_{d_2}^{(2)},\ldots,\mathbf{p}_1^{(r)},\ldots,\mathbf{p}_{d_r}^{(r)}) \tag{11.11}$$

とおくことで，A はつぎのように対角化される．

$$P^{-1}AP = P^*AP = \begin{pmatrix} \alpha_1 E_{d_1} & O & \cdots & O \\ O & \alpha_2 E_{d_2} & & \vdots \\ \vdots & & \ddots & \vdots \\ O & O & \cdots & \alpha_r E_{d_r} \end{pmatrix} \tag{11.12}$$

ここで，E_{d_k} は d_k 次の単位行列，O は適当な次数の零行列である．このとき，

$$f_A(\lambda) = \det(\lambda E - A) = (\lambda - \alpha_1)^{d_1}(\lambda - \alpha_2)^{d_2}\cdots(\lambda - \alpha_r)^{d_r}$$

と因数分解されるので，$d_i = m_i$ $(i=1,\ldots,r)$ である． □

以上の考察をまとめると，エルミート行列 A の対角化はつぎのようなプロセスを踏んで行われる．
(1) 特性多項式 $f_A(\lambda)$ を計算し，相異なる固有値 $\alpha_1,\ldots,\alpha_r$ とその重複度を求める．
(2) 各固有値 α_i に対して，固有空間

$$W_{\alpha_i} = \{\mathbf{x} \in \mathbf{C}^n \mid A\mathbf{x} = \alpha_i\mathbf{x}\}$$

の基底を求める．A が実対称行列の場合は実ベクトルの範囲で基底を求める．
(3) (2) で求めた固有空間の正規直交基底をシュミットの直交化法により求める．
(4) 各固有空間 W_{α_i} の正規直交基底 $\mathbf{p}_1^{(i)}, \ldots, \mathbf{p}_{d_i}^{(i)}$ を並べて，ユニタリ行列 P (11.11) を作る．
(5) P^*AP は対角行列 (11.12) になる．

問 11.4 つぎの実対称行列（エルミート行列）を直交行列（ユニタリ行列）により対角化せよ．

(1) $\begin{pmatrix} 1 & 1 & 1 \\ 1 & 1 & 1 \\ 1 & 1 & 1 \end{pmatrix}$ (2) $\begin{pmatrix} 5 & -1 & -1 \\ -1 & 5 & -1 \\ -1 & -1 & 5 \end{pmatrix}$ (3) $\begin{pmatrix} 2 & 0 & -i \\ 0 & 3 & 0 \\ i & 0 & 2 \end{pmatrix}$

(4) $\begin{pmatrix} 1 & 1 & 1 & 1 \\ 1 & 1 & 1 & 1 \\ 1 & 1 & 1 & 1 \\ 1 & 1 & 1 & 1 \end{pmatrix}$ (5) $\dfrac{1}{2}\begin{pmatrix} 3 & 0 & i & 0 \\ 0 & 3 & 0 & i \\ -i & 0 & 3 & 0 \\ 0 & -i & 0 & 3 \end{pmatrix}$

以上のプロセスはユニタリ行列（直交行列）の対角化にも適用される．

問 11.5 つぎの直交行列をユニタリ行列により対角化せよ．

(1) $\begin{pmatrix} \dfrac{\sqrt{3}}{2} & 0 & -\dfrac{1}{2} \\ 0 & 1 & 0 \\ \dfrac{1}{2} & 0 & \dfrac{\sqrt{3}}{2} \end{pmatrix}$ (2) $\begin{pmatrix} \dfrac{\sqrt{3}}{2} & 0 & -\dfrac{1}{2} & 0 \\ 0 & \dfrac{1}{2} & 0 & -\dfrac{\sqrt{3}}{2} \\ \dfrac{1}{2} & 0 & \dfrac{\sqrt{3}}{2} & 0 \\ 0 & \dfrac{\sqrt{3}}{2} & 0 & \dfrac{1}{2} \end{pmatrix}$

最後に，命題 11.11 の主張が実は行列の対角化に他ならないことに注意する．

実際，n 次のエルミート行列，または，ユニタリ行列 A が定める複素ユークリッド・ベクトル空間 $\mathbf{C}^n$ 上のエルミート変換，もしくは，ユニタリ変換 $T(\mathbf{x}) = A\mathbf{x}$ を考える．A の固有ベクトルからなる $\mathbf{C}^n$ の正規直交基底 $\{\mathbf{p}_1, \ldots, \mathbf{p}_n\}$ を取り，それらの固有値を $\alpha_1, \ldots, \alpha_n$ として，命題 11.11 を T に適用すると，

$$T(\mathbf{x}) = \alpha_1(\mathbf{x}, \mathbf{p}_1)\mathbf{p}_1 + \cdots + \alpha_n(\mathbf{x}, \mathbf{p}_n)\mathbf{p}_n$$

を得る．これより，$\mathbf{p}^* = \overline{{}^t\mathbf{p}}$ とおくことで，

$$\begin{aligned} A &= \alpha_1 \mathbf{p}_1 \mathbf{p}_1^* + \cdots + \alpha_n \mathbf{p}_n \mathbf{p}_n^* \\ &= (\mathbf{p}_1, \ldots, \mathbf{p}_n) \begin{pmatrix} \alpha_1 & \cdots & 0 \\ \vdots & \ddots & \vdots \\ 0 & \cdots & \alpha_n \end{pmatrix} \begin{pmatrix} \mathbf{p}_1^* \\ \vdots \\ \mathbf{p}_n^* \end{pmatrix} \\ &= PDP^* \end{aligned}$$

となる．ただし，$P = (\mathbf{p}_1, \ldots, \mathbf{p}_n)$，$D$ は $\alpha_1, \ldots, \alpha_n$ をこの順に対角成分に並べて得られる対角行列である．これは A の対角化に他ならない．

演習問題

問 11.6 A を n 次行列，E を n 次単位行列，O を n 次零行列として，$2n$ 次行列 B を

$$B = \begin{pmatrix} O & E \\ A & O \end{pmatrix}$$

とおく．B の固有値が α であるとき，α^2 は A の固有値であることを証明せよ．

問 11.7 $A^* = -A$ をみたす複素正方行列を**反エルミート行列**という．A を反エルミート行列とするとき，つぎの (1)〜(5) を証明せよ．

(1) $A - E$ は正則行列である．

(2) $\|(A+E)\mathbf{x}\| = \|(A-E)\mathbf{x}\|$ である．

(3) $U = (A+E)(A-E)^{-1}$ とおけば，U はユニタリ行列である．

(4) $U - E$ は正則行列である．

(5) $A = (U+E)(U-E)^{-1}$ である．

（**ヒント**：(1) $A\mathbf{x} = \mathbf{x}$, $\mathbf{x} \neq \mathbf{0}$ を仮定して，矛盾を導く．U を A の**ケーリー変換**という）

問 11.8 U をユニタリ行列とするとき，$U - E$ が正則行列であるならば，

$$A = (U+E)^{-1}(U-E)$$

と定義される行列 A は反エルミート行列であることを証明せよ．

問 11.9 (1) n 次行列 A を

$$A = \begin{pmatrix} 0 & 1 & 0 & \cdots & 0 \\ 0 & 0 & 1 & \cdots & 0 \\ \vdots & \vdots & \vdots & & \vdots \\ 0 & 0 & 0 & \cdots & 1 \\ -a_n & -a_{n-1} & -a_{n-2} & \cdots & -a_1 \end{pmatrix}$$

とする．A の特性多項式 $f_A(\lambda)$ を求めよ．

(2) A の固有値がすべて異なる，つまり，特性方程式 $f_A(\lambda) = 0$ の根がすべて単根であるとする．このとき，α を固有値とするとき，

$$\mathbf{x}(\alpha) = \begin{pmatrix} 1 \\ \alpha \\ \vdots \\ \alpha^{n-1} \end{pmatrix}$$

は，固有値 α の A の固有ベクトルであることを示せ．このことを用いて，A を対角化せよ．

(3) λ をパラメータとして，

$$\mathbf{x}(\lambda) = \begin{pmatrix} 1 \\ \lambda \\ \vdots \\ \lambda^{n-1} \end{pmatrix}$$

とおく．このとき，つぎが成立つことを示せ．

$$A\mathbf{x}(\lambda) = \lambda \mathbf{x}(\lambda) + \begin{pmatrix} 0 \\ \vdots \\ 0 \\ -f_A(\lambda) \end{pmatrix}$$

(4) $f_A(\lambda) = (\lambda - \alpha_1)^{m_1} \cdots (\lambda - \alpha_r)^{m_r}$ ($\alpha_1, \ldots, \alpha_r$ は相異なる）と因数分解されているとする．各固有値 α_i に対して，つぎが成立つことを示せ．

$$A \frac{d^k \mathbf{x}(\alpha_i)}{d\lambda^k} = \alpha_i \frac{d^k \mathbf{x}(\alpha_i)}{d\lambda^k} + k \frac{d^{k-1} \mathbf{x}(\alpha_i)}{d\lambda^{k-1}} \qquad (1 \leq k \leq m_i - 1)$$

(5) (4) の仮定の下で，n 次行列 P をつぎのようにおく．

$$P = \left(\mathbf{x}(\alpha_1), \frac{d\mathbf{x}(\alpha_1)}{d\lambda}, \frac{1}{2!}\frac{d^2\mathbf{x}(\alpha_1)}{d\lambda^2}, \cdots, \frac{1}{(m_1-1)!}\frac{d^{m_1-1}\mathbf{x}(\alpha_1)}{d\lambda^{m_1-1}}, \cdots,\right.$$
$$\left.\mathbf{x}(\alpha_r), \frac{d\mathbf{x}(\alpha_r)}{d\lambda}, \frac{1}{2!}\frac{d^2\mathbf{x}(\alpha_r)}{d\lambda^2}, \cdots, \frac{1}{(m_r-1)!}\frac{d^{m_r-1}\mathbf{x}(\alpha_r)}{d\lambda^{m_r-1}}\right)$$

P が正則行列であることを示し，$P^{-1}AP$ がどのような行列になるかを考察せよ（**ヒント**：$P^{-1}AP$ は A の**ジョルダン標準形**になる．また，P の行列式は差積の一般化になる）．

問 11.10 V を $n\ (\geq 1)$ 次元の $\mathbf{C}$ 上の内積空間，T を V 上のエルミート変換とする．T の固有値がすべて正（あるいは非負）であるための必要十分条件は，$\mathbf{0}$ でないベクトル $\mathbf{v} \in V$ に対して，$(T(\mathbf{v}), \mathbf{v})$ が正（あるいは非負）となることである．これを証明せよ．
（**ヒント**：T の固有ベクトルからなる正規直交基底が存在することを用いよ）
（**注意**：上の条件をみたすエルミート変換を**正値**（あるいは**半正値**）エルミート変換であるという）

問 11.11 T を V 上の線型変換とするとき，$T^* \circ T$ は半正値エルミート変換であることを証明せよ．さらに，T が線型同型ならば $T^* \circ T$ は正値エルミートであることも証明せよ．

問 11.12 T が正値（あるいは半正値）エルミート変換であるとき，$S^2 = T$ となるような正値（あるいは半正値）エルミート変換 S がただ一つ存在することを証明せよ．
（**ヒント**：T のスペクトル分解を用いよ）（**注意**：上の問における S を $\sqrt{T}$ と表すことにする）

問 11.13 V を $n\ (\geq 1)$ 次元の $\mathbf{C}$ 上の内積空間，T を V から V への線型同型写像とする．T は，正値エルミート変換 H とユニタリ変換 U の合成として一意的に表される，すなわち，$T = HU$ である．このことを証明せよ．
（**ヒント**：$H = \sqrt{T \circ T^*},\ U = H^{-1} \circ T$ とする）

問 11.14 n 次のエルミート行列 A が正値（または半正値）であるとは，$T(\mathbf{x}) = A\mathbf{x}$ が複素ユークリッド・ベクトル空間 $\mathbf{C}^n$ 上のエルミート変換が正値（半正値）であることである．A が正値（半正値）エルミート行列であるとき，$\det A > 0$ であること（または $\det A \geq 0$ であること）を証明せよ．

問 11.15 $A = (a_{ij})_{1 \leq i, j \leq n}$ が正値エルミート行列であるための必要十分条件は，$k = 1, 2, \ldots, n$ に対して，つぎの行列式 $\det A_k$ がすべて正であることを証明せよ．

$$A_k = \begin{pmatrix} a_{11} & a_{12} & \cdots & a_{1k} \\ a_{21} & a_{22} & \cdots & a_{2k} \\ \vdots & \vdots & & \vdots \\ a_{k1} & a_{k2} & \cdots & a_{kk} \end{pmatrix}$$

問 11.16 A を n 次行列とする．つぎの問に答えよ．

(1) $\lambda E - A$ の余因子行列（第 8 章を参照）を $B(\lambda)$ とする．このとき，λ に無関係な n 個の行列 $B_1, B_2, \ldots, B_n$ が存在してつぎのようになることを証明せよ．
$$B(\lambda) = B_1 + \lambda B_2 + \cdots + \lambda^{n-1} B_{n-1}$$

(2) A の特性多項式 $f(\lambda) = \det(\lambda E - A)$ を $f(\lambda) = a_n \lambda^n + \cdots + a_1 \lambda + a_0$ とするとき，
$$a_k E = B_{k-1} - B_k A \quad (B_n = B_{-1} = O \text{ とする})$$

であることを証明せよ．

(3) A の特性多項式 $f(\lambda)$ に対して，
$$f(A) = O$$

であることを証明せよ（**ハミルトン-ケイリーの定理**）．

(**ヒント**：(2) $(\lambda E - A)B(\lambda) = B(\lambda)(\lambda E - A) = f(\lambda)E$ であることに注意せよ)

付録 A, B

「代数学の基本定理」の証明；正規変換，正規行列

付録 A 「代数学の基本定理」の証明

ガウスによって証明された「**代数学の基本定理**」（第 6 章定理 6.16）

n 次方程式は複素数の範囲で少なくともひとつ根をもつ．

の証明を与える．大学二，三年生で複素関数論を学習し**リューヴィルの定理**として知られる定理を学べば代数学の基本定理の証明は容易に片付くのだが，ここではコーシーによって与えられたという初等的な証明を解説することにする．

複素変数 z についての複素係数の多項式

$$f(z) = a_0 z^n + a_1 z^{n-1} + \cdots + a_0, \qquad a_0 \neq 0, \quad n \geq 1 \tag{A.1}$$

が与えられているとして，$f(z) = 0$ をみたす複素数 z が存在することを証明するのが目標である．

まず，複素多項式は複素平面 **C** 上で定義されている連続関数であることに注意しよう．何故ならば，$z = x + iy$ と z 実部虚部を表し，$f(z) = u(x,y) + iv(x,y)$ と $f(z)$ の実部，虚部を表すことにすれば，$u(x,y)$, $v(x,y)$ は変数 (x,y) の多項式で連続関数となるからである．

例 A.1 $f(z) = z^3$ とすると，$f(z)$ の実部 $u(x,y) = x^3 - 3xy^2$, $f(z)$ の虚部 $v(x,y) = 3x^2 y - y^3$ である．

命題 A.1 複素数 α について，$f(\alpha) \neq 0$ であるならば，任意の正の数 δ に対して，

$$|f(z)| < |f(\alpha)|, \qquad |z - \alpha| < \delta \tag{A.2}$$

をみたす複素数 z が存在する．

証明 $f(\alpha + h)$ は h についての n 次式であるから，

$$f(\alpha + h) = b_0 + b_1 h + b_2 h^2 + \cdots + b_n h^n$$

と展開することができる．ここで，$b_0 = f(\alpha) \neq 0$, $b_n = a_0 \neq 0$ であるから，$b_1, b_2, \ldots, b_{n-1}$ のうちで最初に 0 でないものを b_s とすると，

$$f(\alpha + h) = f(\alpha) + b_s h^s + b_{s+1} h^{s+1} + \cdots + b_n h^n$$

となっている．よって，

$$\varphi(h) = \frac{b_{s+1}}{b_s} h + \frac{b_{s+2}}{b_s} h^2 + \cdots + \frac{b_n}{b_s} h^{n-s} \tag{A.3}$$

とおくと，

$$f(\alpha + h) = f(\alpha) + b_s h^s + b_s h^s \varphi(h) \tag{A.4}$$

と書くことができる．$\dfrac{b_s}{f(\alpha)} \neq 0$ を極形式により

$$\frac{b_s}{f(\alpha)} = r(\cos\theta + i\sin\theta)$$

と表す．h を

$$h = \rho\left(\cos\frac{\pi - \theta}{s} + i\sin\frac{\pi - \theta}{s}\right), \quad \rho > 0$$

と取ることにすると，ド・モワヴルの定理より，

$$\frac{b_s h^s}{f(\alpha)} = -r\rho^s$$

となる．したがって，

$$b_s h^s = -r\rho^s f(\alpha) \tag{A.5}$$

および，

$$f(\alpha) + b_s h^s = (1 - r\rho^s) f(\alpha) \tag{A.6}$$

が得られる．また，一方において，(A.3) より

$$|\varphi(h)| \leq \left|\frac{b_{s+1}}{b_s}\right| \rho + \left|\frac{b_{s+2}}{b_s}\right| \rho^2 + \cdots + \left|\frac{b_n}{b_s}\right| \rho^{n-s}$$

となるから

$$\lim_{\rho \to 0} |\varphi(h)| = 0$$

である．よって，適当な $\delta_1 > 0$ を選べば，$0 < \rho < \delta_1$ をみたす ρ に対して

$$1 - r\rho^s > 0, \qquad |\varphi(h)| < 1$$

の両方が成立するようにすることができる．このような ρ に対しては，(A.5) より

付録A 「代数学の基本定理」の証明

$$|b_s h^s \varphi(h)| < |b_s h^s| = r\rho^s |f(\alpha)|$$

さらに，(A.6) より

$$|f(\alpha+h)| \leq |f(\alpha+h) + b_s h^s| + |b_s h^s \varphi(h)|$$
$$\leq (1 - r\rho^s)|f(\alpha)| + r\rho^s |f(\alpha)|$$
$$= |f(\alpha)|$$

ゆえに，$0 < \rho < \min\{\delta_1, \delta\}$ をみたすように ρ を選び，$\alpha + h = z$ とおけば，式 (A.2) が成立つことになる． □

$f(z)$ の連続性により，$|f(z)|$ は非負値の連続関数である．したがって，それは複素平面内の有界閉集合上で最小値を取ることに注意しよう．つぎの命題が成立する．

命題 A.2 R を正の数として，$|z| < R$ をみたす複素数 z に対しては $f(z) \neq 0$ であり，かつ，$|f(z)|$ は $|z| \leq R$ という範囲では $z = \alpha$ においてが最小値を取るとする．このとき，$|\alpha| = R$ でなければならない．

証明 $|\alpha| < R$ と仮定して矛盾を導く．この仮定のもとで，$|f(\alpha)| \neq 0$ となるので，命題 A.1 より，

$$|z_0 - \alpha| < R - |\alpha| \tag{A.7}$$

をみたす z_0 で，$|f(z_0)| < |f(\alpha)|$ となるものがある．(A.7)より

$$|z_0| = |(z_0 - \alpha) + \alpha| \leq |z_0 - \alpha| + |\alpha| < R - |\alpha| + |\alpha| = R$$

となるが，これは，$|f(\alpha)|$ が $|z| \leq R$ における $|f(z)|$ の最小値であるという，そもそもの仮定に矛盾する． □

命題 A.3 R を正の数とする．$|z| = R$ をみたす複素数 z に対して，つねに $|f(z)| > |f(0)|$ となるならば，

$$f(z_0) = 0, \qquad |z_0| < R$$

をみたす z_0 が存在する．

証明 $|z| < R$ という範囲で，つねに $f(z) \neq 0$ であるとして矛盾を導けばよい．さて，$|z| \leq R$ における $|f(z)|$ の最小値が $z = \alpha$ で実現するとする．このとき，

$$|f(\alpha)| \leq |f(0)|$$

である．一方，命題 A.2 より，$|\alpha| = R$ である．このとき，命題の仮定により，

$$|f(\alpha)| > |f(0)|$$

でなければならない．この二つは相矛盾する． □

代数学の基本定理の証明　(A.1) より，

$$|f(z)| = |z|^n \left| a_0 + \frac{a_1}{z} + \frac{a_2}{z^2} + \cdots + \frac{a_n}{z^n} \right|$$
$$\geq |z|^n \left(|a_0| - \frac{|a_1|}{|z|} - \frac{|a_2|}{|z|^2} - \cdots - \frac{|a_n|}{|z|^n} \right)$$

ところが，$a_0 \neq 0$ であるから，

$$\lim_{|z| \to \infty} |z|^n \left(|a_0| - \frac{|a_1|}{|z|} - \frac{|a_2|}{|z|^2} - \cdots - \frac{|a_n|}{|z|^n} \right) = +\infty$$

となるので，R を十分大きい正の数とすると，$|z| = R$ をみたす z に対してつねに

$$|f(z)| > |f(0)|$$

が成立つことになる．ゆえに，命題 A.3 により，

$$f(z_0) = 0, \qquad |z_0| < R$$

をみたす z_0 が存在する． □

付録 B　正規変換，正規行列

本書の第 11 章でエルミート行列とユニタリ行列の対角化について考察したが，第 11 章 11.3 節以降の議論はそのまま正規行列の対角化にまで適用できるようになっている．

以下において，正規変換，正規行列についてのまとめを行うことにしよう．

定義 B.1　V を $n(\geq 1)$ 次元の $\mathbf{K}$ 上の内積空間，T を V における線型変換とする．T が**正規変換**であるとは，

$$T^* \circ T = T \circ T^* \tag{B.1}$$

をみたすことである．ただし，T^* は T の随伴変換である．

エルミート変換，ユニタリ変換は正規変換である．正規変換はこれらを包摂する広いクラスの変換である．

例 B.1　T が反エルミート変換であるとは，$T^* = -T$ をみたすことである．これも正規変換の一例である．

命題 B.1　T が正規変換であるための必要十分条件は，

$$\bigl(T(\mathbf{u}), T(\mathbf{v})\bigr) = \bigl(T^*(\mathbf{u}), T^*(\mathbf{v})\bigr) \tag{B.2}$$

をみたすことである．また，この条件は

$$\|T(\mathbf{v})\| = \|T^*(\mathbf{v})\| \tag{B.3}$$

の成立と同値である．

証明　第 10 章で見た随伴変換の性質 (10.21) より，

$$\bigl(T(\mathbf{u}), T(\mathbf{v})\bigr) = \bigl(\mathbf{u}, T^*(T(\mathbf{v}))\bigr)$$
$$\bigl(T^*(\mathbf{u}), T^*(\mathbf{v})\bigr) = \bigl(\mathbf{u}, T(T^*(\mathbf{v}))\bigr)$$

を得る．ここで，$(T^*)^* = T$ であることを用いた．よって，

$$\bigl(\mathbf{u}, (T^* \circ T)(\mathbf{v})\bigr) = \bigl(\mathbf{u}, (T \circ T^*)(\mathbf{v})\bigr)$$

である．これは，$T^* \circ T = T \circ T^*$ の成立と同値である．
(B.2) と (B.3) が同値であることは，第 10 章命題 10.7 の証明と同様に行えばよい．　□

第 11 章命題 11.8, 命題 11.9 と同様に, つぎの命題を証明することができる.

命題 B.2 T を正規変換とするとき, 以下のことが成立する.

(1) $\mathbf{v}$ を固有値 α の T の固有ベクトルとすると, $\mathbf{v}$ は固有値 $\overline{\alpha}$ の T^* の固有ベクトルである.

(2) $\mathbf{v}$ を固有値 α の T の固有ベクトルとする. $\mathbf{v}$ の直交補空間を

$$W = \{\mathbf{w} \in V \mid (\mathbf{w}, \mathbf{v}) = 0\}$$

とおくと, $T(W) \subset W$ である.

(3) 異なる固有値に対する T の固有ベクトルは直交する.

さらに, 第 11 章定理 11.10 と命題 11.11 の証明を応用することにより, つぎの定理を得る.

定理 B.3 T が正規変換であるための必要十分条件は, T の固有ベクトルからなる V の正規直交基底が存在することである.

証明 T が正規変換であるとき, 命題 B.2 を用いると, 定理 11.10 の証明と全く同様にして, T の固有ベクトルからなる V の正規直交基底が存在することを証明できる.

逆に, T の固有ベクトルからなる V の正規直交基底 $\mathbf{v}_1, \ldots, \mathbf{v}_n$ が存在するとしよう. その固有値を $\alpha_1, \ldots, \alpha_n$ とする. 随伴変換の定義 (第 10 章 10.5 節) より, $\mathbf{v}_1, \cdots, \mathbf{v}_n$ は固有値 $\overline{\alpha_1}, \cdots, \overline{\alpha_n}$ の T^* の固有ベクトルである. したがって

$$T(\mathbf{v}) = \alpha_1(\mathbf{v}, \mathbf{v}_1)\mathbf{v}_1 + \cdots + \alpha_n(\mathbf{v}, \mathbf{v}_n)\mathbf{v}_n$$
$$T^*(\mathbf{v}) = \overline{\alpha_1}(\mathbf{v}, \mathbf{v}_1)\mathbf{v}_1 + \cdots + \overline{\alpha_n}(\mathbf{v}, \mathbf{v}_n)\mathbf{v}_n$$

が成立する. これより,

$$(T^* \circ T)(\mathbf{v}) = (T \circ T^*)(\mathbf{v}) = |\alpha_1|^2(\mathbf{v}, \mathbf{v}_1)\mathbf{v}_1 + \cdots + |\alpha_n|^2(\mathbf{v}, \mathbf{v}_n)\mathbf{v}_n$$

を得る. □

この定理を正規行列に適用しよう.

付録 B　正規変換，正規行列

定義 B.2　正方行列 A が正規行列であるとは

$$A^*A = AA^* \tag{B.4}$$

をみたすことである．ただし，A^* は A のエルミート共役行列である．

命題 B.4　複素ユークリッド・ベクトル空間 $\mathbf{C}^n$ $(n \geq 1)$ の線型変換 $T(\mathbf{x}) = A\mathbf{x}$ が正規変換であるための必要十分条件は，A が正規行列であることである．

定理 B.3 を線型変換 $T(\mathbf{x}) = A\mathbf{x}$ 適用することでつぎの定理を得る．

定理 B.5　A を n 次正規行列とする．A の固有ベクトルからなる $\mathbf{C}^n$ の正規直交基底 $\mathbf{p}_1, \ldots, \mathbf{p}_n$ が存在する．その固有値を $\alpha_1, \ldots, \alpha_n$ とし，

$$P = (\mathbf{p}_1, \ldots, \mathbf{p}_n)$$

とおくと，P はユニタリ行列であり，

$$P^{-1}AP = P^*AP = D$$

が成立つ．ただし，D は $\alpha_1, \ldots, \alpha_n$ を対角成分にこの順で並べた対角行列である．

逆に，適当なユニタリ行列 P により，$P^{-1}AP$ が対角行列となるとき，A は正規行列である．

証明　逆の主張を示す．P はユニタリ行列，D は対角行列で，$P^{-1}AP = P^*AP = D$ であるとする．$D^*D = DD^*$ に注意すると，

$$A^*A = (PD^*P^*)(PDP^*) = P(D^*D)P^* = P(DD^*)P^* = (PDP^*)(PD^*P^*) = AA^*$$

である．　□

問題の解答

第1章

1.1 (1) $(x_1^2 + x_2^2)(y_1^2 + y_2^2) - (x_1y_1 + x_2y_2)^2 = (x_1y_2 - x_2y_1)^2 \geq 0$ である.
(2) (1) より, $|(\mathbf{x}, \mathbf{y})| \leq \|\mathbf{x}\|\|\mathbf{y}\|$ なので

$$\|\mathbf{x} + \mathbf{y}\|^2 = (\mathbf{x} + \mathbf{y}, \mathbf{x} + \mathbf{y}) = (\mathbf{x}, \mathbf{x}) + (\mathbf{x}, \mathbf{y}) + (\mathbf{y}, \mathbf{x}) + (\mathbf{y}, \mathbf{y}) = \|\mathbf{x}\|^2 + 2(\mathbf{x}, \mathbf{y}) + \|\mathbf{y}\|^2$$
$$\leq \|\mathbf{x}\|^2 + 2|(\mathbf{x}, \mathbf{y})| + \|\mathbf{y}\|^2 \leq \|\mathbf{x}\|^2 + 2\|\mathbf{x}\|\|\mathbf{y}\| + \|\mathbf{y}\|^2 = (\|\mathbf{x}\| + \|\mathbf{y}\|)^2$$

1.2 (1) $0 \leq \theta \leq \pi$ であるから, $\sin\theta = \sqrt{1 - \cos^2\theta}$ である. $\cos\theta = \dfrac{(\mathbf{u}, \mathbf{v})}{\|\mathbf{u}\|\|\mathbf{v}\|}$ を $S = \|\mathbf{u}\|\|\mathbf{v}\|\sin\theta$ に代入するとつぎを得る.

$$S = \sqrt{\|\mathbf{u}\|^2\|\mathbf{v}\|^2 - (\mathbf{u}, \mathbf{v})^2}$$

(2) 問 1.1 の (1) より, $\|\mathbf{u}\|^2\|\mathbf{v}\|^2 - (\mathbf{u}, \mathbf{v})^2 = (u_1v_2 - u_2v_1)^2$ であるので, $S = |u_1v_2 - u_2v_1|$ を得る.

1.3 正射影の幾何学的な定義より, $\mathbf{x} = \mathbf{x_a} + \mathbf{x_b}$ が成立している. これに, $\mathbf{x_a} = \dfrac{(\mathbf{x}, \mathbf{a})}{\|\mathbf{a}\|^2}\mathbf{a}$ などを代入するとつぎを得る.

$$\mathbf{x} = \frac{(\mathbf{x}, \mathbf{a})}{\|\mathbf{a}\|^2}\mathbf{a} + \frac{(\mathbf{x}, \mathbf{b})}{\|\mathbf{b}\|^2}\mathbf{b}$$

1.4 省略.

1.5 (1) $\det(\mathbf{u}, \mathbf{v}) = 3$ (2) $\det(\mathbf{u}, \mathbf{v}) = -3$ (3) $\det(\mathbf{u}, \mathbf{v}) = 0$

1.6 行列式の定義より明らかである. なお, 問 1.5 の結論を問 1.6 を用いて解釈してほしい.

1.7 (1)
$$(x_1^2 + x_2^2 + x_3^2)(y_1^2 + y_2^2 + y_3^2) - (x_1y_1 + x_2y_2 + x_3y_3)^2$$
$$= (x_1y_2 - x_2y_1)^2 + (x_2y_3 - x_3y_2)^2 + (x_1y_3 - x_3y_1)^2 \geq 0$$

より, 問題の不等式が得られる. なお, 等号成立条件は, $\mathbf{x} = \begin{pmatrix} x_1 \\ x_2 \\ x_3 \end{pmatrix}$, $\mathbf{y} = \begin{pmatrix} y_1 \\ y_2 \\ y_3 \end{pmatrix}$ が線型従属となることである.
(2) 問 1.1 の (2) と全く同様に証明される.

1.8 問 1.3 と同様に, $\mathbf{x} = \mathbf{x_a} + \mathbf{x_b} + \mathbf{x_c}$ が成立している. これに $\mathbf{x_a} = \dfrac{(\mathbf{x}, \mathbf{a})}{\|\mathbf{a}\|^2}\mathbf{a}$ などを代入するとつぎを得る.

$$\mathbf{x} = \frac{(\mathbf{x}, \mathbf{a})}{\|\mathbf{a}\|^2}\mathbf{a} + \frac{(\mathbf{x}, \mathbf{b})}{\|\mathbf{b}\|^2}\mathbf{b} + \frac{(\mathbf{x}, \mathbf{c})}{\|\mathbf{c}\|^2}\mathbf{c}$$

1.9 $(\mathbf{u}_1, \mathbf{u}_1) = 1$ なので

$$(\widetilde{\mathbf{v}}, \mathbf{u}_1) = (\mathbf{v}, \mathbf{u}_1) - (\mathbf{v}, \mathbf{u}_1)(\mathbf{u}_1, \mathbf{u}_1) = (\mathbf{v}, \mathbf{u}_1) - (\mathbf{v}, \mathbf{u}_1) = 0$$

である．よって $(\mathbf{v}_1, \mathbf{u}_1) = 0$，かつ $(\mathbf{v}_1, \mathbf{v}_1) = 1$ である．これを使うとつぎを得る．

$$(\widetilde{\mathbf{w}}, \mathbf{u}_1) = (\mathbf{w}, \mathbf{u}_1) - (\mathbf{w}, \mathbf{u}_1)(\mathbf{u}_1, \mathbf{u}_1) - (\mathbf{w}, \mathbf{v}_1)(\mathbf{v}_1, \mathbf{u}_1) = (\mathbf{w}, \mathbf{u}_1) - (\mathbf{w}, \mathbf{u}_1) = 0$$

同様に $(\widetilde{\mathbf{w}}, \mathbf{v}_1) = 0$ も証明される．よって $(\mathbf{w}_1, \mathbf{u}_1) = (\mathbf{w}_1, \mathbf{v}_1) = 0$，かつ $(\mathbf{w}_1, \mathbf{w}_1) = 1$ である．

1.10 問 1.7 より

$$\|\mathbf{u}\|^2 \|\mathbf{v}\|^2 - (\mathbf{u}, \mathbf{v})^2 = (u_2 v_3 - u_3 v_2)^2 + (u_3 v_1 - u_1 v_3)^2 + (u_1 v_2 - u_2 v_1)^2$$

であった．一方，問 1.2 より $S = \sqrt{\|\mathbf{u}\|^2 \|\mathbf{v}\|^2 - (\mathbf{u}, \mathbf{v})^2}$ であるので，これらを合わせると示すべき式が得られる．

1.11 外積の定義に基づいて計算せよ．詳細は省略．

1.12 外積の定義に基づいて，計算により証明する．詳細は省略．

1.13 $\mathbf{u} \times \mathbf{v} = \mathbf{0}$ は，$\|\mathbf{u} \times \mathbf{v}\| = 0$ と同値である．したがって，$\mathbf{u}$ と $\mathbf{v}$ が張る平行四辺形がつぶれていることと同値である．これは $\mathbf{u}$ と $\mathbf{v}$ が線型従属であることと同値である．

1.14 行列式の定義に基づいて計算する．
(1) abc　(2) 5　(3) 15

1.15 (1), (4) 内積と外積の双線型性から従う．
(2) $\det(\mathbf{w}, \mathbf{u}, \mathbf{v})$ を定義どおり計算するとつぎのようになる．

$$\det(\mathbf{w}, \mathbf{u}, \mathbf{v}) = w_1(u_2 v_3 - u_3 v_2) - w_2(u_1 v_3 - u_3 v_1) + w_3(u_1 v_2 - u_2 v_1)$$

これは $u_1(v_2 w_3 - v_3 w_2) - u_2(v_1 w_3 - v_3 w_1) + u_3(v_1 w_2 - v_2 w_1)$ に等しい．よって $\det(\mathbf{u}, \mathbf{v}, \mathbf{w}) = \det(\mathbf{w}, \mathbf{u}, \mathbf{v})$ である．同様に，$\det(\mathbf{u}, \mathbf{v}, \mathbf{w}) = \det(\mathbf{v}, \mathbf{w}, \mathbf{u})$ を示すことができる．
(3) 外積の交代性 $\mathbf{w} \times \mathbf{v} = -\mathbf{v} \times \mathbf{w}$ より

$$\det(\mathbf{v}, \mathbf{u}, \mathbf{w}) = -\det(\mathbf{v}, \mathbf{w}, \mathbf{u})$$

であるが，右辺は (2) より，$\det(\mathbf{u}, \mathbf{v}, \mathbf{w})$ に等しい．他の等式も同じようにして証明される．
(5) 問 1.11 よりつぎのようになる．

$$\det(\mathbf{e}_1, \mathbf{e}_2, \mathbf{e}_3) = (\mathbf{e}_1, \mathbf{e}_2 \times \mathbf{e}_3) = (\mathbf{e}_1, \mathbf{e}_1) = 1$$

1.16 (1) $\mathbf{u} = \begin{pmatrix} 1 \\ -1 \\ 2 \end{pmatrix} - \begin{pmatrix} 0 \\ -1 \\ 0 \end{pmatrix} = \begin{pmatrix} 1 \\ 0 \\ 2 \end{pmatrix}$, $\mathbf{v} = \begin{pmatrix} -1 \\ -2 \\ -1 \end{pmatrix} - \begin{pmatrix} 0 \\ -1 \\ 0 \end{pmatrix} = \begin{pmatrix} -1 \\ -1 \\ -1 \end{pmatrix}$

$\mathbf{w} = \begin{pmatrix} -1 \\ -3 \\ 0 \end{pmatrix} - \begin{pmatrix} 0 \\ -1 \\ 0 \end{pmatrix} = \begin{pmatrix} -1 \\ -2 \\ 0 \end{pmatrix}$ とおくと,$\det(\mathbf{u}, \mathbf{v}, \mathbf{w}) = 0$ なので,三つのベクトル $\mathbf{u}, \mathbf{v}, \mathbf{w}$ は線型従属である(実際 $\mathbf{u} + 2\mathbf{v} = \mathbf{w}$ である).よってこの四点は同一平面上にある.

(2) $\mathbf{u} = \begin{pmatrix} 2 \\ 1 \\ 1 \end{pmatrix} - \begin{pmatrix} 0 \\ -1 \\ -1 \end{pmatrix} = \begin{pmatrix} 2 \\ 2 \\ 2 \end{pmatrix}$, $\mathbf{v} = \begin{pmatrix} 1 \\ 0 \\ 2 \end{pmatrix} - \begin{pmatrix} 0 \\ -1 \\ -1 \end{pmatrix} = \begin{pmatrix} 1 \\ 1 \\ 3 \end{pmatrix}$

$\mathbf{w} = \begin{pmatrix} -1 \\ 3 \\ 1 \end{pmatrix} - \begin{pmatrix} 0 \\ -1 \\ -1 \end{pmatrix} = \begin{pmatrix} -1 \\ 4 \\ 2 \end{pmatrix}$ とおくと,$\det(\mathbf{u}, \mathbf{v}, \mathbf{w}) = -20$ なので,この四点は同一平面上にない.

1.17 (1) $\begin{vmatrix} a & e & f \\ 0 & b & d \\ 0 & 0 & c \end{vmatrix} = a \begin{vmatrix} b & d \\ 0 & c \end{vmatrix} = abc$

(2) 第 1 列と第 3 列を入れ換える.$\begin{vmatrix} 0 & 0 & a \\ 0 & b & 0 \\ c & 0 & 0 \end{vmatrix} = - \begin{vmatrix} a & 0 & 0 \\ 0 & b & 0 \\ 0 & 0 & c \end{vmatrix} = -abc$

(3) 第 2 列と第 3 列を第 1 列に加えると

$\begin{vmatrix} a & b & c \\ c & a & b \\ b & c & a \end{vmatrix} = \begin{vmatrix} a+b+c & b & c \\ a+b+c & a & b \\ a+b+c & c & a \end{vmatrix} = (a+b+c) \begin{vmatrix} 1 & b & c \\ 1 & a & b \\ 1 & c & a \end{vmatrix}$

この最後の行列式で,第 1 列の b 倍を第 2 列から引き,第 1 列の c 倍を第 3 列から引くと

$\text{与行列式} = (a+b+c) \begin{vmatrix} 1 & 0 & 0 \\ 1 & a-b & b-c \\ 1 & c-b & a-c \end{vmatrix} = (a+b+c) \begin{vmatrix} a-b & b-c \\ c-b & a-c \end{vmatrix}$

$= (a+b+c)(a^2 + b^2 + c^2 - ab - bc - ca)$

(4) 行と列を入れ換える.

$\begin{vmatrix} 0 & a & b \\ -a & 0 & d \\ -b & -d & 0 \end{vmatrix} = \begin{vmatrix} 0 & -a & -b \\ a & 0 & -d \\ b & d & 0 \end{vmatrix} = (-1)^3 \begin{vmatrix} 0 & a & b \\ -a & 0 & d \\ -b & -d & 0 \end{vmatrix}$

最後の式変形は，$\det(a\mathbf{u}, a\mathbf{v}, a\mathbf{w}) = a^3 \det(\mathbf{u}, \mathbf{v}, \mathbf{w})$ を用いた．よって 与行列式 $= 0$ である．

1.18 (1) 第 1 列の x 倍を第 2 列から引き，x^2 倍したものを第 3 列から引く．

$$\begin{vmatrix} 1 & x & x^2 \\ 1 & y & y^2 \\ 1 & z & z^2 \end{vmatrix} = \begin{vmatrix} 1 & 0 & 0 \\ 1 & y-x & y^2-x^2 \\ 1 & z-x & z^2-x^2 \end{vmatrix} = \begin{vmatrix} y-x & y^2-x^2 \\ z-x & z^2-x^2 \end{vmatrix}$$

$$= (y-x)(z-x)\begin{vmatrix} 1 & y+x \\ 1 & z+x \end{vmatrix}$$

最後の行列式において，第 1 列の x 倍を第 2 列から引くと，つぎのようになる．

$$\text{与行列式} = (y-x)(z-x)\begin{vmatrix} 1 & y \\ 1 & z \end{vmatrix} = (y-x)(z-x)(z-y)$$

(2) 第 3 列の x 倍を第 2 列に加え，さらに，それを x 倍したものを第 1 列に加えると

$$\begin{vmatrix} x & -1 & 0 \\ 0 & x & -1 \\ a_3 & a_2 & x+a_1 \end{vmatrix} = \begin{vmatrix} x & -1 & 0 \\ 0 & 0 & -1 \\ a_3 & x^2+a_1x+a_2 & x+a_1 \end{vmatrix}$$

$$= \begin{vmatrix} 0 & -1 & 0 \\ 0 & 0 & -1 \\ x^3+a_1x^2+a_2x+a_3 & x^2+a_1x+a_2 & x+a_1 \end{vmatrix}$$

よって

$$\text{与行列式} = (x^3+a_1x^2+a_2x+a_3)\begin{vmatrix} -1 & 0 \\ 0 & -1 \end{vmatrix} = x^3+a_1x^2+a_2x+a_3$$

(3) 第 2 列と第 3 列を第 1 列に加えると

$$\begin{vmatrix} a+b+2c & a & b \\ c & b+c+2a & b \\ c & a & c+a+2b \end{vmatrix} = 2(a+b+c)\begin{vmatrix} 1 & a & b \\ 1 & b+c+2a & b \\ 1 & a & c+a+2b \end{vmatrix}$$

右辺の行列式において，第 1 列の a 倍を第 2 列から引き，第 1 列の b 倍を第 3 列から引くと，つぎのようになる．

$$\text{与行列式} = 2(a+b+c)\begin{vmatrix} 1 & 0 & 0 \\ 1 & b+c+a & 0 \\ 1 & 0 & c+a+b \end{vmatrix} = 2(a+b+c)^3$$

第 2 章

2.1 (2) において, $t' = t-1$ とすると (2) の表示は (1) の表示になる. また, (3) において $t'' = \dfrac{t}{2}$ とすると, (3) の表示は (1) の表示になる.

2.2 (1) $\dfrac{x-1}{2} = \dfrac{y}{3} = -(z-1)$ (2) $x-2 = \dfrac{z+1}{-2}, \quad y = 3$ (3) $x = 2, \quad z = 1$.

2.3 (1) L_1 の方程式は, $\dfrac{x-1}{2} = \dfrac{y-1}{2} = z+3$.
(2) L_1 と L_2 の交点は, $(-1, -1, -4)$ である.

2.4 $\overrightarrow{OH} = \overrightarrow{OP} + \overrightarrow{PH}$ であり, $\overrightarrow{PH}$ は $\overrightarrow{PQ}$ の $\mathbf{a}$ への正射影であるから, $\overrightarrow{OH} = \mathbf{p} + u\mathbf{a}$ である.

2.5 求める平面の方程式は, $3x + y - 2z = 7$ である.

2.6 (1) 求める平面の方程式は, $9x + 3y + 5z = 30$ である.
(2) 三点 $(1,1,-3), (3,3,2), (1,-3,-2)$ を通る平面は, 方程式 $3x - y - 4z = 14$ で表される. 点 $(2,-4,-1)$ は, この方程式をみたす. よって, これら四点は同一の平面上にある.

2.7 方程式 $2x - 3y + z = 2$ において, $y = s, z = t$（パラメータ）とおくとつぎを得る.

$$\begin{pmatrix} x \\ y \\ z \end{pmatrix} = \begin{pmatrix} 1 \\ 0 \\ 0 \end{pmatrix} + s \begin{pmatrix} \frac{3}{2} \\ 1 \\ 0 \end{pmatrix} + t \begin{pmatrix} -\frac{1}{2} \\ 0 \\ 1 \end{pmatrix}$$

2.8 求める平面は, ベクトル $\begin{pmatrix} bc \\ ca \\ ab \end{pmatrix}$ を法線ベクトルとし, 点 $(a, 0, 0)$ を通るので, 方程式

$$bc(x-a) + cay + abz = 0$$

で表される. これを整理すればつぎを得る.

$$\frac{x}{a} + \frac{y}{b} + \frac{z}{c} = 1$$

2.9 連立一次方程式

$$\begin{cases} 2x - 3y + z = -2 \\ x + y + z = 2 \end{cases}$$

を考察する. $z = t$（パラメータ）とおいて, この方程式を解くと

$$\begin{pmatrix} x \\ y \\ z \end{pmatrix} = \begin{pmatrix} \frac{4}{5} \\ \frac{6}{5} \\ 0 \end{pmatrix} + t \begin{pmatrix} -\frac{4}{5} \\ -\frac{1}{5} \\ 1 \end{pmatrix}$$

を得る．これが表す直線の方程式はつぎのようになる．
$$\frac{x-\frac{4}{5}}{4} = y - \frac{6}{5} = \frac{z}{5}$$

2.10 二点 $P(1,2,3)$, $Q(2,1,5)$ を通る直線のパラメータ表示は
$$\begin{pmatrix} x \\ y \\ z \end{pmatrix} = \begin{pmatrix} 1 \\ 2 \\ 3 \end{pmatrix} + t \begin{pmatrix} 1 \\ -1 \\ 2 \end{pmatrix}$$
なので，$x = 1+t$, $y = 2-t$, $z = 3+2t$ を $x = y+z = 2$ に代入して，$t = -2$ を得る．よってこの直線と平面 $x = y+z = 2$ の交点は，$(-1, 4, -1)$ である．

2.11 つぎの平面を考える．
$$\pi_1 : (\mathbf{x}, \mathbf{a} \times \mathbf{b}) = (\mathbf{p}, \mathbf{a} \times \mathbf{b}), \quad \pi_2 : (\mathbf{x}, \mathbf{a} \times \mathbf{b}) = (\mathbf{q}, \mathbf{a} \times \mathbf{b})$$

この二つの平面は平行であり，それぞれが直線 L_1, L_2 の一方を含み，かつ，他方の直線と交わることがない．したがって，この二平面の距離
$$\frac{|(\mathbf{p} - \mathbf{q}, \mathbf{a} \times \mathbf{b})|}{\mathbf{a} \times \mathbf{b}}$$
が L_1, L_2 の間の距離となる．

2.12 点 P から平面 π に下ろした垂線の足を H とすると
$$\overrightarrow{OH} = \overrightarrow{OP} + \frac{d - (\overrightarrow{OP}, \mathbf{a})}{\|\mathbf{a}\|^2} \mathbf{a}$$
である．$\overrightarrow{OQ} = \overrightarrow{OP} + \overrightarrow{HP}$ であるから，これよりつぎを得る．
$$\overrightarrow{OQ} = \overrightarrow{OP} + \frac{2(d - (\overrightarrow{OP}, \mathbf{a}))}{\|\mathbf{a}\|^2} \mathbf{a}$$

2.13 二点 $A(a_1, a_2, a_3)$, $B(b_1, b_2, b_3)$ を直径の両端にもつ球面の方程式は
$$\left(x - \frac{a_1+b_1}{2}\right)^2 + \left(y - \frac{a_2+b_2}{2}\right)^2 + \left(z - \frac{a_3+b_3}{2}\right)^2$$
$$= \frac{(a_1-b_1)^2 + (a_2-b_2)^2 + (a_3-b_3)^2}{4}$$
である．これを整理すれば主張の式を得る．

2.14 $\dfrac{x}{\sqrt{2}} + \dfrac{y}{\sqrt{3}} + \dfrac{z}{\sqrt{6}} = 1$.

2.15 (1) 外積 $\begin{pmatrix} 2 \\ -1 \\ 1 \end{pmatrix} \times \begin{pmatrix} 1 \\ 1 \\ 1 \end{pmatrix} = \begin{pmatrix} -2 \\ -1 \\ 3 \end{pmatrix}$ であるから，求める平面の方程式は $-2(x-1) - y + 3(z+2) = 0$，すなわち，$2x + y - 3z = 8$ である．

(2) 平面 π_1, π_2 のなす角度を θ とすると，$\cos\theta = \dfrac{\sqrt{2}}{3}$ である．

2.16 (1) $\triangle ABC$ の面積 $= \frac{1}{2}\sqrt{\|\overrightarrow{AB}\|^2 \|\overrightarrow{AC}\|^2 - (\overrightarrow{AB}, \overrightarrow{AC})^2} = \frac{1}{2}\sqrt{a^2b^2 + b^2c^2 + c^2a^2}$.

(2) 三点 A, B, C を通る平面の方程式は $\dfrac{x}{a} + \dfrac{y}{b} + \dfrac{z}{c} = 1$ である．点 P からこの平面に下ろした垂線の足を H とすると

$$\overline{PH} = \frac{\left|\dfrac{\alpha}{a} + \dfrac{\beta}{b} + \dfrac{\gamma}{c} - 1\right|}{\sqrt{\dfrac{1}{a^2} + \dfrac{1}{b^2} + \dfrac{1}{c^2}}}$$

これと，(1) の結果より主張の式を得る．

2.17 球面の方程式は

$$\left(x - \frac{a}{2}\right)^2 + \left(y - \frac{b}{2}\right)^2 + \left(z - \frac{c}{2}\right)^2 = \frac{a^2 + b^2 + c^2}{4}$$

であり，この球面の原点における接平面の方程式は $ax + by + cz = 0$ である．

2.18 (1) $C = O$ としても一般性を失わない．r の式と $\overrightarrow{OP}$ の式はつぎのようになる．

$$r = \frac{|\det(\mathbf{a}, \mathbf{b})|}{\overline{AB} + \overline{OB} + \overline{OA}} \tag{1}$$

$$\mathbf{p} = \frac{\overline{OB}\,\mathbf{a} + \overline{OA}\,\mathbf{b}}{\overline{AB} + \overline{OB} + \overline{OA}} \tag{2}$$

ただし，$\mathbf{a} = \overrightarrow{OA}$, $\mathbf{b} = \overrightarrow{OB}$, $\mathbf{p} = \overrightarrow{OP}$ であり，$|\det(\mathbf{a}, \mathbf{b})|$ は $\mathbf{a}$, $\mathbf{b}$ の張る平行四辺形の面積に等しい．(1) を示そう．まず，三角形の面積に関する四項関係式

$$S(OAB) = S(PAB) + S(POA) + S(POB) \tag{3}$$

の成立に注意．ここで，$S(PAB) = r/2\,\overline{AB}$, $S(POA) = r/2\,\overline{OA}$, $S(POB) = r/2\,\overline{OB}$ より

$$S(OAB) = r/2\bigl(\overline{AB} + \overline{OB} + \overline{OA}\bigr)$$

である．また $S(OAB) = 1/2|\det(\mathbf{a}, \mathbf{b})|$ だから，(1) を得る．つぎに (2) であるが，これは (2) で決まる点 P から各辺に下ろした垂線の長さが，(1) で与えられた r に等しいことを示せばよい．

P から辺 OA に下ろした垂線の長さを r_1 とすると

$$r_1 \times \overline{OA} = \mathbf{p} \text{ と } \mathbf{a} \text{ が張る平行四辺形の面積} = |\det(\mathbf{p}, \mathbf{a})|$$

ここで $\mathbf{p}$ に (2) 式を代入すると，行列式の性質 $\det(\mathbf{a}, \mathbf{a}) = 0$ などを用いると

$$|\det(\mathbf{p},\mathbf{a})| = \frac{\overline{OA}\,|\det(\mathbf{a},\mathbf{b})|}{\overline{AB}+\overline{OB}+\overline{OA}}$$

であるので，$r_1 = r$ である．同様に，P から辺 OB に下ろした垂線の長さ r_2 は r と等しいことが分る．最後に，P から辺 AB に下ろした垂線の長さを r_3 とする．$r = r_1 = r_2$ と (3) から

$$1/2|\det(\mathbf{a},\mathbf{b})| = r/2(\overline{OA}+\overline{OB}) + S(PAB)$$

である．r に (2) 式を代入すると

$$S(PAB) = \frac{1/2\,|\det(\mathbf{a},\mathbf{b})|\,\overline{AB}}{\overline{AB}+\overline{OB}+\overline{OA}}$$

であるが，一方，$S(PAB) = 1/2 \times r_3 \times \overline{AB}$ であるので

$$r_3 = \frac{|\det(\mathbf{a},\mathbf{b})|}{\overline{AB}+\overline{OB}+\overline{OA}}$$

である．よって $r_3 = r$．以上で，(2) 式で決る P が $\triangle ABC$ の内心であることが分った．

(2) $D = O$ としても一般性を失わない．このとき，r の式と $\overrightarrow{OP}$ の式はつぎのようになる．

$$r = \frac{1/2|\det(\mathbf{a},\mathbf{b},\mathbf{c})|}{S(ABC)+S(OBC)+S(OCA)+S(OAB)} \tag{1}$$

$$\mathbf{p} = \frac{S(OBC)\mathbf{a}+S(OCA)\mathbf{b}+S(OAB)\mathbf{c}}{S(ABC)+S(OBC)+S(OCA)+S(OAB)} \tag{2}$$

ただし，$\mathbf{a} = \overrightarrow{OA}$, $\mathbf{b} = \overrightarrow{OB}$, $\mathbf{c} = \overrightarrow{OC}$, $\mathbf{p} = \overrightarrow{OP}$ であり，$|\det(\mathbf{a},\mathbf{b},\mathbf{c})|$ は $\mathbf{a},\mathbf{b},\mathbf{c}$ の張る平行六面体の体積に等しい．(1) を示そう．まず，四面体の体積に関する五項関係式

$$V(OABC) = V(POAB) + V(POAC) + V(POBC) + V(PABC) \tag{3}$$

が成立することに注意する．ここで，$V(POAB) = r/3\,S(OAB)$ などが成立するから

$$V(OABC) = \frac{r}{3}\{S(OAB)+S(OAC)+S(OBC)+S(ABC)\}$$

また，$V(OABC) = 1/6|\det(\mathbf{a},\mathbf{b},\mathbf{c})|$ であるから，以上より (1) を得る．つぎに (2) であるが，これは (2) で決る点 P から四面体の各面に降ろした垂線の長さが (1) 式の r に一致することをみればよい．P から面 $\triangle OAB$ に降ろした垂線の長さを r_1 とすると，つぎが成立する．

$$r_1 \times S(OAB) \times 2 = \mathbf{p}\ \text{と}\ \mathbf{a}\ \text{と}\ \mathbf{b}\ \text{で張る平行六面体の体積} = |\det(\mathbf{p},\mathbf{a},\mathbf{b})|$$

上の最後の右辺に (2) を代入すれば，行列式の性質（$\det(\mathbf{a},\mathbf{a},\mathbf{b}) = 0$ など）より

$$r_1 \times S(OAB) \times 2 = \frac{S(OAB) \times |\det(\mathbf{a},\mathbf{b},\mathbf{c})|}{S(ABC)+S(OBC)+S(OCA)+S(OAB)}$$

これより, $r_1 = r$ が分った. 同様に, P から面 $\triangle OAC$, $\triangle OBC$ に降ろした垂線の長さも r に等しいことが分る. 最後に, P から面 $\triangle ABC$ に降ろした垂線の長さを r_4 とする. ここまでの結果と五項関係式 (3) から

$$\frac{1}{6}|\det(\mathbf{a},\mathbf{b},\mathbf{c})| = \frac{r}{3}\{S(OAB) + S(OAC) + S(OBC)\} + V(PABC)$$

よって, r の式 (1) を代入して

$$3V(PABC) = \frac{S(ABC) \times 1/2\,|\det(\mathbf{a},\mathbf{b},\mathbf{c})|}{S(ABC) + S(OBC) + S(OCA) + S(OAB)}$$

一方, つぎのようになるから, $r_4 = r$ が示せたことになる.

$$V(PABC) = \frac{1}{3} \times r_4 \times S(ABC)$$

以上で, (2) 式で決る点 P が四面体 $OABC$ の内接球の中心であることが示せた.

2.19 $\det(\mathbf{u},\mathbf{v},\mathbf{w}) = (\mathbf{u},\mathbf{v}\times\mathbf{w})$ であるので, $\det(\mathbf{u},\mathbf{v},\mathbf{w}) > 0$ であるための必要十分条件は, 平面 $(\mathbf{x},\mathbf{v}\times\mathbf{w}) = 0$ に関して, ベクトル $\mathbf{u}$ と $\mathbf{v}\times\mathbf{w}$ が同じ側にあることである. これは, $(\mathbf{u},\mathbf{v},\mathbf{w})$ が右手系をなすことに他ならない.

第 3 章

3.1 $\pi_1 \cap \pi_2 = \left\{(x,y,x) \in \mathbf{R}^3 \,\middle|\, 3(x-\frac{1}{2}) = -(y+\frac{1}{2}) = \frac{3}{2}z\right\}$, $\pi_1 \cap L = \left\{\left(\frac{7}{5}, \frac{4}{5}, \frac{-1}{5}\right)\right\}$
$\pi_1 \cup \pi_2 = \{(x,y,z) \in \mathbf{R}^3 \,|\, (x+y+z)(x-y-2z-1) = 0\}$

3.2 (1) $f^{-1}(I) = (-\sqrt{2}, -1) \cup (1, \sqrt{2})$
(2) $g(J) = [0,1]$, $g^{-1}(0) = \{-1, 1\}$
(3) $(f\circ g)(x) = 1 - x^2$, $(g\circ f)(x) = \sqrt{1-x^4}$ $\quad x \in [-1,1]$

3.3 (1) $f(\mathbf{R}^2) = [0,\infty)$, $\quad f^{-1}(1) = \{(x,y) \in \mathbf{R}^2 \,|\, x^2 + y^2 = 1\}$
(2) $(g\circ f)(x,y) = \sqrt{1-x^2-y^2}$ $\quad (x,y) \in B$

3.4 $f(x) = \tan\left(\dfrac{\pi(2x-a-b)}{2(b-a)}\right)$ は (a,b) から $\mathbf{R}$ への全単射である. この逆関数は, 逆三角関数 arctan を用いて表すことができる. 詳細は読者に委ねる.

3.5 (1) $f: X \longrightarrow Y$ が単射でないとすると, $f(x_1) = f(x_2)$ をみたす $x_1 \neq x_2$ が存在する. このとき, $(g\circ f)(x_1) = (g\circ f)(x_2)$ であるので, $g\circ f: X \longrightarrow Z$ は単射でない.
(2) $g: Y \longrightarrow Z$ が全射でないとすると, $g(Y) \subsetneq Z$ なので, $(g\circ f)(X) = g(f(X)) \subset g(Y) \subsetneq Z$ である. よって $g\circ f: X \longrightarrow Z$ は全射でない.

3.6 (1) $A_1 \subset A_1 \cup A_2$ より, $f(A_1) \subset f(A_1 \cup A_2)$. 同様に, $f(A_2) \subset f(A_1 \cup A_2)$ なので, $f(A_1) \cup f(A_2) \subset f(A_1 \cup A_2)$ である. 逆の包含関係を示す. $y \in f(A_1 \cup A_2)$ とすると, ある

$x \in A_1 \cup A_2$ が存在して, $y = f(x)$ となる. もし $x \in A_1$ ならば, $y = f(x) \in f(A_1)$ であり, $x \in A_2$ ならば, $y = f(x) \in f(A_2)$ である. よって $f(A_1 \cup A_2) \subset f(A_1) \cup f(A_2)$ が示せた. 以上より, $f(A_1 \cup A_2) = f(A_1) \cup f(A_2)$ である.

(2) $A_1 \cap A_2 \subset A_1$ ならば, $f(A_1 \cap A_2) \subset f(A_1)$ である. 同様に, $f(A_1 \cap A_2) \subset f(A_2)$ であるので, $f(A_1 \cap A_2) \subset f(A_1) \cap f(A_2)$ を得る. なお, この包含関係において等号が成立しない例を考察することは, 読者は各自で試みてほしい.

(3) $f^{-1}(B_1) \cup f^{-1}(B_2) \subset f^{-1}(B_1 \cup B_2)$ であることは, (1) と同様である. 逆の包含関係を示そう. $x \in f^{-1}(B_1 \cup B_2)$ とすると, $f(x) \in B_1 \cup B_2$ である. もし $f(x) \in B_1$ ならば, $x \in f^{-1}(B_1)$ であり, もし $f(x) \in B_2$ ならば, $x \in f^{-1}(B_2)$ である. 以上より, $f^{-1}(B_1 \cap B_2) = f^{-1}(B_1) \cap f^{-1}(B_2)$ である.

(4) $f^{-1}(B_1 \cup B_2) \subset f^{-1}(B_1) \cup f^{-1}(B_2)$ は (2) と同様である. 逆の包含関係を示そう. $x \in f^{-1}(B_1) \cup f^{-1}(B_2)$ とすると, $f(x) \in B_1 \cup B_2$ であるので, $x \in f^{-1}(B_1 \cup B_2)$ である. 以上より, $f^{-1}(B_1 \cup B_2) = f^{-1}(B_1) \cup f^{-1}(B_2)$ である.

(5) $f(A) \subset f(A)$ より, $A \subset f^{-1}(f(A))$ である.

(6) $y \in f(f^{-1}(B))$ とすると, ある $x \in f^{-1}(B)$ に対して, $y = f(x)$ となるが, このとき $f(x) \in B$ なので, $y \in B \cap f(X)$ となる. よって, $f(f^{-1}(B)) \subset B \cap f(X)$ である. 逆の包含関係を示そう. $y \in B \cap f(X)$ とする. このとき, ある $x \in X$ が存在して, $y = f(x)$ となるが, $y \in B$ でもあるので, $x \in f^{-1}(B)$ である. よって $y = f(x) \in f(f^{-1}(B))$ である. 以上より, $f(f^{-1}(B)) = B \cap f(X)$ である. f が全射のときは, $f(X) = Y$ なので, $B \cap f(X) = B$ である. よって $f(f^{-1}(B)) = B$ が成立つ.

(7) $y \in f(X) \setminus f(A)$ とすると, ある $x \in X$ が存在して, $y = f(x)$ かつ, $f(x) \notin f(A)$ である. よって $x \notin A$ であるので, $x \in X \setminus A = A^c$, すなわち $y \in f(A^c)$ となる. よって $f(X) \setminus f(A) \subset f(A^c)$ である. この包含関係において, 等号が成立しない例を, 各自考察してほしい.

(8) $x \in f^{-1}(Y \setminus B)$ とすると, $f(x) \notin B$ である. すなわち $x \in X \setminus f^{-1}(B)$ である. よって $f^{-1}(Y \setminus B) \subset X \setminus f^{-1}(B)$ である. 逆の包含関係を示そう. $x \in X \setminus f^{-1}(B)$ とすると, $f(x) \notin B$, つまり $f(x) \in Y \setminus B$ である. よって $x \in f^{-1}(Y \setminus B)$ である. 以上より, $f^{-1}(Y \setminus B) = X \setminus f^{-1}(B)$ である.

(9) 写像の合成の定義により, つぎのようになる.

$$(g \circ f)^{-1}(C) = \{x \in X \mid g(f(x)) \in C\} = \{x \in X \mid f(x) \in g^{-1}(C)\}$$
$$= \{x \in X \mid x \in f^{-1}(g^{-1}(C))\} = g^{-1}(f^{-1}(C))$$

3.7 (1) $\mathrm{id}_V(\mathbf{x} + \mathbf{y}) = \mathbf{x} + \mathbf{y} = \mathrm{id}_V(\mathbf{x}) + \mathrm{id}_V(\mathbf{y})$. また, $\mathrm{id}_V(a\mathbf{x}) = a\mathbf{x} = a\mathrm{id}_V(\mathbf{x})$ である. よって, 恒等写像 id_V は線型写像である.

(2) $O_V(\mathbf{x} + \mathbf{y}) = \mathbf{0} = \mathbf{0} + \mathbf{0} = O_V(\mathbf{x}) + O_V(\mathbf{y})$. また, $O_V(a\mathbf{x}) = \mathbf{0} = a\mathbf{0} = aO_V(\mathbf{0})$ である. よって, 零写像 O_V は線型写像である.

(3) 内積の双線型性を用いて

$$T(\mathbf{x} + \mathbf{y}) = \frac{(\mathbf{x} + \mathbf{y}, \mathbf{a})}{\|\mathbf{a}\|^2} \mathbf{a} = \frac{(\mathbf{x}, \mathbf{a})}{\|\mathbf{a}\|^2} \mathbf{a} + \frac{(\mathbf{y}, \mathbf{a})}{\|\mathbf{a}\|^2} \mathbf{a} = T(\mathbf{x}) + T(\mathbf{y})$$

第 3 章

同様に，$T(a\mathbf{x}) = aT(\mathbf{x})$ も証明できる．(4) の証明も同じなので省略．

3.8 ベクトルの和の結合法則を用いると

$$a_1\mathbf{x}_1 + \cdots + a_{n-1}\mathbf{x}_{n-1} + a_n\mathbf{x}_n = (a_1\mathbf{x}_1 + \cdots + a_{n-1}\mathbf{x}_{n-1}) + a_n\mathbf{x}_n$$

であるので，線型性より

$$T(a_1\mathbf{x}_1 + \cdots + a_{n-1}\mathbf{x}_{n-1} + a_n\mathbf{x}_n) = T\big((a_1\mathbf{x}_1 + \cdots + a_{n-1}\mathbf{x}_{n-1}) + a_n\mathbf{x}_n\big)$$
$$= T(a_1\mathbf{x}_1 + \cdots + a_{n-1}\mathbf{x}_{n-1}) + T(a_n\mathbf{x}_n)$$
$$= T(a_1\mathbf{x}_1 + \cdots + a_{n-1}\mathbf{x}_{n-1}) + a_n T(\mathbf{x}_n)$$

である．ここで，帰納法の仮定より

$$T(a_1\mathbf{x}_1 + \cdots + a_{n-1}\mathbf{x}_{n-1}) = a_1 T(\mathbf{x}_1) + \cdots + a_{n-1} T(\mathbf{x}_{n-1})$$

なので，合わせるとつぎを得る．

$$T(a_1\mathbf{x}_1 + \cdots + a_{n-1}\mathbf{x}_{n-1} + a_n\mathbf{x}_n) = a_1 T(\mathbf{x}_1) + \cdots + a_{n-1} T(\mathbf{x}_{n-1}) + a_n T(\mathbf{x}_n)$$

3.9 (1) $A_S = \dfrac{1}{a_1^2 + a_2^2}\begin{pmatrix} a_2^2 & -a_1 a_2 \\ -a_1 a_2 & a_1^2 \end{pmatrix}$, (2) $A_M = \dfrac{1}{a_1^2 + a_2^2}\begin{pmatrix} -a_1^2 + a_2^2 & -2a_1 a_2 \\ -2a_1 a_2 & a_1^2 - a_2^2 \end{pmatrix}$

3.10 (1) $T\big(T(\mathbf{x})\big) = T(\mathbf{x})$ (2) $S\big(S(\mathbf{x})\big) = S(\mathbf{x})$ (3) $M\big(M(\mathbf{x})\big) = \mathbf{x}$

3.11 (1) $T(\mathbf{R}^2) = \mathbf{R}\mathbf{a} = \{c\mathbf{a} \,|\, c \in \mathbf{R}\}$
(2) $\mathbf{b} = \begin{pmatrix} -a_2 \\ a_1 \end{pmatrix}$ とおくと，$(\mathbf{b}, \mathbf{a}) = 0$ である．$S(\mathbf{R}^2) = \mathbf{R}\mathbf{b}$
(3) $M(\mathbf{R}^2) = \mathbf{R}^2$
T, S, M の中で単射なのは M である．

3.12 積の結合法則を証明する．残りの性質の検証は読者に委ねる．
$A = (a_{ij}), B = (b_{ij}), C = (c_{ij})$ とする．AB の第 (i,j) 成分は，$\displaystyle\sum_{k=1}^{2} a_{ik} b_{kj}$ であるので

$$(AB)C \text{ の第 } (i,j) \text{ 成分} = \sum_{l=1}^{2}\Big(\sum_{k=1}^{2} a_{ik} b_{kl}\Big) c_{lj} = \sum_{k=1}^{2} a_{ik}\Big(\sum_{l=1}^{2} b_{kl} c_{lj}\Big)$$
$$= A(BC) \text{ の第 } (i,j) \text{ 成分}$$

よって，$(AB)C = A(BC)$ である．

3.13 問 3.9 の結論を用いて計算すればよい．容易な計算である．

3.14 $\det A_T = 0,\ \det A_S = 0,\ \det A_M = -1$ である．A_M が正則行列である．$A_M^{-1} = A_M$ である．

3.15 (1) 直線 AB $\mathbf{x} = \begin{pmatrix} 2 \\ 1 \end{pmatrix} + t \begin{pmatrix} -1 \\ 1 \end{pmatrix}$ $(-\infty < t < +\infty)$. 直線 CD $\mathbf{x} = \begin{pmatrix} 4 \\ 3 \end{pmatrix} + t \begin{pmatrix} 1 \\ -1 \end{pmatrix}$ $(-\infty < t < +\infty)$

(2) 直線 AD $\mathbf{x} = \begin{pmatrix} 2 \\ 1 \end{pmatrix} + t \begin{pmatrix} 3 \\ 1 \end{pmatrix}$ $(-\infty < t < +\infty)$. 直線 BC $\mathbf{x} = \begin{pmatrix} 1 \\ 2 \end{pmatrix} + t \begin{pmatrix} 3 \\ 1 \end{pmatrix}$ $(-\infty < t < +\infty)$

(3) 平行四辺形 $ABCD$ $\mathbf{x} = \begin{pmatrix} 2 \\ 1 \end{pmatrix} + s \begin{pmatrix} -1 \\ 1 \end{pmatrix} + t \begin{pmatrix} 3 \\ 1 \end{pmatrix}$ $(0 \leq s, t \leq 1)$

(4) $A' = T(A) = (5, -3)$, $B' = T(B) = (4, 0)$, $C' = T(C) = (11, -5)$, $D' = T(D) = (12, -8)$ とする. 直線 AB の T による像は直線 $A'B'$ である. そのベクトル表示は, $\mathbf{y} = \begin{pmatrix} 5 \\ -3 \end{pmatrix} + t \begin{pmatrix} -1 \\ 3 \end{pmatrix}$ $(-\infty < t < +\infty)$ である. また, 直線 CD の T による像は直線 $C'D'$ である. そのベクトル表示は, $\mathbf{y} = \begin{pmatrix} 11 \\ -5 \end{pmatrix} + t \begin{pmatrix} 1 \\ -3 \end{pmatrix}$ $(-\infty < t < +\infty)$ である. 直線 $A'B'$ と直線 $C'D'$ は平行である.

(5) 平行四辺形 $ABCD$ の T による像は平行四辺形 $A'B'C'D'$ であり, そのベクトル表示は, $\mathbf{y} = \begin{pmatrix} 5 \\ -3 \end{pmatrix} + s \begin{pmatrix} -1 \\ 3 \end{pmatrix} + t \begin{pmatrix} 7 \\ -5 \end{pmatrix}$ $(0 \leq s, t \leq 1)$ である.

$$\text{平行四辺形 } ABCD \text{ の面積} = \left| \det \left(\overrightarrow{AB}, \overrightarrow{AD} \right) \right| = \left| \det \begin{pmatrix} -1 & 3 \\ 1 & 1 \end{pmatrix} \right| = 4$$

$$\text{平行四辺形 } A'B'C'D' \text{ の面積} = \left| \det \left(\overrightarrow{A'B'}, \overrightarrow{A'D'} \right) \right| = \left| \det \begin{pmatrix} -1 & 7 \\ 3 & -5 \end{pmatrix} \right| = 16$$

したがって, その面積比は $1:4$ だが, それはちょうど, $|\det M| = 4$ であることに対応する.

(6) 線型写像 $S(\mathbf{x}) = N\mathbf{x}$ による平行四辺形 $ABCD$ の像は, 点 $(5,5)$ と点 $(13,13)$ を結ぶ線分になる.

3.16 (1) $A^2 = A$ より, $(\det A)^2 = \det A$ なので, $\det A = 0$ または $\det A = 1$. $\det A = 1$ のときは, A は正則行列なので, A^{-1} を $A^2 = A$ に掛けると, $A = E$ であることが分る.
(2) $A^2 = E$ より, $(\det A)^2 = 1$ なので, $\det A = \pm 1$ である.

3.17 $\det(P^{-1}AP) = (\det P)^{-1}(\det A)(\det P) = \det A$ である.

3.18 (1) $A = (a_{ij})$, $B = (b_{ij})$ とすると, つぎは明らかである.

$$\text{tr}\,(AB) = a_{11}b_{11} + a_{12}b_{21} + a_{21}b_{12} + a_{22}b_{22} = \text{tr}\,(BA)$$

(2) (1) の結果を使うと, つぎを得る.

$$\text{tr}\,(P^{-1}AP) = \text{tr}\,(APP^{-1}) = \text{tr}\,A$$

(3) $f(t) = t^2 + (\operatorname{tr} A)t + \det A$

3.19 (1) $A_T = \dfrac{1}{a_1^2 + a_2^2 + a_3^2} \begin{pmatrix} a_1^2 & a_1a_2 & a_1a_3 \\ a_1a_2 & a_2^2 & a_2a_3 \\ a_1a_3 & a_2a_3 & a_3^2 \end{pmatrix}$

(2) $A_S = \dfrac{1}{a_1^2 + a_2^2 + a_3^2} \begin{pmatrix} a_2^2 + a_3^2 & -a_1a_2 & -a_1a_3 \\ -a_1a_2 & a_1^2 + a_3^2 & -a_2a_3 \\ -a_1a_3 & -a_2a_3 & a_1^2 + a_2^2 \end{pmatrix}$

(3) $A_M = \dfrac{1}{a_1^2 + a_2^2 + a_3^2} \begin{pmatrix} -a_1^2 + a_2^2 + a_3^2 & -2a_1a_2 & -2a_1a_3 \\ -2a_1a_2 & a_1^2 - a_2^2 + a_3^2 & -2a_2a_3 \\ -2a_1a_3 & -2a_2a_3 & a_1^2 + a_2^2 - a_3^2 \end{pmatrix}$

3.20 (1) T の表現行列を A とおくと

$$A = \dfrac{1}{a_1^2 + a_2^2} \begin{pmatrix} (1-t)a_1^2 + a_2^2 & -ta_1a_2 \\ -ta_1a_2 & a_1^2 + (1-t)a_2^2 \end{pmatrix}$$

(2) $\det A = 1 - t$ より, $t \neq 1$ のとき T は全単射である.

(3) $\mathbf{b} = \begin{pmatrix} -a_2 \\ a_1 \end{pmatrix}$ とおく. $(\mathbf{b}, \mathbf{a}) = 0$ なので, $T(\mathbf{b}) = \mathbf{b}$ を得る. また, $T(\mathbf{a}) = (1-t)\mathbf{a}$ である. $t \neq 1$ のとき, T^{-1} が存在するが, $T^{-1}(\mathbf{a}) = \dfrac{\mathbf{a}}{1-t}$, $T^{-1}(\mathbf{b}) = \mathbf{b}$ であるので, つぎを得る.

$$T^{-1}(\mathbf{x}) = \mathbf{x} + \dfrac{t}{1-t} \dfrac{(\mathbf{x}, \mathbf{a})}{\|\mathbf{a}\|^2} \mathbf{a}$$

3.21 (1) $T(\mathbf{x}) - \mathbf{x} = 2k\mathbf{x}$, かつ $(\mathbf{x} + k\mathbf{n}, \mathbf{n}) = 0$ であることが, T の定義より導かれる. $k = -(\mathbf{x}, \mathbf{n})$ が第二の式から分るので, これを第一式に代入してつぎを得る.

$$T(\mathbf{x}) = \mathbf{x} - 2(\mathbf{x}, \mathbf{n})\mathbf{n}$$

(2) $M_\theta = \begin{pmatrix} \cos 2\theta & \sin 2\theta \\ \sin 2\theta & -\cos 2\theta \end{pmatrix}$. また, $\det M_\theta = -1$ である.

(3) $T(T(\mathbf{x})) = T(\mathbf{x}) - 2(T(\mathbf{x}), \mathbf{n})$. ここで, $(T(\mathbf{x}), \mathbf{n}) = -(\mathbf{x}, \mathbf{n})$ なので, $T(T(\mathbf{x})) = \mathbf{x}$. よって $T^2 = \operatorname{id}_{\mathbf{R}^2}$ である.

(4), (5) T の幾何学的定義より, $T(\mathbf{x}) = \mathbf{x}$ をみたすベクトルは, $\begin{pmatrix} \cos\theta \\ \sin\theta \end{pmatrix}$ のスカラー倍に限る. また $T(\mathbf{x}) = -\mathbf{x}$ をみたすベクトルは, $\mathbf{n}$ のスカラー倍に限る.

第 4 章

4.1 円 $|z| = \sqrt{2}$ 上の点 $z_0 = 1 + i$ における接線は

$$z = (1+i) + t(1-i) \quad (-\infty < t < +\infty)$$

あるいは，つぎのように表示される．
$$(1-i)z + (1+i)\overline{z} = 4$$

4.2 $z = x$ が実数のとき，$|i-x| = |i+x|$ なので
$$|w| = \frac{|i-x|}{|i+x|} = 1$$

w は単位円上を動く．ただし $w = -1$ を除く．

4.3 A, B, C, D が複素数 $\alpha, \beta, \gamma, \delta$ に対応しているとする．このとき，三角不等式を使ってつぎを得る．

$$\overline{AB} \cdot \overline{CD} + \overline{AD} \cdot \overline{BC} = |\alpha - \beta| \cdot |\gamma - \delta| + |\alpha - \delta| \cdot |\beta - \gamma|$$
$$\geq |(\alpha - \beta)(\gamma - \delta) + (\alpha - \delta)(\beta - \gamma)| = |\alpha - \gamma| \cdot |\beta - \delta| = \overline{AC} \cdot \overline{BD}$$

4.4 簡単な計算により
$$|1 - \overline{\alpha}\beta|^2 - |\alpha - \beta|^2 = (1 - |\alpha|^2)(1 - |\beta|^2)$$

が分る．よって，$|\alpha| < 1, |\beta| < 1$ ならば
$$|\alpha - \beta| < |1 - \overline{\alpha}\beta|$$

である．また $|\beta| = 1$ ならば，つぎのようになる．
$$|\alpha - \beta| = |1 - \overline{\alpha}\beta|$$

4.5 (1), (2) は省略する．ド・モワヴルの公式より
$$\frac{1+\sqrt{3}i}{1+i} = \sqrt{2}\Big(\cos 15° + 1\sin 15°\Big)$$

一方において
$$\frac{1+\sqrt{3}i}{1+i} = \frac{1}{2}\Big((1+\sqrt{3}) + i(-1+\sqrt{3})\Big)$$

であるから，つぎを得る．
$$\cos 15° = \frac{\sqrt{2}+\sqrt{6}}{4}, \quad \sin 15° = \frac{-\sqrt{2}+\sqrt{6}}{4}$$

4.6 複素数 $\alpha, \beta, \gamma, \alpha', \beta', \gamma'$ は，点 A, B, C, A', B', C' に対応しているとする．
$$\frac{\beta - \alpha}{\gamma - \alpha} = \frac{\beta' - \alpha'}{\gamma' - \alpha'}$$

において，両辺の絶対値と偏角が等しいのであるから

$$\overline{AB} : \overline{AC} = \overline{A'B'} : \overline{A'C'}$$

かつ

$$\overrightarrow{AB} \text{ から } \overrightarrow{AC} \text{ に向けて計測した角度} = \overrightarrow{A'B'} \text{ から } \overrightarrow{A'C'} \text{ に向けて計測した角度}$$

が成立する．よって，$\triangle ABC$ と $\triangle A'B'C'$ は同じ向きに相似である．

4.7 $\sqrt{i} = \pm \dfrac{1+i}{\sqrt{2}}$ である．

4.8 二次方程式 $z^2 + 2(1-2i)z - 6 = 0$ を根の公式を使って求めるとつぎを得る．

$$z = -(1-2i) \pm \sqrt{(1-2i)^2 + 6} = -(1-2i) \pm (1+2i)i = -3+3i,\ 1+i$$

4.9 (1) 1 の立方根は, $1, \dfrac{-1 \pm \sqrt{3}i}{2}$ である．

(2) $\omega = \dfrac{-1 \pm \sqrt{3}i}{2}$ は二次方程式 $z^2 + z + 1 = 0$ の二根である．また，$\omega^2 = \overline{\omega}$ であるので，$z^2 + z + 1 = (z-\omega)(z-\omega^2)$ と因数分解される．

(3) $z^3 - 1 = (z-1)(z^2+z+1) = (z-1)(z-\omega)(z-\omega^2)$ である．

4.10 (1) $\omega^3 = 1$, $\omega^2 + \omega = -1$, $\omega^4 + \omega^2 = -1$ であるのでつぎを得る．

$$(\alpha + \omega\beta + \omega^2\gamma)(\alpha + \omega^2\beta + \omega\gamma)$$
$$= \alpha^2 + \beta^2 + \gamma^2 + (\omega^2 + \omega)\alpha\beta + (\omega^4 + \omega^2)\beta\gamma + (\omega^2 + \omega)\gamma\alpha$$
$$= \alpha^2 + \beta^2 + \gamma^2 - \alpha\beta - \beta\gamma - \gamma\alpha$$

(2) (1) の結果より，条件は

$$\alpha + \omega\beta + \omega^2\gamma = 0, \quad \text{または} \quad \alpha + \omega^2\beta + \omega\gamma = 0$$

の成立と同値である．$1 = -\omega - \omega^2$ より，これは

$$\frac{\beta - \alpha}{\gamma - \beta} = -\omega,\ -\overline{\omega} = \cos\left(\pm 60°\right) + i\sin\left(\pm 60°\right)$$

と同値である．したがって問 4.6 より，$\triangle \alpha\beta\gamma$ は正三角形である．

4.11 (1) $\omega^n = 1$, $\omega \neq 1$ である．$z^n - 1 = (z-1)(z^{n-1} + z^{n-2} + \cdots + z + 1)$ より

$$\omega^{n-1} + \omega^{n-2} + \cdots + \omega + 1 = 0$$

である．

(2) $\zeta = \omega^k\ (k = 1, 2, \ldots, n-1)$ は 1 とは異なる，$n-1$ 個の 1 の n 乗根であるので

$$z^n - 1 = (z-1)(z-\omega)(z-\omega^2) \cdots (z-\omega^{n-1})$$

が成立している．よって，つぎのようになる．

$$z^{n-1} + z^{n-2} + \cdots + z + 1 = (z-\omega)(z-\omega^2)\cdots(z-\omega^{n-1})$$

4.12 (1) $\left(|x_1|^2 + |x_2|^2\right)\left(|y_1|^2 + |y_2|^2\right) - \left|x_1\overline{y_1} + x_2\overline{y_2}\right|^2 = \left|x_1y_2 - x_2y_1\right|^2 \geq 0$
(2) (1) の計算と同様につぎを得る．

$$\left(|x_1|^2 + |x_2|^2 + |x_3|^2\right)\left(|y_1|^2 + |y_2|^2 + |y_3|^2\right) - \left|x_1\overline{y_1} + x_2\overline{y_2} + x_3\overline{y_3}\right|^2$$
$$= \left|x_1y_2 - x_2y_1\right|^2 + \left|x_2y_3 - x_3y_2\right|^2 + \left|x_3y_1 - x_1y_3\right|^2 \geq 0$$

4.13 内積の性質より

$$\frac{\|\mathbf{x}+\mathbf{y}\|^2 - \|\mathbf{x}-\mathbf{y}\|^2}{4} = \frac{(\mathbf{x},\mathbf{y}) + \overline{(\mathbf{x},\mathbf{y})}}{2}$$
$$\frac{\|\mathbf{x}+i\mathbf{y}\|^2 - \|\mathbf{x}-i\mathbf{y}\|^2}{4} = \frac{-i(\mathbf{x},\mathbf{y}) + i\overline{(\mathbf{x},\mathbf{y})}}{2}$$

である．これより主張の式を得る．

4.14 (1) 実正則行列 $P = (\mathbf{p}_1, \mathbf{p}_2)$ を適当に選んで，$P^{-1}RP$ が対角行列 $\begin{pmatrix} \alpha_1 & 0 \\ 0 & \alpha_2 \end{pmatrix}$ になったとすると α_1, α_2 は実数であり

$$R\mathbf{p}_i = \alpha_i \mathbf{p}_i \quad (i = 1, 2)$$

をみたす．P は正則行列なので，ベクトル $\mathbf{p}_i$ は $\mathbf{0}$ ではない．よって，$\det(\alpha_i E - R) = 0$ である．しかし，θ が π の整数倍でない限り，実数 α に対して

$$\det(\alpha E - R) = \alpha^2 - 2\alpha\cos\theta + 1 > 0$$

である．これは矛盾である．
(2) $\begin{pmatrix} \cos\theta + i\sin\theta & 0 \\ 0 & \cos\theta - i\sin\theta \end{pmatrix}$

4.15 条件は

$$\arg\left(\frac{\alpha-\gamma}{\beta-\gamma}\right) - \arg\left(\frac{\alpha-\delta}{\beta-\delta}\right)$$

が 0 または $\pm\pi$ に等しいことを意味する．これは円周角の定理より，複素数 $\alpha, \beta, \gamma, \delta$ が同一円周上にあるか，同一直線上にあるかを意味する．
(**別解**) $A = (\alpha - \gamma)\overline{(\beta - \gamma)}$ として，δ を変数 z とおくと，条件は

$$A\overline{(\alpha - z)}(\beta - z) = \overline{A}(\alpha - z)\overline{(\beta - z)}$$

と同値である．よって，z に関する方程式

$$(A - \overline{A})|z|^2 - (\overline{\alpha}A - \overline{\beta}\overline{A})z + (\alpha\overline{A} - \beta A)\overline{z} + (\overline{\alpha}\beta A - \alpha\overline{\beta}\overline{A}) = 0$$

を得る．$A - \overline{A} = ia$（a は実数），$\alpha\overline{A} - \beta A = -ib$，$\overline{\alpha}\beta A - \alpha\overline{\beta}A = ic$（$c$ は実数）とおくと，上の方程式は
$$a|z|^2 - \overline{b}z - b\overline{z} + c = 0$$
である．これは α, β, γ を通る円（$a \neq 0$），または直線（$a = 0$）の方程式を表す．

4.16 内心に関する公式は問 2.18 (1) において見ているので外心の公式を検証する．
$$c = \frac{|\alpha|^2(\beta - \gamma) + |\beta|^2(\gamma - \alpha) + |\gamma|^2(\alpha - \beta)}{\overline{\alpha}(\beta - \gamma) + \overline{\beta}(\gamma - \alpha) + \overline{\gamma}(\alpha - \beta)}$$
とおくと，簡単な計算により
$$|\alpha - c| = \frac{|\alpha - \beta||\beta - \gamma||\gamma - \alpha|}{\left|\overline{\alpha}(\beta - \gamma) + \overline{\beta}(\gamma - \alpha) + \overline{\gamma}(\alpha - \beta)\right|}$$
が分る．これは α, β, γ について対称であるので
$$|\alpha - c| = |\beta - c| = |\gamma - c|$$
が成立する．よって，c は $\triangle\alpha\beta\gamma$ の外心である．

4.17 簡単な計算により
$$\frac{1 + \sin\theta + i\cos\theta}{1 + \sin\theta - i\cos\theta} = \sin\theta + i\cos\theta = \cos\left(\frac{\pi}{2} - \theta\right) + i\sin\left(\frac{\pi}{2} - \theta\right)$$
が分るので，ド・モワヴルの公式により主張の式を得る．

4.18 ド・モワヴルの公式を用いると
$$(\cos\theta + \sin\theta) + \cdots + (\cos n\theta + i\sin n\theta) = \frac{(\cos\theta + i\sin\theta)(1 - \cos n\theta - i\sin n\theta)}{1 - \cos\theta - i\sin\theta}$$
$$= \frac{(\cos\theta + i\sin\theta)(1 - \cos n\theta - i\sin n\theta)(1 - \cos\theta + i\sin\theta)}{(1 - \cos\theta)^2 + \sin^2\theta}$$

ここで，分母 $= 2^2\sin^2\dfrac{\theta}{2}$ であり

$$\text{分子} = 2\sin\frac{n\theta}{2}\left\{\sin\frac{(n+2)\theta}{2} - i\cos\frac{(n+2)\theta}{2}\right\} \cdot 2\sin\frac{\theta}{2}\left(\sin\frac{\theta}{2} + i\cos\frac{\theta}{2}\right)$$
$$= 2^2\sin\frac{\theta}{2}\sin\frac{n\theta}{2}\left\{\cos\frac{(n+1)\theta}{2} + i\sin\frac{(n+1)\theta}{2}\right\}$$

である．これで主張の式が証明された．

4.19 $\omega = \cos\left(\dfrac{2\pi}{n}\right) + i\sin\left(\dfrac{2\pi}{n}\right)$ とする．問 4.11 (2) の結論

において，$z=1$ とおくと

$$n = (1-\omega)(1-\omega^2)\cdots(1-\omega^{n-2})(1-\omega^{n-1})$$

である．ここで

$$(1-\omega^k)(1-\omega^{n-k}) = 2^2\sin^2\left(\frac{k\pi}{n}\right) = 2\sin\left(\frac{k\pi}{n}\right)\cdot 2\sin\left(\frac{(n-k)\pi}{n}\right)$$

であるので，$n \geq 2$ が偶数，奇数の場合に分けてつぎを示すことができる．

$$\sin\left(\frac{\pi}{n}\right)\sin\left(\frac{2\pi}{n}\right)\cdots\sin\left(\frac{(n-1)\pi}{n}\right) = \frac{n}{2^{n-1}}$$

4.20 性質 (1), (2), (3), (4), (6), (8) は明らかである．
(5) $\alpha = a+ib$, $\beta = c+id$ とすると，$\alpha\beta = (ac-bd)+i(ad+bc)$ であるので

$$A(\alpha\beta) = \begin{pmatrix} ac-bd & ad+bc \\ -ad-bc & ac-bd \end{pmatrix} = \begin{pmatrix} a & b \\ -b & a \end{pmatrix}\begin{pmatrix} c & d \\ -d & c \end{pmatrix} = A(\alpha)A(\beta)$$

(5), (6) より (7) が従う．

4.21 (1) E, I, K, J, K が $I^2 = J^2 = K^2 = -E$, $IJ = -JI = K$, $JK = -KJ = I$, $KI = -IK = J$ をみたすことは，計算により容易に示すことができる．
(2) $A = aE + bI + cJ + dK$ の行列式を計算すると

$$\det A = a^2 + b^2 + c^2 + d^2$$

であるので，A は，$a = b = c = d = 0$ の場合を除いて正則であり，このとき

$$A^{-1} = \frac{1}{a^2+b^2+c^2+d^2}\left(aE - bI - cJ - dK\right)$$

となる．これらの式が，四元数におけるつぎの公式に対応していることに注意する．

$$|a+bi+cj+dk|^2 = (a+bi+cj+dk)(a-bi-cj-dk) = a^2+b^2+c^2+d^2$$
$$(a+bi+cj+dk)^{-1} = \frac{a-bi-cj-dk}{a^2+b^2+c^2+d^2}$$

第 5 章

5.1 (1) $AB = \begin{pmatrix} 4 & -5 & 7 \\ -5 & 8 & 0 \\ -3 & 4 & -4 \end{pmatrix}$, $BA = \begin{pmatrix} -2 & -1 \\ 0 & 10 \end{pmatrix}$
(2) $\det AB = 0$, $\det BA = -20$

5.2 $A^2 = \begin{pmatrix} 6 & -1 & -3 \\ 3 & 27 & 11 \\ -5 & 6 & 5 \end{pmatrix}$, $AB = \begin{pmatrix} 1 & 2 & 7 \\ 3 & -4 & 16 \\ -2 & -3 & -5 \end{pmatrix}$, $BA = \begin{pmatrix} -3 & 9 & 4 \\ -7 & -3 & 1 \\ 4 & 1 & -2 \end{pmatrix}$,

$B^2 = \begin{pmatrix} 15 & 1 & 14 \\ 5 & 0 & -4 \\ 9 & 3 & 13 \end{pmatrix}$

5.3 $\sum_{k=1}^n \delta_{kq}\delta_{kr} = \delta_{qr}$ に注意すると

$$E_{pq}E_{rs} \text{ の } (i,j) \text{ 成分} = \sum_{k=1}^n (\delta_{ip}\delta_{kq})(\delta_{kr}\delta_{js}) = \delta_{ip}\delta_{js}\sum_{k=1}^n \delta_{kq}\delta_{kr} = \delta_{qr}\delta_{ip}\delta_{js}$$

よって, $E_{pq}E_{rs}$ の (i,j) 成分 $= \delta_{qr} \times E_{ps}$ の (i,j) 成分が成立している.

5.4 (1) $AD = (d_1\mathbf{a}_1, d_2\mathbf{a}_2, d_3\mathbf{a}_3, d_4\mathbf{a}_4)$, $\quad DA = \begin{pmatrix} d_1\widehat{\mathbf{a}}_1 \\ d_2\widehat{\mathbf{a}}_2 \\ d_3\widehat{\mathbf{a}}_3 \\ d_4\widehat{\mathbf{a}}_4 \end{pmatrix}$

(2) $AF = (\mathbf{a}_1, \mathbf{a}_3, \mathbf{a}_2, \mathbf{a}_4)$, $\quad FA = \begin{pmatrix} \widehat{\mathbf{a}}_1 \\ \widehat{\mathbf{a}}_3 \\ \widehat{\mathbf{a}}_2 \\ \widehat{\mathbf{a}}_4 \end{pmatrix}$

(3) $AG = (\mathbf{a}_1, \mathbf{a}_2 + c\mathbf{a}_3, \mathbf{a}_3, \mathbf{a}_4)$, $\quad FA = \begin{pmatrix} \widehat{\mathbf{a}}_1 \\ \widehat{\mathbf{a}}_2 \\ c\mathbf{a}_2 + \widehat{\mathbf{a}}_3 \\ \widehat{\mathbf{a}}_4 \end{pmatrix}$

5.5 A の逆行列は上三角行列なので, $A^{-1} = \begin{pmatrix} b_{11} & b_{12} & b_{13} \\ 0 & b_{22} & b_{23} \\ 0 & 0 & b_{33} \end{pmatrix}$ とおくことができる.

$$\begin{pmatrix} a_{11} & a_{12} & a_{13} \\ 0 & a_{22} & a_{23} \\ 0 & 0 & a_{33} \end{pmatrix} \begin{pmatrix} b_{11} & b_{12} & b_{13} \\ 0 & b_{22} & b_{23} \\ 0 & 0 & b_{33} \end{pmatrix} = \begin{pmatrix} 1 & 0 & 0 \\ 0 & 1 & 0 \\ 0 & 0 & 1 \end{pmatrix}$$

が成立することより

$$a_{ii}b_{ii} = 1 \quad (i = 1, 2, 3)$$
$$a_{ii}b_{i.i+1} + a_{i,i+1}b_{i+1.i+1} = 0 \quad (i = 1, 2)$$
$$a_{ii}b_{i.i+2} + a_{i,i+1}b_{i+1,i+2} + a_{i,i+2}b_{i+2,i+2} = 0 \quad (i = 1)$$

を得る．これを b_{ij} について解いて，

$$b_{ii} = a_{ii}^{-1} \quad (i = 1, 2, 3)$$
$$b_{i,i+1} = -a_{ii}^{-1} a_{i,i+1} a_{i+1,i+1}^{-1} \quad (i = 1, 2)$$
$$b_{i,i+2} = a_{ii}^{-1} a_{i,i+1} a_{i+1,i+1}^{-1} a_{i+1,i+2} a_{i+2,i+2}^{-1} - a_{ii}^{-1} a_{i,i+2} a_{i+2,i+2}^{-1} \quad (i = 1)$$

を得る．この考察を n 次の上三角行列に一般化することは容易であろう．各自試みられたい．

5.6 (1) $AB = BA$ より，$AB^k = B^k A$ であることが k についての帰納法で示すことができる．すると，k に関する帰納法により $(AB)^k = A^k B^k$ で示すことができる．実際，$k = 1$ のとき，主張は正しい．k において主張が正しいと仮定すると，$(AB)^{k+1} = (AB)^k AB = (A^k B^k) AB = A^k (B^k A) B = A^k (AB^k) B = (A^k A)(B^k B) = A^{k+1} B^{k+1}$ であるので，帰納法によりすべての k に対して主張は正しい．

(2) $(A+B)^2 = (A+B)(A+B) = A^2 + AB + BA + B^2 = A^2 + 2AB + B^2$．$(A+B)^3 = (A+B)^2(A+B) = (A^2 + 2AB + B^2)(A+B) = A^3 + 2ABA + B^2A + A^2B + 2AB^2 + B^3 = A^3 + 3A^2B + 3AB^2 + B^3$．なお，帰納法により，$(A+B)^k = \sum_{j=0}^{k} {}_k C_j A^{k-j} B^j$（二項展開）を示すことができる．各自，証明を試みられたい．

(3) k を非負整数として，$k = 0$ から始まる帰納法で $A^k \cdot A^l = A^{k+l}$ $(k \geq 0)$ を示し，k が負の整数として，$k = -1$ から始まる帰納法で $A^k \cdot A^l = A^{k+l}$ $(k \leq -1)$ を示す．詳細は読者に委ねる．

(4) これも k に関する帰納法で示す．$k = 0$ のときは，主張は明らか．k において主張が正しいとすると，$(P^{-1}AP)^{k+1} = (P^{-1}A^kP)(P^{-1}AP) = P^{-1}(A^kA)P = P^{-1}A^{k+1}P$ であるので，帰納法によりすべての非負整数 k について主張は正しい．

5.7 $(1,2)$ ブロックを考察する．$A_{11} = (a_{ij})_{1 \leq i \leq l_1, 1 \leq j \leq m_1}$，$A_{12} = (a_{i,j+m_1})_{1 \leq i \leq l_1, 1 \leq j \leq m_2}$，$B_{12} = (b_{i+m_1,j})_{1 \leq i \leq m_2, 1 \leq j \leq n_1}$，$B_{22} = (b_{i+m_1,j+n_1})_{1 \leq i \leq m_2, 1 \leq j \leq n_1}$ であるので，$1 \leq i \leq l_1$，$1 \leq j \leq n_2$ に対して

$$(AB) \text{ の } (i, j+n_1) \text{ 成分} = \sum_{k=1}^{m} a_{ik} b_{k,j+n_1} = \sum_{k=1}^{m_1} a_{i,k} b_{k,j+n_1} + \sum_{i=1}^{m_2} a_{i,k+m_1} b_{k+m_1,j+n_1}$$
$$= (A_{11}B_{12}) \text{ の } (i,j) \text{ 成分} + (A_{12}B_{22}) \text{ の } (i,j) \text{ 成分}$$

となる．これで $(1,2)$ ブロックについて主張の成立が分る．他のブロックについても同様である．

5.8 (1) 行列 X を

$$X = \begin{pmatrix} A_{11}^{-1} & -A_{11}^{-1} A_{12} A_{22}^{-1} \\ O & A_{22}^{-1} \end{pmatrix}$$

とおくと，$AX = E$，$XA = E$ を計算により確かめることができる．

(2) (1) の結果を用いて A^{-1} を計算するとつぎを得る．

$$A^{-1} = \frac{1}{a_{11}\Delta}\begin{pmatrix} \Delta & -(a_{12}a_{33}-a_{13}a_{12}) & -(-a_{12}a_{23}+a_{13}a_{22}) \\ 0 & a_{33}/a_{11} & -a_{23}/a_{11} \\ 0 & -a_{32}/a_{11} & a_{22}/a_{11} \end{pmatrix}$$

5.9 $AB = \begin{pmatrix} 0 & -1 & 0 & 0 \\ 0 & 0 & -i & 0 \\ 0 & 0 & 0 & 1 \\ i & 0 & 0 & 0 \end{pmatrix}$, $BA = \begin{pmatrix} 0 & i & 0 & 0 \\ 0 & 0 & -1 & 0 \\ 0 & 0 & 0 & -i \\ 1 & 0 & 0 & 0 \end{pmatrix}$ なので, $AB - iBA = O$ である.

5.10 計算により確認せよ.

5.11 $AB - BA$ と A が可換であれば, $AB - BA$ と A^k も可換である. よって, 帰納法によりつぎが成立つ.

$$\begin{aligned} A^{k+1}B - BA^{k+1} &= A(A^k B - BA^k) + (AB - BA)A^k \\ &= A(A^k B - BA^k) + A^k(AB - BA) \\ &= kA^k(AB - BA) + A^k(AB - BA) = (k+1)A^k(AB - BA) \end{aligned}$$

5.12 A がスカラー行列であれば, すべての X に対して, $AX = XA$ である. 逆に, これが成立つとき, $X = E_{pq}$ (n 次の行列単位) に対して, $AE_{pq} = E_{pq}A$ である. $A = (a_{ij})$ とするとき

$$AE_{pq} の (i,j) 成分 = \sum_{k=1}^{n} a_{ik}\delta_{kp}\delta_{jq} = \delta_{jq}a_{ip}$$
$$E_{pq}A の (i,j) 成分 = \sum_{k=1}^{n} \delta_{ip}\delta_{kq}a_{kj} = \delta_{ip}a_{qj}$$

であるので, $\delta_{jq}a_{ip} = \delta_{ip}a_{qj}$ すべての (p,q), (i,j) について成立つ. $i = p, j = q$ とすれば, $a_{pp} = a_{qq}$ であり, $i = p, j \neq q$ とすれば, $a_{qj} = 0$ であることが分る. したがって A はスカラー行列である.

5.13 (1) $X = \begin{pmatrix} a_1 & a_2 \\ b_1 & b_2 \end{pmatrix}$ とおくと

$$XA = \begin{pmatrix} (\mathbf{a},\mathbf{a}) & (\mathbf{a},\mathbf{b}) \\ (\mathbf{b},\mathbf{a}) & (\mathbf{b},\mathbf{b}) \end{pmatrix} = \begin{pmatrix} 1 & 0 \\ 0 & 1 \end{pmatrix} = E_2$$

である. 一方, 第 1 章問 3 より任意のベクトル $\mathbf{x} \in \mathbf{R}^2$ は

$$\mathbf{x} = (\mathbf{x},\mathbf{a})\mathbf{a} + (\mathbf{x},\mathbf{b})\mathbf{b}$$

と表すことできるので, $\mathbf{x} = \mathbf{e}_k$ ($k = 1, 2$) とすることにより

$$\mathbf{e}_1 = (\mathbf{e}_1,\mathbf{a})\mathbf{a} + (\mathbf{e}_1,\mathbf{b})\mathbf{b} \qquad \mathbf{e}_2 = (\mathbf{e}_2,\mathbf{a})\mathbf{a} + (\mathbf{e}_2,\mathbf{b})\mathbf{b}$$

が成立つ．よって，

$$E = (\mathbf{e}_1, \mathbf{e}_2) = A \begin{pmatrix} (\mathbf{e}_1, \mathbf{a}) & (\mathbf{e}_2, \mathbf{a}) \\ (\mathbf{e}_1, \mathbf{b}) & (\mathbf{e}_2, \mathbf{b}) \end{pmatrix} = A \begin{pmatrix} a_1 & a_2 \\ b_1 & b_2 \end{pmatrix} = AX$$

ゆえに，$X = A^{-1}$ である．

(2) (1) と同じように考えればつぎを得る．

$$A^{-1} = \begin{pmatrix} a_1 & a_2 & a_3 \\ b_1 & b_2 & b_3 \\ c_1 & c_2 & c_3 \end{pmatrix}$$

5.14 (1) A の逆行列を $A^{-1} = \begin{pmatrix} u_1 & u_2 \\ v_1 & v_2 \end{pmatrix}$ とする．$\mathbf{u} = \begin{pmatrix} u_1 \\ u_2 \end{pmatrix}$, $\mathbf{v} = \begin{pmatrix} v_1 \\ v_2 \end{pmatrix}$ とおくと

$$A^{-1} A = \begin{pmatrix} (\mathbf{u}, \mathbf{a}) & (\mathbf{u}, \mathbf{b}) \\ (\mathbf{v}, \mathbf{a}) & (\mathbf{v}, \mathbf{b}) \end{pmatrix} = E_2$$

であるから，この $\mathbf{u}, \mathbf{v}$ は求めるベクトルである．また，ベクトル $\mathbf{u}', \mathbf{v}'$ もこの条件をみたすとすると

$$(\mathbf{u} - \mathbf{u}', \mathbf{a}) = 0, \quad (\mathbf{u} - \mathbf{u}', \mathbf{b}) = 0 \quad (\mathbf{v} - \mathbf{v}', \mathbf{a}) = 0, \quad (\mathbf{v} - \mathbf{v}', \mathbf{b}) = 0$$

である．$\mathbf{u} - \mathbf{u}' = \begin{pmatrix} x_1 \\ x_2 \end{pmatrix}$, $\mathbf{v} - \mathbf{v}' = \begin{pmatrix} y_1 \\ y_2 \end{pmatrix}$ として，$X = \begin{pmatrix} x_1 & x_2 \\ y_1 & y_2 \end{pmatrix}$ とおくと

$$XA = \begin{pmatrix} (\mathbf{u} - \mathbf{u}', \mathbf{a}) & (\mathbf{u} - \mathbf{u}', \mathbf{b}) \\ (\mathbf{v} - \mathbf{v}', \mathbf{a}) & (\mathbf{v} - \mathbf{v}', \mathbf{b}) \end{pmatrix} = O_2$$

であるので，$X = O_2$ である．よって $\mathbf{u} = \mathbf{u}'$, $\mathbf{v} = \mathbf{v}'$ である．

(2) A^{-1} を (1) のように表示すると

$$\mathbf{x} = A(A^{-1}\mathbf{x}) = A \begin{pmatrix} (\mathbf{x}, \mathbf{u}) \\ (\mathbf{x}, \mathbf{v}) \end{pmatrix}$$
$$= (\mathbf{x}, \mathbf{u})\mathbf{a} + (\mathbf{x}, \mathbf{v})\mathbf{b}$$

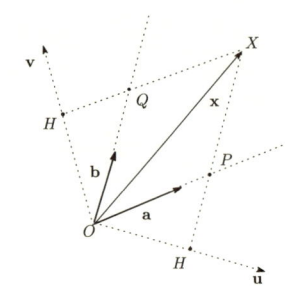

である．ここで，$\mathbf{a}, \mathbf{b}$ と $\mathbf{u}, \mathbf{v}$ の関係を図示すると図のようになる．

$\mathbf{x} = \overrightarrow{OX}$ として，終点 X から $\mathbf{u}$ に垂線を下ろす．垂線と $\mathbf{a}$ との交点を P, $\mathbf{u}$ との交点を H とする．この垂線は $\mathbf{b}$ に平行であることに注意する．同様に，X から $\mathbf{v}$ に垂線を下ろす．垂線と $\mathbf{b}$ との交点を Q, $\mathbf{v}$ との交点を K とする．この垂線は $\mathbf{a}$ に平行である．したがって

$$\mathbf{x} = \overrightarrow{OX} = \overrightarrow{OP} + \overrightarrow{OQ}$$

が成立している．$\overrightarrow{OP} = k\mathbf{a}$ とおくことができる．$(\mathbf{u}, \mathbf{a}) = 1$ であるので

$$\overrightarrow{OH} = (\overrightarrow{OP})_{\mathbf{u}} = \frac{(k\mathbf{a}, \mathbf{u})}{\|\mathbf{u}\|^2}\mathbf{u} = \frac{k}{\|\mathbf{u}\|^2}\mathbf{u}$$

である．他方

$$\overrightarrow{OH} = \mathbf{x}_{\mathbf{u}} = \frac{(\mathbf{x}, \mathbf{u})}{\|\mathbf{u}\|^2}\mathbf{u}$$

であるから，$k = (\mathbf{x}, \mathbf{u})$ を得る．よって $\overrightarrow{OP} = (\mathbf{x}, \mathbf{u})\mathbf{a}$ である．同様に $\overrightarrow{OQ} = (\mathbf{x}, \mathbf{v})\mathbf{b}$ なので

$$\mathbf{x} = (\mathbf{x}, \mathbf{u})\mathbf{a} + (\mathbf{x}, \mathbf{v})\mathbf{b}$$

を得る．以上が，この問題の幾何学的な意味付けである．

5.15 (1) ${}^t\mathbf{a}_1 = (a_{11}, a_{21})$, ${}^t\mathbf{a}_2 = (a_{12}, a_{22}) \in \widehat{\mathbf{R}^2}$ とおくとつぎのようになる．

$$A = t_1 \mathbf{a}_1 \cdot {}^t\mathbf{a}_1 + t_2 \mathbf{a}_2 \cdot {}^t\mathbf{a}_2 = t_1 \begin{pmatrix} a_{11}^2 & a_{11}a_{21} \\ a_{21}a_{11} & a_{21}^2 \end{pmatrix} + t_2 \begin{pmatrix} a_{12}^2 & a_{12}a_{22} \\ a_{22}a_{12} & a_{22}^2 \end{pmatrix}$$

(2) $A\mathbf{a}_i = T(\mathbf{a}_i) = t_1(\mathbf{a}_i, \mathbf{a}_1) + t_2(\mathbf{a}_i, \mathbf{a}_2) = t_i \mathbf{a}_i$ である．

(3) $A(\mathbf{a}_1, \mathbf{a}_2) = (A\mathbf{a}_1, A\mathbf{a}_2) = (t_1\mathbf{a}_1, t_2\mathbf{a}_2)$ であるので，$P = (\mathbf{a}_1, \mathbf{a}_2)$ とおくと

$$AP = P \begin{pmatrix} t_1 & 0 \\ 0 & t_2 \end{pmatrix}$$

が成立つ．前問の (1) により P は正則行列であるので，これが求める行列の一例を与えている（$P^{-1}AP$ を対角行列とする正則行列は唯一ではない）．

(4) $\det A = \det(P^{-1}AP) = \det \begin{pmatrix} t_1 & 0 \\ 0 & t_2 \end{pmatrix} = t_1 t_2$ である．

5.16 (1)

$$A = t_1 \begin{pmatrix} a_{11}^2 & a_{11}a_{21} & a_{11}a_{31} \\ a_{21}a_{11} & a_{21}^2 & a_{21}a_{31} \\ a_{31}a_{11} & a_{31}a_{21} & a_{31}^2 \end{pmatrix} + t_2 \begin{pmatrix} a_{12}^2 & a_{12}a_{22} & a_{12}a_{32} \\ a_{22}a_{12} & a_{22}^2 & a_{22}a_{32} \\ a_{32}a_{12} & a_{32}a_{22} & a_{32}^2 \end{pmatrix}$$
$$+ t_3 \begin{pmatrix} a_{13}^2 & a_{13}a_{23} & a_{13}a_{33} \\ a_{23}a_{13} & a_{23}^2 & a_{23}a_{33} \\ a_{33}a_{13} & a_{33}a_{23} & a_{33}^2 \end{pmatrix}$$

(2) $A\mathbf{a}_i = t_i \mathbf{a}_1$ $(i = 1, 2, 3)$.

(3) $P = (\mathbf{a}_1, \mathbf{a}_2, \mathbf{a}_3)$ とすると，これは前問の (2) により正則行列であり，$P^{-1}AP$ は t_1, t_2, t_3 を対角成分とする対角行列となる．

5.17 A がある正則行列 P を用いて

$$P^{-1}AP = \begin{pmatrix} d_1 & 0 & 0 \\ 0 & d_2 & 0 \\ 0 & 0 & d_3 \end{pmatrix}$$

となったとする．$A^3 = O$ であることが計算により確かめることができるので

$$(P^{-1}AP)^3 = P^{-1}A^3P = \begin{pmatrix} d_1^3 & 0 & 0 \\ 0 & d_2^3 & 0 \\ 0 & 0 & d_3^3 \end{pmatrix} = O$$

である．よって，$d_1 = d_2 = d_3 = 0$ である．これから $A = O$ が結論されるが，これは $A \neq O$ に矛盾する．

第 6 章

6.1 $(4, 5, 2, 1, 3)$ は奇順列である．

6.2 $(4, 5, 2, 1, 3)$ の転倒数は 7 である．

6.3 $(n, n-1, \ldots, 2, 1)$ の転倒数は $1 + 2 + \cdots + n - 2 + n - 1 = \dfrac{n(n-1)}{2}$ であるから，命題 6.4 よりつぎのようになる．

$$\mathrm{sgn}\,(n, n-1, \ldots, 2, 1) = (-1)^{\frac{n(n-1)}{2}}$$

6.4 第一の行列式においては，$a_{in} = 0 \ (i \geq 2)$ であるから，$\sigma(n) = 1$ でなければならない．つぎに $\sigma(n-1) = 2$ でなければならない，$\ldots$，$\sigma(1) = n$ でなければならない．よって

$$\text{第一の行列式} = \mathrm{sgn}\,(n, n-1, \ldots, 2, 1) a_{1n} a_{2\,n-1} \cdots a_{n-1\,n} a_{n1}$$
$$= (-1)^{\frac{n(n-1)}{2}} a_{1n} a_{2\,n-1} \cdots a_{n-1\,n} a_{n1}$$

である．第二の行列式も同様の考察で導くことができる．

6.5 $\mathbf{a}_i$ 変数に関する線型性より

$$\det(\mathbf{a}_1, \ldots, \mathbf{a}_i + c\mathbf{a}_j, \ldots, \mathbf{a}_n) = \det(\mathbf{a}_1, \ldots, \overset{i}{\mathbf{a}_i}, \ldots, \mathbf{a}_n) + c\det(\mathbf{a}_1, \ldots, \overset{i}{\mathbf{a}_j}, \ldots, \mathbf{a}_n)$$
$$= \det(\mathbf{a}_1, \ldots, \mathbf{a}_i, \ldots, \mathbf{a}_n)$$

第二式の証明も同様である．

6.6 各列ベクトル変数についての線型性を逐次用いてつぎを得る．

$$\det(cA) = \det(c\mathbf{a}_1, c\mathbf{a}_2, \ldots, c\mathbf{a}_n) = c\det(\mathbf{a}_1, c\mathbf{a}_2, \ldots, c\mathbf{a}_n) = \cdots = c^n \det(\mathbf{a}_1, \mathbf{a}_2, \ldots, \mathbf{a}_n)$$

6.7 (1) 与行列式 $= \begin{vmatrix} -1 & 1 & -4 \\ 3 & 2 & 1 \\ -5 & 2 & -6 \end{vmatrix} = -\begin{vmatrix} 5 & -11 \\ -3 & 14 \end{vmatrix} = -37$

(2) 第 1 行と第 2 行を交換すると

$$\text{与行列式} = -\begin{vmatrix} 1 & 1 & 1 & 3 \\ 0 & 5 & 4 & -1 \\ 0 & 4 & 2 & 1 \\ 0 & 0 & 1 & -6 \end{vmatrix} = -\begin{vmatrix} 5 & 4 & -1 \\ 4 & 2 & 1 \\ 0 & 1 & -6 \end{vmatrix} = \begin{vmatrix} -1 & 4 & 5 \\ 1 & 2 & 4 \\ -6 & 1 & 0 \end{vmatrix}$$

$$= \begin{vmatrix} 6 & 9 \\ -23 & -30 \end{vmatrix} = -27$$

(3) 与行列式 $= \begin{vmatrix} 1 & 2 & 3 \\ 2 & 5 & 9 \\ 3 & 9 & 19 \end{vmatrix} = \begin{vmatrix} 1 & 3 \\ 3 & 10 \end{vmatrix} = 1$

6.8 最初に，第 1 列に第 2 列，第 3 列，第 4 列を加える．

$$\text{与行列式} = (x+3a)\begin{vmatrix} 1 & a & a & a \\ 1 & x & a & a \\ 1 & a & x & a \\ 1 & a & a & x \end{vmatrix} = (x+3a)\begin{vmatrix} x-a & 0 & 0 \\ 0 & x-a & 0 \\ 0 & 0 & x-a \end{vmatrix}$$

$$= (x+3a)(x-a)^3$$

6.9 第 2 行〜第 5 行から第 1 行を引くとつぎを得る．

$$\begin{vmatrix} 1 & 1 & 1 & 1 & 1 \\ a & x & a & a & a \\ b & b & x & b & b \\ c & c & c & x & c \\ d & d & d & d & x \end{vmatrix} = \begin{vmatrix} 1 & 0 & 0 & 0 & 0 \\ a & x-a & 0 & 0 & 0 \\ b & 0 & x-b & 0 & 0 \\ c & 0 & 0 & x-c & 0 \\ d & 0 & 0 & 0 & x-d \end{vmatrix}$$

$$= (x-a)(x-b)(x-c)(x-d)$$

6.10 第 (1,1) ブロックと第 (2,1) ブロックに，それぞれ，第 (1,2) ブロックと第 (2,2) ブロックを加える．

$$\det\begin{pmatrix} A & B \\ B & A \end{pmatrix} = \det\begin{pmatrix} A+B & B \\ B+A & A \end{pmatrix}$$

つぎに，右辺において，第 (2,1) ブロックと第 (2,2) ブロックから，それぞれ，第 (1,1) ブロックと第 (1,2) ブロックを引くとつぎを得る．

$$\det\begin{pmatrix} A & B \\ B & A \end{pmatrix} = \det\begin{pmatrix} A+B & B \\ O & A-B \end{pmatrix} = \det(A+B)\det(A-B)$$

6.11 $f(x) = ax^2 + bx + c$ と $g(x) = x^3 - 1$ の終結式は

$$R(f,g) = \begin{vmatrix} a & b & c & 0 & 0 \\ 0 & a & b & c & 0 \\ 0 & 0 & a & b & c \\ 1 & 0 & 0 & -1 & 0 \\ 0 & 1 & 0 & 0 & -1 \end{vmatrix}$$

である．第 4 列を第 1 列に加え，第 5 列を第 2 列に加えると

$$R(f,g) = \begin{vmatrix} a & b & c & 0 & 0 \\ c & a & b & c & 0 \\ b & c & a & b & c \\ 0 & 0 & 0 & -1 & 0 \\ 0 & 0 & 0 & 0 & -1 \end{vmatrix} = \begin{vmatrix} a & b & c \\ c & a & b \\ b & c & a \end{vmatrix} \begin{vmatrix} -1 & 0 \\ 0 & -1 \end{vmatrix} = \begin{vmatrix} a & b & c \\ c & a & b \\ b & c & a \end{vmatrix}$$

を得る．なお

$$\begin{vmatrix} a & b & c \\ c & a & b \\ b & c & a \end{vmatrix} = (a+b+c)(a+\omega b + \omega^2 c)(a+\omega^2 b + \omega c)$$

である．$\omega = \dfrac{-1+\sqrt{3}i}{2}$ は，1 の複素立方根である．すなわち，$x^2 + x + 1 = 0$ の根である．

6.12 第 1 列に第 2 列，第 3 列，第 4 列を加える．

$$与行列式 = (a+b+c+d) \begin{vmatrix} 1 & b & c & d \\ 1 & a & d & c \\ 1 & d & a & b \\ 1 & c & b & a \end{vmatrix} = (a+b+c+d) \begin{vmatrix} a-b & d-c & c-d \\ d-b & a-c & b-d \\ c-b & b-c & a-d \end{vmatrix}$$

右辺の行列式において，第 1 行から第 2 行，第 3 行を引くとつぎを得る．

$$与行列式 = (a+b+c+d)(a+b-c-d) \begin{vmatrix} 1 & -1 & -1 \\ d-b & a-c & b-d \\ c-b & b-c & a-d \end{vmatrix}$$

$$= (a+b+c+d)(a+b-c-d) \begin{vmatrix} 1 & 0 & 0 \\ d-b & a+d-b-c & 0 \\ c-b & 0 & a+c-b-d \end{vmatrix}$$

$$= (a+b+c+d)(a+b-c-d)(a+c-b-d)(a+d-b-c)$$

6.13 前問と同様に

$$
\text{与行列式} = (a+b+c+d)\begin{vmatrix} 1 & b & c & d \\ 1 & a & b & c \\ 1 & d & a & b \\ 1 & c & d & a \end{vmatrix} = (a+b+c+d)\begin{vmatrix} a-b & b-c & c-d \\ d-b & a-c & b-d \\ c-b & d-c & a-d \end{vmatrix}
$$

右辺の行列式において，第 1 列に第 3 列を加えるとつぎを得る．

$$
\text{与行列式} = (a+b+c+d)(a-b+c-d)\begin{vmatrix} 1 & b-c & c-d \\ 0 & a-c & b-d \\ 1 & d-c & a-d \end{vmatrix}
$$

$$
= (a+b+c+d)(a-b+c-d)\begin{vmatrix} 1 & b-c & c-d \\ 0 & a-c & b-d \\ 0 & d-b & a-c \end{vmatrix}
$$

$$
= (a+b+c+d)(a-b+c-d)(a-c+ib-id)(a-c-ib+id)
$$

6.14 問 6.10 と同様に，つぎの行列式の変形が可能である．

$$
\text{与行列式} = \det\begin{pmatrix} A+iB & -B \\ B-iA & A \end{pmatrix} = \det\begin{pmatrix} A+iB & -B \\ O & A-iB \end{pmatrix}
$$

$$
= \det(A+iB)\det(A-iB)
$$

A, B は実行列なので，$\det(A-iB) = \overline{\det(A+iB)}$ である．以上より，与行列式 $= |\det(A+iB)|^2$ を得る．

6.15 与行列式において第 1 列と第 2 列を交換し，さらに第 3 行と第 4 行を交換すると

$$
\text{与行列式} = \begin{vmatrix} b & a & c & d \\ a & -b & -d & c \\ -c & -d & b & a \\ d & -c & a & -b \end{vmatrix} = (a^2+b^2+c^2+d^2)^2
$$

を得る．右辺の行列式を計算する際に，問 6.14 の式変形の方法を用いた．

6.16 D_n を第 1 列について展開すると，$D_n = (1+x^2)D_{n-1} - x^2 D_{n-2}$ を得る．これより $D_n - D_{n-1} = x^2(D_{n-1} - D_{n-2})$ なので

$$
D_n - D_{n-1} = x^{2n-4}(D_2 - D_1)
$$

である．$D_4 = x^4 + x^2 + 1$, $D_1 = x^2 + 1$ なので，$D_n - D_{n-1} = x^{2n}$ を得る．よって，$D_n = x^{2n} + x^{2n-2} + \cdots + x^2 + 1$ である．

6.17 第 n 列の x 倍したものを第 $(n-1)$ 列に加える．そのようにして得られた第 $(n-1)$ 列の x 倍したものを第 $(n-2)$ 列に加える，…，という操作を繰り返すと，行列式はつぎのようになる．

$$\begin{vmatrix} 0 & -1 & 0 & \cdots & 0 \\ 0 & 0 & -1 & \cdots & 0 \\ \vdots & \ddots & \ddots & \ddots & \vdots \\ 0 & \cdots & 0 & 0 & -1 \\ b_n & \cdots & b_3 & b_2 & x+a_1 \end{vmatrix}$$

ここで, $b_n = x^n + a_1 x^{n-1} + a_2 x^{n-2} + \cdots + a_n$ である. この行列式を第 1 列について展開すると, 与行列式 $= b_n$ を得る.

6.18 式 (6.39), (6.41) を用いると

$$\begin{pmatrix} a_{11} & a_{12} & \cdots & a_{1n} \\ a_{21} & a_{22} & \cdots & a_{2n} \\ \vdots & \vdots & & \vdots \\ a_{n1} & a_{n2} & \cdots & a_{nn} \end{pmatrix} \begin{pmatrix} \widetilde{a}_{11} & \widetilde{a}_{21} & 0 & \cdots & 0 \\ \widetilde{a}_{12} & \widetilde{a}_{22} & 0 & \cdots & 0 \\ \widetilde{a}_{13} & \widetilde{a}_{23} & 1 & \cdots & 0 \\ \vdots & \vdots & \vdots & \ddots & \vdots \\ \widetilde{a}_{1n} & \widetilde{a}_{2n} & 0 & \cdots & 1 \end{pmatrix}$$

$$= \begin{pmatrix} \Delta_A & 0 & a_{13} & \cdots & a_{1n} \\ 0 & \Delta_A & a_{23} & \cdots & a_{2n} \\ 0 & 0 & a_{33} & \cdots & a_{3n} \\ \vdots & \vdots & \vdots & & \vdots \\ 0 & 0 & a_{n3} & \cdots & a_{nn} \end{pmatrix}$$

両辺の行列式を取るとつぎを得る. 両辺を Δ_A で割ればよい.

$$\Delta_A \begin{vmatrix} \widetilde{a}_{11} & \widetilde{a}_{21} \\ \widetilde{a}_{12} & \widetilde{a}_{22} \end{vmatrix} = \Delta_A^2 \cdot \Delta_A \binom{12}{12}$$

6.19 (1) $\det {}^t A = \det A$ であり, A が奇数次の行列のときは, $\det(-A) = -\det A$ なので, 奇数次の反対称行列 A に対しては $\det A = 0$ となる.
(2) 偶数次の反対称行列 A に対して, $(1,1)$ 余因子 $\widetilde{a}_{11}$ は, 奇数次の反対称行列式になるので, $\widetilde{a}_{11} = 0$ である. また, $\widetilde{a}_{12}$ は奇数次の行列式で, 転置をとって符号を変えたものが $\widetilde{a}_{21}$ なので, $\widetilde{a}_{12} = -\widetilde{a}_{21}$ である.
(3) $a = 0$ のときは

$$\text{与行列式} = \begin{vmatrix} 0 & 0 & b & c \\ 0 & 0 & d & e \\ -b & -d & 0 & f \\ -c & -e & -f & 0 \end{vmatrix} = \begin{vmatrix} b & c & 0 & 0 \\ d & e & 0 & 0 \\ 0 & f & -b & -d \\ -f & 0 & -c & -e \end{vmatrix} = (-be+cd)^2$$

であるから, 主張は成立している. $a \neq 0$ とする. このとき, 第 1 行と第 2 行を交換して, a をくくり出すとつぎを得る.

$$\text{与行列式} = -a^2 \begin{vmatrix} 1 & 0 & -\frac{d}{a} & -\frac{e}{a} \\ 0 & 1 & \frac{b}{a} & \frac{c}{a} \\ 0 & 0 & 0 & \frac{af-be+cd}{a} \\ 0 & 0 & \frac{af-be+cd}{a} & 0 \end{vmatrix} = (af - be + cd)^2$$

(4) (2) の結果より，$2n$ 次の反対称行列に対して

$$(\widetilde{a}_{12})^2 = \Delta_A \cdot \Delta_A \begin{pmatrix} 12 \\ 12 \end{pmatrix}$$

が成立つ．$\Delta_A \begin{pmatrix} 12 \\ 12 \end{pmatrix}$ は $2n-2$ 次反対称行列の行列式なので，行列成分の多項式の平方になっている．したがって，多項式（多変数であっても）が一意的に因数分解できることに注意すると，Δ_A も多項式の平方になっていることが結論される．

6.20 (1) 終結式 $R(f, g)$ の第 1 列に x^4 を掛けて第 5 列に加える．第 2 列に x^3 を掛けて第 5 列に加える．第 3 列に x^2 を掛けて第 5 列に加える．第 4 列に x を掛けて第 5 列に加える．以上の変形を行うと右辺を得る．以下，ヒントの通りに考察せよ．
(2) (1) の考察を一般化すればよい．詳細は読者に委ねる．

第 7 章

7.1 (1) 標準形 $F_{33}(1)$．よって，階数 $= 1$．
(2) 標準形 $F_{33}(3)$．よって，階数 $= 3$． (3) 標準形 $F_{34}(3)$．よって，階数 $= 3$．
(4) 標準形 $F_{43}(3)$．よって，階数 $= 3$． (5) 標準形 $F_{45}(3)$．よって，階数 $= 3$．

7.2 (1)〜(4) すべて正則行列である．それぞれの逆行列はつぎの通り．

(1) $\begin{pmatrix} 0 & 0 & 1 \\ 0 & 1 & -1 \\ 1 & -1 & 0 \end{pmatrix}$ (2) $\begin{pmatrix} 3 & -4 & -3 \\ -2 & 2 & 1 \\ 2 & -1 & 0 \end{pmatrix}$ (3) $\begin{pmatrix} 4 & 18 & -16 & -3 \\ 0 & -1 & 1 & 1 \\ 1 & 3 & -3 & 0 \\ 1 & 6 & -5 & -1 \end{pmatrix}$

(4) $\begin{pmatrix} -3 & -1 & 1 & -1 \\ -3 & -1 & 0 & 1 \\ -4 & -1 & 1 & 0 \\ -10 & -3 & 1 & 1 \end{pmatrix}$

7.3 行列 A の r 次小行列式がすべて 0 であるとき，A の s 次小行列式 $(r \leq s)$ はすべて 0 となることが，行列式の展開を用いることで分る．よって $r(A) < r$ である．

7.4 A の階数が r であることより，適当な正則行列 P, Q を用いて

$$A = PF_{nn}(r)Q$$

と表すことができる．よって

$$AB = O \iff F_{nn}(r)QB = O$$

である. $QB = \begin{pmatrix} \widehat{\mathbf{b}}_1 \\ \vdots \\ \widehat{\mathbf{b}}_n \end{pmatrix}$ を QB の行ベクトル表示とすると, 上の式より

$$\widehat{\mathbf{b}}_1 = \cdots = \widehat{\mathbf{b}}_r = \widehat{\mathbf{0}}$$

である. よって

$$B = Q^{-1} \begin{pmatrix} \widehat{\mathbf{0}} \\ \vdots \\ \widehat{\mathbf{0}} \\ \widehat{\mathbf{b}}_{r+1} \\ \vdots \\ \widehat{\mathbf{b}}_n \end{pmatrix}$$

である. これより, B を変形して

$$B \longrightarrow \begin{pmatrix} \widehat{\mathbf{b}}_{r+1} \\ \vdots \\ \widehat{\mathbf{b}}_n \\ \widehat{\mathbf{0}} \\ \vdots \\ \widehat{\mathbf{0}} \end{pmatrix}$$

とすることができる. これをさらに標準形まで変形するとき, 標準形は $F_{nn}(r_1)$ ($r_1 \leq n - r$) となる. よって $r(B) \leq n - r$ である. また, 上において $\widehat{\mathbf{b}}_{r+1}, \ldots, \widehat{\mathbf{b}}_n$ が, 例えば, $\widehat{\mathbf{b}}_{r+1} = \widehat{\mathbf{e}}_{r+1}, \ldots, \widehat{\mathbf{b}}_n = \widehat{\mathbf{e}}_n$ のとき ($\widehat{\mathbf{e}}_j$ は行ベクトルの単位ベクトルを表す), $r(B) = n - r$ である.

7.5 つぎのように B を選ぶと

$$\begin{pmatrix} 1 & -1 & 0 \\ 1 & -1 & 0 \\ 2 & 0 & -1 \end{pmatrix}$$

$AB = O$, かつ $r(B) = 2$ である.

7.6 A の階数が r であるので

$$A \longrightarrow PAQ = F_{mn}(r)$$

と標準形に変形することができる. ここで, P は m 次の基本変形行列の積で正則であり, Q は n 次の基本変形行列の積で正則である. これより

$$A = P^{-1}F_{mn}(r)Q^{-1}$$

である．ところで

$$F_{mn}(r) = F_{mr}(r)F_{rn}(r)$$

であることは容易に確かめることができる．したがって

$$A = \bigl(P^{-1}F_{mr}(r)\bigr)\bigl(F_{rn}(r)Q^{-1}\bigr) = \widehat{P}\widehat{Q}$$

ただし，$\widehat{P} = P^{-1}F_{mr}(r)$, $\widehat{Q} = F_{rn}(r)Q^{-1}$ と分解できる．ここで，$\widehat{P}$ は m 行 r 列であり，$\widehat{P} \longrightarrow P\widehat{P} = F_{mr}(r)$ と標準形に変形できるので $r(\widehat{P}) = r$ であり，同様に，$r(\widehat{Q}) = r$ である．

7.7 (1) A を階数 1 の n 次行列とすると，前問の結論より，n 項列ベクトル $\mathbf{p}$, n 項行ベクトル $\widehat{\mathbf{q}}$ が存在して

$$A = \mathbf{p}\widehat{\mathbf{q}}$$

と A を表すことができる．したがって

$$A^2 = (\mathbf{p}\widehat{\mathbf{q}})(\mathbf{p}\widehat{\mathbf{q}}) = \mathbf{p}(\widehat{\mathbf{q}}\mathbf{p})\widehat{\mathbf{q}}$$

であるが，$\widehat{\mathbf{q}}\mathbf{p}$ はスカラーとなるので，これを α とおくと

$$A^2 = \alpha\widehat{\mathbf{q}}\mathbf{p} = \alpha A$$

となる．A は零行列ではないので，この性質をみたすスカラー α は唯一つ決る．

(2) $\alpha \neq 1$ のとき

$$X = E + \frac{1}{1-\alpha}A$$

とおくと

$$X(E-A) = (E-A)X = \Bigl(E + \frac{1}{1-\alpha}A\Bigr)(E-A) = E + \Bigl(\frac{1}{1-\alpha} - 1\Bigr)A - \frac{\alpha}{1-\alpha}A = E$$

である．よって $E-A$ は正則行列であり，$(E-A)^{-1} = E + \dfrac{1}{1-\alpha}A$ となることが分る．

第 8 章

8.1 (1) $x_3 = \alpha_3$ とおく．

$$\begin{pmatrix} x_1 \\ x_2 \\ x_3 \end{pmatrix} = \frac{1}{5}\begin{pmatrix} 3 \\ 2 \\ 0 \end{pmatrix} + \alpha_3 \begin{pmatrix} -2 \\ 1 \\ 1 \end{pmatrix}$$

(2) $x_3 = \alpha_3$, $x_4 = \alpha_4$ とおく．

$$\begin{pmatrix} x_1 \\ x_2 \\ x_3 \\ x_4 \end{pmatrix} = \begin{pmatrix} -2 \\ 2 \\ 0 \\ 0 \end{pmatrix} + \alpha_3 \begin{pmatrix} 1 \\ -2 \\ 1 \\ 0 \end{pmatrix} + \alpha_4 \begin{pmatrix} 2 \\ -3 \\ 0 \\ 1 \end{pmatrix}$$

(3) $x_3 = \alpha_3$, $x_4 = \alpha_4$, $x_5 = \alpha_5$ とおく.

$$\begin{pmatrix} x_1 \\ x_2 \\ x_3 \\ x_4 \\ x_5 \end{pmatrix} = \begin{pmatrix} 4 \\ -1 \\ 0 \\ 0 \\ 0 \end{pmatrix} + \alpha_3 \begin{pmatrix} -1 \\ 1 \\ 1 \\ 0 \\ 0 \end{pmatrix} + \alpha_4 \begin{pmatrix} -7 \\ 3 \\ 0 \\ 1 \\ 0 \end{pmatrix} + \alpha_5 \begin{pmatrix} 12 \\ -5 \\ 0 \\ 0 \\ 1 \end{pmatrix}$$

8.2 (1) 可解条件は, $c_3 = 3c_1$, $c_4 = 2c_1 + c_2$ であり, このとき $x_2 = \alpha_2$, $x_4 = \alpha_4$ とおくと

$$\begin{pmatrix} x_1 \\ x_2 \\ x_3 \\ x_4 \end{pmatrix} = \begin{pmatrix} c_1 \\ 0 \\ -2c_1 + c_2 \\ 0 \end{pmatrix} + \alpha_2 \begin{pmatrix} -2 \\ 1 \\ 0 \\ 0 \end{pmatrix} + \alpha_4 \begin{pmatrix} 1 \\ 0 \\ 0 \\ 1 \end{pmatrix}$$

(2) 可解条件は, $c_3 = 2c_1$, $c_4 = 2c_2$ であり, このとき $x_3 = \alpha_3$, $x_4 = \alpha_4$ とおくと

$$\begin{pmatrix} x_1 \\ x_2 \\ x_3 \\ x_4 \end{pmatrix} = \begin{pmatrix} -5c_1 + 2c_2 \\ 3c_1 - c_2 \\ 0 \\ 0 \end{pmatrix} + \alpha_3 \begin{pmatrix} 2 \\ -1 \\ 1 \\ 0 \end{pmatrix} + \alpha_4 \begin{pmatrix} -1 \\ 1 \\ 0 \\ 1 \end{pmatrix}$$

(3) 可解条件は, $c_4 = 2c_1$ であり, このとき $x_4 = \alpha_4$ とおくと

$$\begin{pmatrix} x_1 \\ x_2 \\ x_3 \\ x_4 \end{pmatrix} = \begin{pmatrix} -13c_1 + 4c_2 + 2c_3 \\ 7c_1 - 2c_2 - c_3 \\ -4c_1 + c_2 + c_3 \\ 0 \end{pmatrix} + \alpha_4 \begin{pmatrix} -1 \\ 1 \\ 0 \\ 1 \end{pmatrix}$$

8.3 求める曲線の係数 $a_0, a_1, \ldots, a_{n-1}$ はつぎの連立一次方程式をみたす.

$$\begin{pmatrix} 1 & x_1 & \cdots & x_1^{n-1} \\ 1 & x_2 & \cdots & x_2^{n-1} \\ \vdots & & & \vdots \\ 1 & x_n & \cdots & x_n^{n-1} \end{pmatrix} \begin{pmatrix} a_0 \\ a_1 \\ \vdots \\ a_{n-1} \end{pmatrix} = \begin{pmatrix} y_1 \\ y_2 \\ \vdots \\ y_n \end{pmatrix}$$

この方程式の係数行列の行列式はヴァンデルモンドの行列式であるから, それは $(x_1, x_2, \ldots, x_n)$ の差積 $\prod_{i<j}(x_j - x_i) \neq 0$ となる. よって, 係数 $a_0, a_1, \ldots, a_{n-1}$ は唯一つ定まる.

8.4 二つの直線のベクトル表示は

$$\begin{pmatrix} x \\ y \\ z \end{pmatrix} = \begin{pmatrix} a_1 \\ b_1 \\ c_1 \end{pmatrix} + s \begin{pmatrix} l_1 \\ m_1 \\ n_1 \end{pmatrix}, \quad \begin{pmatrix} x \\ y \\ z \end{pmatrix} = \begin{pmatrix} a_2 \\ b_2 \\ c_2 \end{pmatrix} - t \begin{pmatrix} l_2 \\ m_2 \\ n_2 \end{pmatrix}$$

である．したがって，この二直線が交わるための条件は

$$\begin{pmatrix} l_1 & l_2 & a_1 - a_2 \\ m_1 & m_2 & b_1 - b_2 \\ n_1 & n_2 & c_1 - c_2 \end{pmatrix} \begin{pmatrix} s \\ t \\ 1 \end{pmatrix} = \begin{pmatrix} 0 \\ 0 \\ 0 \end{pmatrix}$$

が解を持つことであり，また，二直線が平行であるための条件は

$$\begin{pmatrix} l_1 & l_2 & a_1 - a_2 \\ m_1 & m_2 & b_1 - b_2 \\ n_1 & n_2 & c_1 - c_2 \end{pmatrix} \begin{pmatrix} s \\ t \\ 0 \end{pmatrix} = \begin{pmatrix} 0 \\ 0 \\ 0 \end{pmatrix}$$

が $s = t = 0$ 以外の解を持つことである．すなわち，二直線が交わるか平行であるための必要十分条件は

$$\begin{pmatrix} l_1 & l_2 & a_1 - a_2 \\ m_1 & m_2 & b_1 - b_2 \\ n_1 & n_2 & c_1 - c_2 \end{pmatrix} \begin{pmatrix} s \\ t \\ u \end{pmatrix} = \begin{pmatrix} 0 \\ 0 \\ 0 \end{pmatrix}$$

が非自明な解を持つことであるから，それは

$$\begin{vmatrix} l_1 & l_2 & a_1 - a_2 \\ m_1 & m_2 & b_1 - b_2 \\ n_1 & n_2 & c_1 - c_2 \end{vmatrix} = 0$$

であることに他ならない．

8.5 (1) $A\widetilde{A} = \widetilde{A}A = (\det A)E_n$ であるから，両辺の行列式を取ると，$\det A \det \widetilde{A} = (\det A)^n$．よって $\det \widetilde{A} = (\det A)^{n-1}$ である．
(2) (1) より，$\det A = 0$ のときは，$A\widetilde{A} = \widetilde{A}A = O$ である．
(3) $r(A) \leq n - 2$ のとき，A の $n-1$ 次小行列式はすべて 0 であるので，$\widetilde{A} = O$ である．
(4) 連立一次方程式 (b) の係数行列式は

$$\Delta_{ik} = (-1)^{ik}\widetilde{a}_{ik} \neq 0$$

であるから，$x_k = \alpha$ を与えると $x_1, \ldots, x_{k-1}, x_{k+1}, \ldots, x_n$ は一意的に決定して

$$x_\nu = \alpha\beta_\nu \quad (\nu = 1, \ldots, n, \quad \beta_k = 1)$$

つまり，(a) の解はつねに上のように書ける．α は任意定数である．(2) より，$A\widetilde{A} = O$ であるから，$\mu = 1, \ldots, n$ を固定するとき，$x_\nu = \widetilde{a}_{\mu\nu}$ $(\nu = 1, \ldots, n)$ は (a) の解であるので

$$\widetilde{a}_{\mu\nu} = \alpha_\mu \beta_\nu \quad (\mu, \nu = 1, \ldots, n)$$

と書けることが分る．$\alpha_i = \widetilde{a}_{ik} \neq 0$，$\beta_k = 1$ であるので，$\widetilde{a}_{ik}$ をかなめとして掃き出し法で変形を行えば，$\widetilde{A}$ の標準形は $F_{nn}(1)$ であることが分る．よって，$r(\widetilde{A}) = 1$ である．

第 9 章

9.1 命題 9.1 の (3) を示しておく．残りの (4)〜(6) は読者に委ねる．
$0 + 0 = 0$ であるので，ベクトル空間の分配法則の公理を使うと

$$(0 + 0)\mathbf{v} = 0\mathbf{v} + 0\mathbf{v} = 0\mathbf{v}$$

である．よって，$0\mathbf{v} = \mathbf{0}$ である．

9.2 証明は読者に委ねる．

9.3 連立一次方程式

$$(*) \begin{cases} x_1 + 2x_2 - 2x_3 + x_4 = c_1 \\ x_1 + x_2 + x_3 - 2x_4 = c_2 \\ x_1 + 4x_3 - 5x_4 = c_3 \end{cases}$$

を考察する．拡大係数行列はつぎのように変形できる．

$$\begin{pmatrix} 1 & 2 & -2 & 1 & c_1 \\ 1 & 1 & 1 & -2 & c_2 \\ 1 & 0 & 4 & -5 & c_3 \end{pmatrix} \longrightarrow \begin{pmatrix} 1 & 0 & 4 & -5 & 4c_1 + c_2 \\ 0 & 1 & -3 & 3 & c_2 - c_1 \\ 0 & 0 & 0 & 0 & c_3 - 2c_2 + c_1 \end{pmatrix}$$

これより以下の解答を得る．

(1) $\operatorname{Ker} T$ のベクトル $\mathbf{x}$ は

$$\operatorname{Ker} T \ni \mathbf{x} = \alpha_3 \begin{pmatrix} -4 \\ 3 \\ 1 \\ 0 \end{pmatrix} + \alpha_4 \begin{pmatrix} 5 \\ -3 \\ 0 \\ 1 \end{pmatrix}$$

と一意的に表すことができるので，$\operatorname{Ker} T$ の基底として，つぎを取ることができる．

$$\begin{pmatrix} -4 \\ 3 \\ 1 \\ 0 \end{pmatrix}, \begin{pmatrix} 5 \\ -3 \\ 0 \\ 1 \end{pmatrix}$$

(2) (1) より
$$\begin{cases} -4\mathbf{a}_1 + 3\mathbf{a}_2 + \mathbf{a}_3 = \mathbf{0} \\ 5\mathbf{a}_1 - 3\mathbf{a}_2 + \mathbf{a}_4 = \mathbf{0} \end{cases}$$
であるので
$$(\mathbf{a}_3, \mathbf{a}_4) = (\mathbf{a}_1, \mathbf{a}_2) \begin{pmatrix} 4 & -5 \\ -3 & 3 \end{pmatrix}$$
と表すことができる．右辺の行列を A とおく．A は正則行列である．上の両辺に A^{-1} を乗じるとつぎを得る．
$$(\mathbf{a}_1, \mathbf{a}_2) = (\mathbf{a}_3, \mathbf{a}_4) A^{-1} = (\mathbf{a}_3, \mathbf{a}_4) \begin{pmatrix} -1 & -5/3 \\ -1 & -4/3 \end{pmatrix}$$

(3) $\alpha \mathbf{a}_1 + \beta \mathbf{a}_2 = \mathbf{0}$ はつぎの連立一次方程式と同値．
$$\begin{cases} \alpha + 2\beta = 0 \\ \alpha + \beta = 0 \\ \alpha = 0 \end{cases}$$
よって，$\alpha = \beta = 0$ である．また，$\alpha' \mathbf{a}_3 + \beta' \mathbf{a}_4 = \mathbf{0}$ とする．
$$\begin{pmatrix} \alpha \\ \beta \end{pmatrix} = \begin{pmatrix} 4 & -5 \\ -3 & 3 \end{pmatrix} \begin{pmatrix} \alpha' \\ \beta' \end{pmatrix}$$
とおくと，$\alpha \mathbf{a}_1 + \beta \mathbf{a}_2 = \mathbf{0}$ なので，$\alpha = \beta = 0$ である．よって，$\alpha' = \beta' = 0$ となる．

(4) 連立方程式 $(*)$ の可解条件は $c_1 - 2c_2 + c_3 = 0$ なので
$$T(\mathbf{K}^4) = \{\mathbf{y} \in \mathbf{K}^3 \,|\, y_1 - 2y_2 + y_3 = 0\}$$
である．また，$T(\mathbf{K}^4)$ の基底は
$$y_1 - 2y_2 + y_3 = 0$$
を解くことで得られる．$y_2 = \alpha_2$, $y_3 = \alpha_3$ とおくと
$$T(\mathbf{K}^4) \ni \mathbf{y} = \alpha_2 \begin{pmatrix} 2 \\ 1 \\ 0 \end{pmatrix} + \alpha_3 \begin{pmatrix} -1 \\ 0 \\ 1 \end{pmatrix}$$
であるから，$T(\mathbf{K}^4)$ の基底としてつぎを選ぶことができる．
$$\begin{pmatrix} 2 \\ 1 \\ 0 \end{pmatrix}, \begin{pmatrix} -1 \\ 0 \\ 1 \end{pmatrix}$$

(5) 以上の考察より，$\dim \operatorname{Ker} T = 2$, $\dim T(\mathbf{K}^4) = 2$ であるのでつぎが成立つ．

$$\dim \operatorname{Ker} T + \dim T(\mathbf{K}^4) = \dim \mathbf{K}^4$$

9.4 問 9.3 と同じように，連立一次方程式

$$(*)\begin{cases} x_1 + 2x_2 - 2x_3 + x_4 = c_1 \\ 2x_1 + 2x_2 - 4x_3 + 2x_4 = c_2 \end{cases}$$

を考察すればよい．(1) $\operatorname{Ker} T$ の基底としてつぎを選ぶことができる．

$$\begin{pmatrix} -2 \\ 1 \\ 0 \\ 0 \end{pmatrix}, \begin{pmatrix} 2 \\ 0 \\ 1 \\ 0 \end{pmatrix}, \begin{pmatrix} -1 \\ 0 \\ 0 \\ 1 \end{pmatrix}$$

(2) $\mathbf{a}_2 = 2\mathbf{a}_1$, $\mathbf{a}_3 = -2\mathbf{a}_1$, $\mathbf{a}_4 = \mathbf{a}_1$ である．
(3) $(*)$ の可解条件が $2c_1 - c_2 = 0$ であることより従う．
(4) $\dim \operatorname{Ker} T = 3$, $\dim T(\mathbf{K}^4) = 1$ である．

9.5 連立一次方程式

$$(*)\begin{cases} x_1 + 2x_2 - x_4 = c_1 \\ 3x_1 + 5x_2 - x_3 - 2x_4 = c_2 \\ 2x_1 + 4x_2 - 2x_4 = c_3 \\ 6x_1 + 10x_2 - 2x_3 - 4x_4 = c_4 \end{cases}$$

を考察する．拡大係数行列はつぎのように変形できる．

$$\begin{pmatrix} 1 & 2 & 0 & -1 & c_1 \\ 3 & 5 & -1 & -2 & c_2 \\ 2 & 4 & 0 & -2 & c_3 \\ 6 & 10 & -2 & -4 & c_4 \end{pmatrix} \longrightarrow \begin{pmatrix} 1 & 0 & -2 & 1 & -5c_1 + 2c_2 \\ 0 & 1 & 1 & -1 & 3c_1 - c_2 \\ 0 & 0 & 0 & 0 & -2c_1 + c_3 \\ 0 & 0 & 0 & 0 & -2c_2 + c_4 \end{pmatrix}$$

これより以下の解答を得る．
(1) $\operatorname{Ker} T$ の基底としてつぎを選ぶことができる．

$$\begin{pmatrix} 2 \\ -1 \\ 1 \\ 0 \end{pmatrix}, \begin{pmatrix} -1 \\ 1 \\ 0 \\ 1 \end{pmatrix}$$

(2) (1) より

$$(\mathbf{a}_3, \mathbf{a}_4) = (\mathbf{a}_1, \mathbf{a}_2)A, \quad A = \begin{pmatrix} -2 & 1 \\ 1 & -1 \end{pmatrix}$$

となる．また，つぎのようになる．

第 9 章　　　　　　　　　　　　　　　　　　261

$$(\mathbf{a}_1, \mathbf{a}_2) = (\mathbf{a}_3, \mathbf{a}_4)A^{-1}, \quad A^{-1} = \begin{pmatrix} -1 & -1 \\ -1 & -2 \end{pmatrix}$$

(3) 省略.
(4) 連立一次方程式 (∗) の可解条件は, $c_3 = 2c_1, c_4 = 2c_2$ であることより

$$T(\mathbf{K}^4) = \{\mathbf{y} \in \mathbf{K}^4 \,|\, 2y_1 = y_3 = 0,\ 2y_2 - y_4 = 0\}$$

である. また, その基底としてつぎを選ぶことができる.

$$\begin{pmatrix} 1 \\ 0 \\ 2 \\ 0 \end{pmatrix}, \ \begin{pmatrix} 0 \\ 1 \\ 0 \\ 2 \end{pmatrix}$$

(5) $\dim \operatorname{Ker} T = 2,\ \dim T(\mathbf{K}^4) = 2$ である.

9.6 連立一次方程式
$$(*)\begin{cases} x_1 + 2x_2 + x_3 - x_4 = c_1 \\ x_1 + x_2 + x_3 - 2x_4 = c_2 \\ x_1 + x_2 + 3x_3 - 3x_4 = c_3 \end{cases}$$

を考察する. 拡大係数行列はつぎのように変形できる.

$$\begin{pmatrix} 1 & 2 & 1 & -1 & c_1 \\ 1 & 1 & 1 & -2 & c_2 \\ 1 & 1 & 3 & -3 & c_3 \end{pmatrix} \longrightarrow \begin{pmatrix} 1 & 0 & -5 & 0 & -c_1 + 5c_2 - 3c_3 \\ 0 & 1 & 2 & 0 & c_1 - 2c_2 + c_3 \\ 0 & 0 & -2 & 1 & c_2 - c_3 \end{pmatrix}$$

$$\longrightarrow \begin{pmatrix} 1 & 0 & 0 & -5 & -c_1 + 5c_2 - 3c_3 \\ 0 & 1 & 0 & 2 & c_1 - 2c_2 + c_3 \\ 0 & 0 & 1 & -2 & c_2 - c_3 \end{pmatrix}$$

最後の変形で x_3 と x_4 を入れ換えた. これより以下の解答を得る.
(1) $\operatorname{Ker} T$ の基底としてつぎを選ぶことができる.

$$\begin{pmatrix} 5 \\ -2 \\ 1 \\ 2 \end{pmatrix}$$

(2) (1) より, $\mathbf{a}_1, \mathbf{a}_2, \mathbf{a}_3, \mathbf{a}_4$ の中の三つのベクトルは線型独立で, $5\mathbf{a}_1 - 2\mathbf{a}_2 + \mathbf{a}_3 + 2\mathbf{a}_4 = \mathbf{0}$ である.
(3) 連立一次方程式 (∗) は, 任意の c_1, c_2, c_3 に対して可解なので, $T(\mathbf{K}^4) = \mathbf{K}^3$ である.

(4) $\dim \operatorname{Ker} T = 1$, $\dim T(\mathbf{K}^4) = \dim \mathbf{K}^3 = 3$ である．

9.7 (1) $\mathbf{v} = \mathbf{w}_1 + \mathbf{w}_2$, $\mathbf{v}' = \mathbf{w}_1' + \mathbf{w}_2'$ とする．ただし，$\mathbf{w}_1, \mathbf{w}_1' \in W_1$, $\mathbf{w}_2, \mathbf{w}_2' \in W_2$ である．このとき
$$\mathbf{v} + \mathbf{v}' = (\mathbf{w}_1 + \mathbf{w}_1') + (\mathbf{w}_2 + \mathbf{w}_2')$$
であるので
$$P_i(\mathbf{v} + \mathbf{v}') = \mathbf{w}_i + \mathbf{w}_i' = P_i(\mathbf{v}) + P_i(\mathbf{v}')$$
である．また，$P_i(c\mathbf{v}) = cP_i(\mathbf{v})$ も同じように示すことができる．よって，P_i は線型変換である．
(2) $P_i(\mathbf{w}_i) = \mathbf{w}_i$ であるから，$P_i^2 = P_i$ である．また $i \neq j$ に対して，$P_i(P_j(\mathbf{v})) = P_i(\mathbf{w}_j) = \mathbf{0}$ であるから，$P_i \circ P_j = O_V$ である．さらに，$(P_1 + P_2)(\mathbf{v}) = P_1(\mathbf{v}) + P_2(\mathbf{v}) = \mathbf{w}_1 + \mathbf{w}_2 = \mathbf{v}$ であるので，$P_1 + P_2 = \mathrm{id}_V$ を得る．

9.8 基底の変換行列は，それぞれつぎのようになる．
$$P = \begin{pmatrix} 4 & -5 \\ -3 & 3 \end{pmatrix}, \quad Q = \frac{1}{3}\begin{pmatrix} -5 & 2 \\ -4 & 1 \end{pmatrix}, \quad R = \begin{pmatrix} 0 & 1 \\ 1 & -1 \end{pmatrix}$$

9.9 (1) 基底の変換行列はつぎのようになる．
$$P = \begin{pmatrix} 1 & 1 \\ -1 & 2 \end{pmatrix}$$

(2) $\mathbf{y} = S(\mathbf{x})$ ($\mathbf{x} \in V$) とおくと
$$y_1 + y_2 + y_3 = x_2 + x_3 + x_1 = 0$$
であるから，$\mathbf{y} \in V$ である．よって，S は V から V への写像である．S の線型性
$$S(\mathbf{x} + \mathbf{x}') = S(\mathbf{x}) + S(\mathbf{x}'), \quad S(c\mathbf{x}) = cS(\mathbf{x})$$
は S の定義から明らかであろう．詳細は読者に委ねる．
(3) S の表現行列は
$$\pi_{\mathcal{C}_1}(S) = \pi_{\mathcal{C}_2}(S) = \begin{pmatrix} -1 & 1 \\ -1 & 0 \end{pmatrix}$$
である．$\pi_{\mathcal{C}_2}(S) = P^{-1}\pi_{\mathcal{C}_1}(S)P$ の確認は読者に委ねる．
(4) $\mathbf{x} = \alpha_1 \mathbf{v}_1 + \alpha_2 \mathbf{v}_2 \in V$ とすると
$$\mathbf{y} = T(\mathbf{x}) = \alpha_1 T(\mathbf{v}_1) + \alpha_2 T(\mathbf{v}_2)$$
$$= \alpha_1(-\mathbf{v}_1 - \mathbf{v}_2) + \alpha_2 \mathbf{v}_2 = (-\alpha_1 + \alpha_2)\mathbf{v}_1 - \alpha_2 \mathbf{v}_2$$

よって，つぎのようになる．

$$\begin{pmatrix} \beta_1 \\ \beta_2 \end{pmatrix} = \begin{pmatrix} -\alpha_1 + \alpha_2 \\ -\alpha_2 \end{pmatrix} = \begin{pmatrix} -1 & 1 \\ -1 & 0 \end{pmatrix} \begin{pmatrix} \alpha_1 \\ \alpha_2 \end{pmatrix} = \pi_{\mathcal{C}_1}(S) \begin{pmatrix} \alpha_1 \\ \alpha_2 \end{pmatrix}$$

(5) $\det(\mathbf{v}_1, \mathbf{v}_2, \mathbf{v}_3) = 3$ なので，$\mathcal{B} = \{\mathbf{v}_1, \mathbf{v}_2, \mathbf{v}_3\}$ は $\mathbf{K}^3$ の基底である．

$$T(\mathbf{v}_1) = \mathbf{v}_1 - \mathbf{v}_2, \quad T(\mathbf{v}_2) = \mathbf{v}_1, \quad T(\mathbf{v}_3) = \mathbf{v}_3$$

であるのでつぎのようになる．

$$\pi_{\mathcal{B}}(T) = \begin{pmatrix} 1 & 1 & 0 \\ -1 & 0 & 0 \\ 0 & 0 & 1 \end{pmatrix} = \begin{pmatrix} \pi_{\mathcal{C}_1}(S) & \mathbf{0}_2 \\ \widehat{\mathbf{0}}_2 & 1 \end{pmatrix}$$

(6) $Q^{-1} = \dfrac{1}{3} \begin{pmatrix} 2 & -1 & -1 \\ 1 & 1 & -2 \\ 1 & 1 & 1 \end{pmatrix}$ である．

9.10 (1) $\pi_{\mathcal{B}_0}(T) = \begin{pmatrix} 1 & 0 & 1 \\ 0 & 1 & 1 \\ 1 & 1 & 0 \end{pmatrix}$

(2) $\mathbf{x} \in V$ に対して，$\mathbf{y} = T(\mathbf{x})$ は，$y_1 = x_1 + x_3$, $y_2 = x_2 + x_3$, $y_3 = x_1 + x_2$ であるから，$y_1 + y_2 + y_3 = 2(x_1 + x_2 + x_3) = 0$ となる．よって $\mathbf{y} \in V$ である．

(3) $\pi_{\mathcal{C}}(S) = \begin{pmatrix} \frac{1}{2} & \frac{\sqrt{3}}{2} \\ \frac{\sqrt{3}}{2} & -\frac{1}{2} \end{pmatrix}$

(4) $T(\mathbf{v}_3) = 2\mathbf{v}_3$ であるので

$$\pi_{\mathcal{B}}(T) = \begin{pmatrix} \pi_{\mathcal{C}}(S) & \mathbf{0} \\ \widehat{\mathbf{0}} & 2 \end{pmatrix}$$

また，$(\mathbf{v}_i, \mathbf{v}_j) = \delta_{ij}$ であることは容易に分る．

(5) $\pi_{\mathcal{C}}(S) = \begin{pmatrix} \cos 60° & \sin 60° \\ \sin 60° & -\cos 60° \end{pmatrix}$ なので

$$Q = \begin{pmatrix} \cos 30° & -\sin 30° \\ \sin 30° & \cos 30° \end{pmatrix} = \begin{pmatrix} \frac{\sqrt{3}}{2} & -\frac{1}{2} \\ \frac{1}{2} & \frac{\sqrt{3}}{2} \end{pmatrix}$$

とするとつぎのようになる．

$$Q^{-1} \pi_{\mathcal{C}}(S) Q = \begin{pmatrix} 1 & 0 \\ 0 & -1 \end{pmatrix}$$

9.11 (1) $\pi_{\mathcal{B}_0}(T) = \begin{pmatrix} 1 & 0 & i \\ 0 & 1 & i \\ -i & -i & 0 \end{pmatrix}$.

(2) $\mathbf{x} \in V$ に対して,$\mathbf{y} = T(\mathbf{x})$ とおくと,$y_1 = x_1 + ix_3$,$y_2 = x_2 + ix_3$,$y_3 = -ix_1 - ix_2$ であるので,$y_1 + y_2 + iy_3 = 2(x_1 + x_2 + ix_3) = 0$ となる.よって,$\mathbf{y} \in V$ である.

(3) $\pi_C(S) = \begin{pmatrix} \frac{1}{2} & \frac{\sqrt{3}}{2} \\ \frac{\sqrt{3}}{2} & -\frac{1}{2} \end{pmatrix}$

(4) $T(\mathbf{v}_3) = 2\mathbf{v}_3$

(5) 問 9.8 と同じ.

9.12 実数の全体が有理数をスカラーとするベクトル空間であることは,数(実数)の和の結合法則,交換法則,積の結合法則,分配法則などから自然に従うことである.また,$1, a \in \mathbf{R}$ がこのベクトル空間において線型従属であることは,$p + qa = 0$ をみたす,ともに 0 ではない有理数 p, q が存在することと同値である.このとき,$q \neq 0$ であるから,$a = -\frac{p}{q}$ となるので,a は有理数になる.逆に,a が有理数であれば,$1, a$ はこのベクトル空間において線型従属であることは,$-a \cdot 1 + a = 0$ より明らかである.よって,$1, a$ が線型独立であるための必要十分条件は,a が無理数となることである.

9.13 $e^{\alpha_1 x}, \ldots, e^{\alpha_n x}$ の間に線型関係式
$$c_1 e^{\alpha_1 x} + \cdots + c_n e^{\alpha_n x} = \mathbf{0}$$
を仮定する.$\mathbf{0}$ は恒等的に 0 である定数関数である.この式を r 回微分して $x = 0$ とおくことにより
$$\alpha_1^r c_1 + \cdots + \alpha_n^r c_n = 0 \quad (r = 0, 1, \ldots, n-1)$$
を得る.この斉次連立一次方程式の係数行列は
$$\begin{pmatrix} 1 & \cdots & 1 \\ \alpha_1 & \cdots & \alpha_n \\ \vdots & & \vdots \\ \alpha_1^{n-1} & \cdots & \alpha_n^{n-1} \end{pmatrix}$$
であり,その行列式は $\alpha_1, \ldots, \alpha_m$ の差積であるから 0 ではない.よって $c_1 = \cdots = c_n = 0$ である.したがって,$e^{\alpha_1 x}, \ldots, e^{\alpha_n x}$ は線型独立である.

9.14 $\int_0^\pi \sin mx \sin kx\, dx = 0 \ (m \neq k)$,$= \frac{\pi}{2}$ である.区間 $[0, \pi]$ において
$$\lambda_1 \sin x + \lambda_2 \sin 2x + \cdots + \lambda_n \sin nx = 0$$
とすると,左辺に $\sin mx \ (1 \leq m \leq n)$ を乗じてから積分することにより
$$\int_0^\pi \sin mx \sum_{k=1}^n \lambda_k \sin kx\, dx = \frac{\pi}{2} \lambda_m$$
を得る.これより,$\lambda_m = 0 \ (1 \leq m \leq n)$.よって,$\sin x, \ldots, \sin nx$ は線型独立である.

9.15 $S: \mathbf{K}^n \longrightarrow \mathbf{K}^m$, $S(\mathbf{x}) = B\mathbf{x}$, $T: \mathbf{K}^m \longrightarrow \mathbf{K}^l$, $T(\mathbf{y}) = A\mathbf{y}$ とすると, $(T \circ S)(\mathbf{x}) = AB\mathbf{x}$ である. $T(S(\mathbf{K}^n)) \subset S(\mathbf{K}^n)$, および, $T(S(\mathbf{K}^n)) \subset T(\mathbf{K}^m)$ より

$$r(AB) = \dim(T \circ S)(\mathbf{K}^n) = \dim T(S(\mathbf{K}^n)) \leq \dim S(\mathbf{K}^n) = r(B),$$
$$r(AB) = \dim T(S(\mathbf{K}^n)) \leq \dim T(\mathbf{K}^m) = r(A)$$

が成立つ. よって, $r(AB) \leq \min\{r(A), r(B)\}$ である.

9.16 (1) $f(x_1, x_2, x_3) = (a_1x_1 + a_2x_2 + a_3x_3)(b_1x_1 + b_2x_2 + b_3x_3)$ とすると, A の列ベクトル表示は

$$2A = (b_1\mathbf{a} + a_1\mathbf{b}, \ b_2\mathbf{a} + a_2\mathbf{b}, \ b_3\mathbf{a} + a_3\mathbf{b})$$

となる. ただし, $\mathbf{a} = \begin{pmatrix} a_1 \\ a_2 \\ a_3 \end{pmatrix}$, $\mathbf{b} = \begin{pmatrix} b_1 \\ b_2 \\ b_3 \end{pmatrix}$ である. これより, A の列ベクトルで線型独立なものの最大個数は 2 以下であるので, $r(A) \leq 2$ である.

(2) $f(x_1, x_2, x_3) = (a_1x_1 + a_2x_2 + a_3x_3)^2$ とすると, (1) において, $\mathbf{a} = \mathbf{b}$ であるから, A の列ベクトルで線型独立なものの最大個数は 1 以下である. よって, $r(A) \leq 1$ である.

9.17 単位ベクトル $\mathbf{e}_i \in \mathbf{K}^n$ に対して, 非自明な線型関係式

$$(*): c_0^{(i)}\mathbf{e}_i + c_1^{(i)}A\mathbf{e}_i + \cdots + c_{n-1}^{(i)}A^{n-1}\mathbf{e}_i + c_n^{(i)}A^n\mathbf{e}_i = \mathbf{0}$$

が成立つ. これより

$$\prod_{i=1}^n \left\{ c_0^{(i)}E + c_1^{(i)}A + \cdots + c_{n-1}^{(i)}A^{n-1} + c_n^{(i)}A^n \right\}\mathbf{e}_j = \mathbf{0}$$

がすべての $j = 1, \ldots, n$ に対して成立つ. よって, つぎのようになる.

$$\prod_{i=1}^n \left\{ c_0^{(i)}E + c_1^{(i)}A + \cdots + c_{n-1}^{(i)}A^{n-1} + c_n^{(i)}A^n \right\} = O$$

9.18 $A^N = O$ となる最小の自然数を m とする. このとき, $A^{m-1} \neq O$ かつ $A^N = O \ (N \geq m)$ が成立つことに注意する. 前問で見たように, 各 i に対して, 非自明な線型関係式

$$(*): c_0^{(i)}\mathbf{e}_i + c_1^{(i)}A\mathbf{e}_i + \cdots + c_{n-1}^{(i)}A^{n-1}\mathbf{e}_i + c_n^{(i)}A^n\mathbf{e}_i = \mathbf{0}$$

が存在している. この式の左辺に A^{m-1} を施すと

$$c_0^{(i)}A^{m-1}\mathbf{e}_i = \mathbf{0}$$

を得る. そこで, k $(1 \leq k \leq n)$ を $A^{m-1}\mathbf{e}_k \neq \mathbf{0}$ となるような自然数とする ($A^{m-1} \neq O$ なので, このような k は存在する). このとき, $c_0^{(k)} = 0$ でなければならない. すると, このような k については

$$c_1^{(k)} A\mathbf{e}_i + \cdots + c_{n-1}^{(k)} A^{n-1}\mathbf{e}_i + c_n^{(k)} A^n \mathbf{e}_i = \mathbf{0}$$

である．この左辺に A^{m-2} を施せば，$c_1^{(k)} = 0$ を得る．… このようにして，$A^{m-1}\mathbf{e}_k \neq \mathbf{0}$ をみたす k については

$$c_0^{(k)} = c_1^{(k)} = \cdots = c_{n-1}^{(k)} = 0$$

となる．ここで，$c_n^{(k)} = 0$ とすると線型関係式 $(*)$ は自明になるので，$c_n^{(k)} \neq 0$ である．よって，$A^n \mathbf{e}_k = \mathbf{0}$ である．このような k 以外の j については，$A^{m-1}\mathbf{e}_j = \mathbf{0}$ である．そこで，$n \leq m-1$ とすると，すべての i に対して，$A^{m-1}\mathbf{e}_i = \mathbf{0}$ となるので，$A^{m-1} = O$ となり，m の取り方に矛盾する．よって $m \leq n$ である．これより $A^n = O$ である．

9.19 (1) $T(\mathbf{v}) = \sum_{j=1}^{n} x_j T(\mathbf{v}_j) = \sum_{j=1}^{n} x_j \Big(\sum_{i=1}^{m} a_{ij} \mathbf{w}_i \Big) = \sum_{i=1}^{m} \Big(\sum_{j=1}^{n} a_{ij} x_j \Big) \mathbf{w}_i$ であるので

$$y_i = \sum_{j=1}^{n} a_{ij} x_j \quad (i = 1, \ldots, m)$$

である．

(2) $\mathcal{B}' = \{\mathbf{v}'_1, \ldots, \mathbf{v}'_n\}$, $\mathcal{C}' = \{\mathbf{w}'_1, \ldots, \mathbf{w}'_m\}$ とおくと

$$(\mathbf{v}'_1, \ldots, \mathbf{v}'_n) = (\mathbf{v}_1, \ldots, \mathbf{v}_n)P, \quad (\mathbf{w}'_1, \ldots, \mathbf{w}'_m) = (\mathbf{w}_1, \ldots, \mathbf{w}_m)Q$$

である．また，$\big(T(\mathbf{v}_1), \ldots, T(\mathbf{v}_n)\big) = (\mathbf{w}_1, \ldots, \mathbf{w}_m)\pi_{\mathcal{BC}}(T)$ なので

$$\big(T(\mathbf{v}'_1), \ldots, T(\mathbf{v}'_n)\big) = \big(T(\mathbf{v}_1), \ldots, T(\mathbf{v}_n)\big)P = (\mathbf{w}_1, \ldots, \mathbf{w}_m)\pi_{\mathcal{BC}}(T)P$$
$$= (\mathbf{w}'_1, \ldots, \mathbf{w}'_m)Q^{-1}\pi_{\mathcal{BC}}(T)P$$

を得る．これと $\big(T(\mathbf{v}'_1), \ldots, T(\mathbf{v}'_n)\big) = (\mathbf{w}'_1, \ldots, \mathbf{w}'_m)\pi_{\mathcal{B}'\mathcal{C}'}(T)$ を比較して，つぎを得る．

$$\pi_{\mathcal{B}'\mathcal{C}'}(T) = Q^{-1}\pi_{\mathcal{BC}}(T)P$$

9.20 (1) $\widetilde{P} = {}^tAA = \begin{pmatrix} 3 & 2 \\ 2 & 6 \end{pmatrix}$. P は正則な対称行列である．

(2) $B = \widetilde{P}^{-1}{}^tA$ を計算しておく．

$$B = \frac{1}{14} \begin{pmatrix} 2 & -8 & 4 \\ 4 & 5 & 1 \end{pmatrix}$$

（以下の証明に計算結果は使わない）$BA = \widetilde{P}^{-1}({}^tAA) = \widetilde{P}^{-1}\widetilde{P} = E_2$ なので，$ABA = A(BA) = AE_2 = A$, $BAB = (BA)B = E_2B = B$ である．${}^t(BA) = BA$ は明らか．また，$AB = A\widetilde{P}^{-1}{}^tA$, ${}^t(\widetilde{P}^{-1}) = \widetilde{P}^{-1}$ なので，${}^t(AB) = AB$ である．

(3) $T(\mathbf{x}) \in W$ ($\mathbf{x} \in \mathbf{R}^3$) であることは容易に分る．そこで，$T$ が単射であることを示せば，次元定理より T は線型同型写像である．(4) $S: W \longrightarrow \mathbf{R}^2$, $S(\mathbf{y}) = B\mathbf{y}$ ($\mathbf{y} \in W$) が単射で

あることは (3) と同様に示すことができる．S も線型同型写像である．また，$\mathbf{y} = A\mathbf{x} \in W$ に対して，
$$T(S(\mathbf{y})) = AB\mathbf{y} = ABA\mathbf{x} = A\mathbf{x} = \mathbf{y}$$
同様に，$\mathbf{x} = B\mathbf{y} \in \mathbf{R}^2$ に対して，$S(T(\mathbf{x})) = \mathbf{x}$ である．よって，$S = T^{-1}$ である．

9.21 (1) $\widetilde{Q} = A\,{}^tA = \begin{pmatrix} 3 & 0 \\ 0 & 2 \end{pmatrix}$．$Q$ は正則な対称行列である．

(2) $B = {}^tA\widetilde{Q}^{-1}$ を計算しておく．
$$B = \frac{1}{6}\begin{pmatrix} 2 & 0 \\ 2 & -3 \\ 2 & 3 \end{pmatrix}$$

まず，$AB = \widetilde{Q}\widetilde{Q}^{-1} = E_2$ であるので，問 9.20 と同じように，$ABA = A$, $BAB = B$ が分る．${}^t(AB) = AB$ は明らかである．また，$BA = {}^tA\,\widetilde{Q}^{-1}A$ であるので，${}^t(BA) = BA$ が従う．

(3), (4) 前問の (3), (4) と同様である．

9.22 (1) $\widehat{P} = \begin{pmatrix} 1 & 0 \\ -2 & 1 \\ 1 & -1 \end{pmatrix}$, $\widehat{Q} = \begin{pmatrix} 1 & 0 & 1 \\ 0 & 1 & 2 \end{pmatrix}$ とすればよい（第 7 章問 7 参照）．

(2) $\widetilde{P} = {}^t\widehat{P}\widehat{P} = \begin{pmatrix} 6 & -3 \\ -3 & 2 \end{pmatrix}$, $\widetilde{Q} = \widehat{Q}\,{}^t\widehat{Q} = \begin{pmatrix} 2 & 2 \\ 2 & 5 \end{pmatrix}$

(3) 念のために $B = {}^t\widehat{Q}\widetilde{Q}^{-1}\widetilde{P}^{-1}\,{}^t\widehat{P}$ を計算しておく．
$$B = \frac{1}{18}\begin{pmatrix} 4 & -5 & 1 \\ 2 & 2 & -4 \\ 8 & -1 & -7 \end{pmatrix}$$

$ABA = \widehat{P}\widehat{Q}\,{}^t\widehat{Q}\widetilde{Q}^{-1}\widetilde{P}^{-1}\,{}^t\widehat{P}\widehat{P}\widehat{Q} = \widehat{P}\widehat{Q} = A$．$BAB = B$ も同様に示すことができる．また，$AB = \widehat{P}\widetilde{P}^{-1}\,{}^t\widehat{P}$, $BA = {}^t\widehat{Q}\widetilde{Q}^{-1}\widehat{Q}$ より ${}^t(AB) = AB$, ${}^t(BA) = BA$ が従う．

(4), (5) 前問の (3), (4) と同様である．

9.23 (1) $(**)$ の右辺の行列を A とすると，
$$\mathbf{u}' = \begin{pmatrix} u' \\ u'' \\ \vdots \\ u^{(n-1)} \\ u^{(n)} \end{pmatrix}, \quad A\mathbf{u} = \begin{pmatrix} u' \\ u'' \\ \vdots \\ u^{(n-1)} \\ -a_1 u^{(n-1)} - \cdots - a_n u \end{pmatrix}$$
である．

(2) $u(x) = e^{\lambda x}$ とすると，$u^{(k)}(x) = \lambda^k u(x)$ であることより明らか．

第 10 章

10.1 (1) $\mathbf{v}_1 = \dfrac{1}{\sqrt{5}}\begin{pmatrix} 1 \\ 2 \end{pmatrix}$, $\mathbf{v}_2 = \dfrac{1}{\sqrt{5}}\begin{pmatrix} 2 \\ -1 \end{pmatrix}$

(2) $\mathbf{v}_1 = \dfrac{1}{\sqrt{3}}\begin{pmatrix} 1 \\ 1 \\ 1 \end{pmatrix}$, $\mathbf{v}_2 = \dfrac{1}{\sqrt{6}}\begin{pmatrix} -1 \\ 2 \\ -1 \end{pmatrix}$, $\mathbf{v}_3 = \dfrac{1}{\sqrt{2}}\begin{pmatrix} 1 \\ 0 \\ -1 \end{pmatrix}$

(3) $\mathbf{v}_1 = \dfrac{1}{\sqrt{3}}\begin{pmatrix} 1 \\ 1 \\ i \end{pmatrix}$, $\mathbf{v}_2 = \dfrac{1}{\sqrt{2}}\begin{pmatrix} 0 \\ -1 \\ i \end{pmatrix}$, $\mathbf{v}_3 = \dfrac{1}{\sqrt{6}}\begin{pmatrix} 2 \\ -1 \\ -i \end{pmatrix}$

10.2 $\dim W = 3$, 基底として $\mathbf{u}_1 = \begin{pmatrix} 1 \\ -1 \\ 0 \\ 0 \end{pmatrix}$, $\mathbf{u}_2 = \begin{pmatrix} 1 \\ 0 \\ -1 \\ 0 \end{pmatrix}$, $\mathbf{u}_3 = \begin{pmatrix} 1 \\ 0 \\ 0 \\ i \end{pmatrix}$ を選んで，これにシュミットの直交化法を施すと，W の正規直交基底を得る．

$$\mathbf{v}_1 = \dfrac{1}{\sqrt{2}}\begin{pmatrix} 1 \\ -1 \\ 0 \\ 0 \end{pmatrix}, \quad \mathbf{v}_2 = \dfrac{1}{\sqrt{6}}\begin{pmatrix} 1 \\ 1 \\ -2 \\ 0 \end{pmatrix}, \quad \mathbf{v}_3 = \dfrac{1}{2\sqrt{3}}\begin{pmatrix} 1 \\ 1 \\ 1 \\ 3i \end{pmatrix}$$

10.3 (1) $W \subset (W^\perp)^\perp$ であることは容易に分る．これと $\dim W = \dim (W^\perp)^\perp$ より，$W = (W^\perp)^\perp$ である．
(2) $W_1 \subset W_1 + W_2$ より，$(W_1 + W_2)^\perp \subset W_1^\perp$ である．同様に，$(W_1 + W_2)^\perp \subset W_2^\perp$．よって，$(W_1 + W_2)^\perp \subset W_1^\perp \cap W_2^\perp$ となる．
(3) (1) と (2) を合わせると，$(W_1^\perp + W_2^\perp)^\perp = (W_1^\perp)^\perp \cap (W_2^\perp)^\perp = W_1 \cap W_2$ である．ここで，もう一度，直交補空間を取って，$W_1^\perp + W_2^\perp = (W_1 \cap W_2)^\perp$ を得る．

10.4 (1) W の基底として，$\mathbf{u}_1 = \begin{pmatrix} -3 \\ 2 \\ 1 \\ 0 \end{pmatrix}$, $\mathbf{u}_2 = \begin{pmatrix} 0 \\ 1 \\ 0 \\ 1 \end{pmatrix}$ を選ぶことができる．これを直交化して，W の正規直交基底として，$\mathbf{w}_1 = \dfrac{1}{\sqrt{14}}\begin{pmatrix} -3 \\ 2 \\ 1 \\ 0 \end{pmatrix}$, $\mathbf{w}_2 = \dfrac{1}{2\sqrt{21}}\begin{pmatrix} 3 \\ 5 \\ -1 \\ 7 \end{pmatrix}$ を得る．

(2) $W^\perp$ の基底として，$\mathbf{u}'_1 = \begin{pmatrix} 1 \\ 1 \\ 1 \\ -1 \end{pmatrix}$, $\mathbf{u}'_2 = \begin{pmatrix} 1 \\ 2 \\ -1 \\ -2 \end{pmatrix}$ を選ぶことができる．これを直交化して，

$W^\perp$ の正規直交基底として，$\mathbf{w}'_1 = \dfrac{1}{2}\begin{pmatrix} 1 \\ 1 \\ 1 \\ -1 \end{pmatrix}$, $\mathbf{w}'_2 = \dfrac{1}{\sqrt{6}}\begin{pmatrix} 0 \\ 1 \\ -2 \\ -1 \end{pmatrix}$ を得る．

(3) 求める行列を P とおくとつぎのようになる．

$$P = \mathbf{w}_1 \cdot {}^t\mathbf{w}_1 + \mathbf{w}_2 \cdot {}^t\mathbf{w}_2 = \frac{1}{14}\begin{pmatrix} 9 & -3 & -3 & 3 \\ -3 & 7 & 1 & 5 \\ -3 & 1 & 1 & -1 \\ 3 & 5 & -1 & 7 \end{pmatrix}$$

10.5 (1) $A^*A = E$ より，$\det A^* \det A = 1$ である．ここで，$\det A^* = \overline{\det A}$ なので，$|\det A|^2 = 1$ である．よって $|\det A| = 1$.

(2) 直行行列は実のユニタリ行列なので，(1) より，$\det A = \pm 1$ となる．

(3) $A^* = A$ より，$\overline{\det A} = \det A$. よって，$\det A$ は実数である．

10.6 (1) T の標準基底に関する表現行列 A は

$$A = (\cos\theta + i\sin\theta)\mathbf{v}_1 \cdot \overline{{}^t\mathbf{v}_1} + (\cos\theta - i\sin\theta)\mathbf{v}_2 \cdot \overline{{}^t\mathbf{v}_2}$$
$$= \frac{\cos\theta + i\sin\theta}{2}\begin{pmatrix} 1 & i \\ -i & 1 \end{pmatrix} + \frac{\cos\theta - i\sin\theta}{2}\begin{pmatrix} 1 & -i \\ i & 1 \end{pmatrix} = \begin{pmatrix} \cos\theta & -\sin\theta \\ \sin\theta & \cos\theta \end{pmatrix}$$

(2) S の標準基底に関する表現行列 B は

$$B = \mathbf{v}_1 \cdot {}^t\mathbf{v}_1 - \mathbf{v}_2 \cdot {}^t\mathbf{v}_2$$
$$= \begin{pmatrix} \cos^2\theta & \cos\theta\sin\theta \\ \sin\theta\cos\theta & \sin^2\theta \end{pmatrix} - \begin{pmatrix} \sin^2\theta & -\sin\theta\cos\theta \\ -\cos\theta\sin\theta & \cos^2\theta \end{pmatrix} = \begin{pmatrix} \cos 2\theta & \sin 2\theta \\ \sin 2\theta & -\cos 2\theta \end{pmatrix}$$

10.7 $\mathbf{v}_i \in \mathbf{R}^n$ に対しては $c_i \in \mathbf{R}$ であり，$\mathbf{v}_j \in \mathbf{C}^n$ に対しては，ある k が存在して，$\mathbf{v}_k = \overline{\mathbf{v}_j}$, $c_k = \overline{c_j}$ となる．

10.8 (1) W_i $(i = 1, \ldots, n)$ を $\mathbf{v}_1, \ldots, \mathbf{v}_{i-1}, \mathbf{v}_{i+1}, \ldots, \mathbf{v}_n$ により生成される V の内積部分空間とし，その直交補空間 $(W_i)^\perp$ を考える．$\dim(W_i)^\perp = 1$ であるので，その基底 $\mathbf{w}_i$ で，$(\mathbf{v}_i, \mathbf{w}_i) = 1$ をみたすものが唯一つ存在する．

(2) 線型関係式 $c_1\mathbf{w}_1 + \cdots + c_n\mathbf{w}_n = \mathbf{0}$ を仮定する．$0 = \Big(\displaystyle\sum_{i=1}^n c_i\mathbf{w}_i, \mathbf{v}_i\Big) = c_i$ であるので，これらのベクトルは線型独立である．よって，$\mathcal{B}^*$ は V の基底である．

(3) 任意のベクトル $\mathbf{v} \in V$ は，$\mathbf{v} = \displaystyle\sum_{i=1}^n c_i\mathbf{v}_i$ と表すことができる．このとき，$(\mathbf{v}, \mathbf{w}_i) = c_i$ なの

で，$\mathbf{v} = \sum_{i=1}^{n}(\mathbf{v}, \mathbf{w}_i)\mathbf{v}_i$ と展開される．

(4) $1 \leq j \leq m$ に対して

$$P_1(\mathbf{v}_j) = \sum_{i=1}^{m}(\mathbf{v}_j, \mathbf{w}_i)\mathbf{v}_i = \mathbf{v}_j, \quad P_2(\mathbf{v}_j) = \mathbf{0}$$

なので，$P_1^2 = P_1$, $P_2 \circ P_1 = O_V$ である．同様に，$P_2^2 = P_2$, $P_1 \circ P_2 = O_V$ も示すことができる．また (3) より

$$(P_1 + P_2)(\mathbf{v}) = P_1(\mathbf{v}) + P_2(\mathbf{v}) = \sum_{i=1}^{n}(\mathbf{v}, \mathbf{w}_i)\mathbf{v}_i = \mathbf{v}$$

なので，$P_1 + P_2 = \mathrm{id}_V$ である．

10.9 (1) $\mathbf{a}_i^*$ を用いると

$$A^{-1}A = \begin{pmatrix} (\mathbf{a}_1, \mathbf{a}_1^*) & \cdots & (\mathbf{a}_n, \mathbf{a}_1^*) \\ \vdots & & \vdots \\ (\mathbf{a}_1, \mathbf{a}_n^*) & \cdots & (\mathbf{a}_n, \mathbf{a}_n^*) \end{pmatrix} = E_n$$

である．これは $(\mathbf{a}_i, \mathbf{a}_j^*) = \delta_{ij}$ と同値であるので，$\mathcal{B}^*$ は $\mathcal{B}$ の双対基底である．

(2) まず，$P_1 + P_2 = AA^{-1} = E$ である．つぎに

$$\begin{pmatrix} \widehat{\mathbf{a}}_1 \\ \vdots \\ \widehat{\mathbf{a}}_m \\ \widehat{\mathbf{0}} \\ \vdots \\ \widehat{\mathbf{0}} \end{pmatrix} A = \begin{pmatrix} E_m & O_{m,n-m} \\ O_{n-m,m} & O_{n-m} \end{pmatrix}$$

なので

$$P_1^2 = A \begin{pmatrix} E_m & O_{m,n-m} \\ O_{n-m,m} & O_{n-m} \end{pmatrix} \begin{pmatrix} \widehat{\mathbf{a}}_1 \\ \vdots \\ \widehat{\mathbf{a}}_m \\ \widehat{\mathbf{0}} \\ \vdots \\ \widehat{\mathbf{0}} \end{pmatrix} = A \begin{pmatrix} \widehat{\mathbf{a}}_1 \\ \vdots \\ \widehat{\mathbf{a}}_m \\ \widehat{\mathbf{0}} \\ \vdots \\ \widehat{\mathbf{0}} \end{pmatrix} = P_1$$

である．同様に，$P_2^2 = P_2$ も示すことができる．最後に

$$P_2P_1 = A \begin{pmatrix} O_m & O_{m,n-m} \\ O_{n-m,m} & E_{n-m} \end{pmatrix} \begin{pmatrix} \widehat{\mathbf{a}}_1 \\ \vdots \\ \widehat{\mathbf{a}}_m \\ \widehat{\mathbf{0}} \\ \vdots \\ \widehat{\mathbf{0}} \end{pmatrix} = O$$

同様に, $P_1P_2 = O$ も示すことができる.

第 11 章

11.1 (1) 特性多項式 $\lambda^2 - 2\cos\theta\lambda + 1$, 固有値 $\cos\theta \pm i\sin\theta$, 固有ベクトル $\begin{pmatrix} 1 \\ \mp i \end{pmatrix}$

(2) 特性多項式 $\lambda^2 - 1$, 固有値 ± 1, 固有ベクトル $\begin{pmatrix} \cos\theta \\ \sin\theta \end{pmatrix}$, $\begin{pmatrix} -\sin\theta \\ \cos\theta \end{pmatrix}$

(3) 特性多項式 $\lambda^3 - 1$, 固有値 $1, \omega, \overline{\omega}$, ただし, $\omega = \frac{-1+\sqrt{3}i}{2}$, 固有ベクトル $\begin{pmatrix} 1 \\ 1 \\ 1 \end{pmatrix}$, $\begin{pmatrix} 1 \\ \omega \\ \omega^2 \end{pmatrix}$, $\begin{pmatrix} 1 \\ \overline{\omega} \\ \overline{\omega}^2 \end{pmatrix}$

(4) 固有値 $1, -1, 2$, 固有ベクトル $\begin{pmatrix} 1 \\ -1 \\ 0 \end{pmatrix}$, $\begin{pmatrix} 1 \\ 1 \\ -2 \end{pmatrix}$, $\begin{pmatrix} 1 \\ 1 \\ 1 \end{pmatrix}$

(5) 固有値 $1, -1, 2$, 固有ベクトル $\begin{pmatrix} 1 \\ -1 \\ 0 \end{pmatrix}$, $\begin{pmatrix} 1 \\ 1 \\ 2i \end{pmatrix}$, $\begin{pmatrix} 1 \\ 1 \\ -i \end{pmatrix}$

11.2 問題の行列を A とする.

(1) $P = \begin{pmatrix} 1 & 1 & 1 \\ 1 & 2 & 3 \\ 1 & 4 & 9 \end{pmatrix}$ とおくと, $P^{-1}AP = \text{diag}(1, 2, 3)$

(2) $P = \begin{pmatrix} 1 & 1 & 1 \\ 1 & \omega & \omega^2 \\ 1 & \omega^2 & \omega \end{pmatrix}$ とおくと, $P^{-1}AP = \text{diag}(1, \omega, \omega^2)$. ただし, $\omega^2 + \omega + 1 = 0$ である.

(3) $P = \begin{pmatrix} 1 & 1 & 1 & 1 \\ 1 & 2 & 3 & 4 \\ 1 & 4 & 9 & 16 \\ 1 & 8 & 27 & 64 \end{pmatrix}$ とおくと, $P^{-1}AP = \text{diag}(1, 2, 3, 4)$

11.3 $\text{diag}(\alpha_1, \ldots, \alpha_n)$ で, $\alpha_1, \ldots, \alpha_n$ がこの順で対角成分に並ぶ対角行列を表すことにする. ま

た，問題の行列を A, A を相似変換する直交行列を P とおく．

(1) $P = \dfrac{1}{\sqrt{2}} \begin{pmatrix} 1 & -1 \\ 1 & 1 \end{pmatrix}$, ${}^tPAP = \mathrm{diag}(1, -1)$

(2) $P = \dfrac{1}{\sqrt{2}} \begin{pmatrix} 1 & i \\ i & 1 \end{pmatrix}$, $P^*AP = \mathrm{diag}(0, 2)$

(3) $P = \dfrac{1}{\sqrt{6}} \begin{pmatrix} 1 & \sqrt{3} & \sqrt{2} \\ -2 & 0 & \sqrt{2} \\ 1 & -\sqrt{3} & \sqrt{2} \end{pmatrix}$, ${}^tPAP = \mathrm{diag}(-1, 1, 2)$

(4) $P = \dfrac{1}{\sqrt{6}} \begin{pmatrix} 1 & \sqrt{3} & \sqrt{2} \\ -2 & 0 & \sqrt{2} \\ i & -i\sqrt{3} & i\sqrt{2} \end{pmatrix}$, $P^*AP = \mathrm{diag}(0, 2, 3)$

11.4 前問と同じ記法を使う．

(1) $P = \dfrac{1}{\sqrt{6}} \begin{pmatrix} \sqrt{3} & 1 & \sqrt{2} \\ -\sqrt{3} & 1 & \sqrt{2} \\ 0 & -2 & \sqrt{2} \end{pmatrix}$, ${}^tPAP = \mathrm{diag}(0, 0, 3)$

(2) $P = \dfrac{1}{\sqrt{6}} \begin{pmatrix} \sqrt{2} & \sqrt{3} & -1 \\ \sqrt{2} & 0 & 2 \\ \sqrt{2} & -\sqrt{3} & -1 \end{pmatrix}$, ${}^tPAP = \mathrm{diag}(3, 6, 6)$

(3) $P = \dfrac{1}{\sqrt{6}} \begin{pmatrix} \sqrt{3} & \sqrt{2} & 1 \\ 0 & \sqrt{2} & -2 \\ -i\sqrt{3} & i\sqrt{2} & i \end{pmatrix}$, $P^*AP = \mathrm{diag}(0, 0, 3)$

(4) $P = \dfrac{1}{\sqrt{12}} \begin{pmatrix} \sqrt{6} & \sqrt{2} & 1 & \sqrt{3} \\ -\sqrt{6} & \sqrt{2} & 1 & \sqrt{3} \\ 0 & -2\sqrt{2} & 1 & \sqrt{3} \\ 0 & 0 & -3 & \sqrt{3} \end{pmatrix}$, ${}^tPAP = \mathrm{diag}(0, 0, 0, 4)$

(5) $P = \dfrac{1}{\sqrt{2}} \begin{pmatrix} 1 & 0 & 1 & 0 \\ 0 & 1 & 0 & 1 \\ i & 0 & -i & 0 \\ 0 & i & 0 & -i \end{pmatrix}$, $P^*AP = \mathrm{diag}(2, 2, 4, 4)$

11.5 (1) $P = \dfrac{1}{\sqrt{2}} \begin{pmatrix} 1 & 0 & 1 \\ 0 & \sqrt{2} & 0 \\ -i & 0 & i \end{pmatrix}$, $P^*AP = \mathrm{diag}\left(\dfrac{\sqrt{3}+i}{2}, 1, \dfrac{\sqrt{3}-i}{2}\right)$

(2) $P = \dfrac{1}{\sqrt{2}} \begin{pmatrix} 1 & 1 & 0 & 0 \\ 0 & 0 & 1 & 1 \\ -i & i & 0 & 0 \\ 0 & 0 & -i & i \end{pmatrix}$, $P^*AP = \mathrm{diag}\left(\dfrac{\sqrt{3}+i}{2}, \dfrac{\sqrt{3}-i}{2}, \dfrac{1+\sqrt{3}i}{2}, \dfrac{1-\sqrt{3}i}{2}\right)$

11.6 $\begin{pmatrix} O & E \\ A & O \end{pmatrix} \begin{pmatrix} \mathbf{x}_1 \\ \mathbf{x}_2 \end{pmatrix} = \alpha \begin{pmatrix} \mathbf{x}_1 \\ \mathbf{x}_2 \end{pmatrix}$ より，$\mathbf{x}_2 = \alpha \mathbf{x}_1$, $A\mathbf{x}_1 = \alpha \mathbf{x}_2$ である．よって，$A\mathbf{x}_1 = \alpha^2 \mathbf{x}_1$ である．

11.7 (1) 反エルミート行列 A に対して，$A - E$ が正則行列でないとすると，$A\mathbf{x} = \mathbf{x}$ をみたす $\mathbf{0}$ でないベクトルが存在する．このとき，

$$\|\mathbf{x}\|^2 = (A\mathbf{x}, \mathbf{x}) = (\mathbf{x}, A^*\mathbf{x}) = -(\mathbf{x}, A\mathbf{x}) = -\|\mathbf{x}\|^2$$

よって，$\mathbf{x} = \mathbf{0}$ となるので，矛盾である．
(2) $(A+E)^*(A+E) = (-A+E)(A+E) = (-A-E)(A-E) = (A-E)^*(A-E)$ なので

$$\|(A+E)\mathbf{x}\|^2 = ((A+E)\mathbf{x}, (A+E)\mathbf{x}) = (\mathbf{x}, (A+E)^*(A+E)\mathbf{x})$$
$$= (\mathbf{x}, (A-E)^*(A-E)\mathbf{x}) = ((A-E)\mathbf{x}, (A-E)\mathbf{x}) = \|(A-E)\mathbf{x}\|^2$$

よって，$\|(A+E)\mathbf{x}\| = \|(A-E)\mathbf{x}\|$ である．
(3) (2) より

$$\|(A+E)\mathbf{y}\| = \|(A-E)\mathbf{y}\|$$

であるので，これに $\mathbf{y} = (A-E)^{-1}\mathbf{x}$ を代入すると

$$\|U\mathbf{x}\| = \|(A-E)(A-E)^{-1}\mathbf{x}\| = \|\mathbf{x}\|$$

が成立つ．よって，U はユニタリ行列である．
(4) $U - E$ が正則行列でないとすると，$U\mathbf{x} = \mathbf{x}$ をみたす $\mathbf{0}$ でないベクトル $\mathbf{x}$ が存在する．$U = (A-E)^{-1}(A+E)$ であるので，$\mathbf{x}$ は

$$(A-E)^{-1}(A+E)\mathbf{x} = \mathbf{x} \iff (A+E)\mathbf{x} = (A-E)\mathbf{x}$$

をみたす．よって $\mathbf{x} = \mathbf{0}$ となり，矛盾である．
(5) $(A-E)U = A+E$ より，$A(U-E) = (A+E) + (U-A) = U+E$．よって，$A = (U+E)(U-E)^{-1}$ である．

11.8 $A = (U+E)(U-E)^{-1}$ より

$$A^* = (U^*-E)^{-1}(U^*+E) = \{U^{-1}(E-U)\}^{-1}\{U^{-1}(E+U)\}$$
$$= (E-U)^{-1}UU^{-1}(E+U) = (E-U)^{-1}(E+U) = -(U+E)(U-E)^{-1} = -A$$

よって，A は反エルミート行列である．

11.9 (1) $f_A(\lambda) = \lambda^n + a_1 \lambda^{n-1} + \cdots + a_{n-1}\lambda + a_n$.
(2) $f_A(\alpha) = 0$ より

$$A\mathbf{x}(\alpha) = \begin{pmatrix} \alpha \\ \alpha^2 \\ \vdots \\ \alpha^{n-1} \\ -a_1\alpha^{n-1} - \cdots - a_{n-1}\alpha - a_n \end{pmatrix} = \begin{pmatrix} \alpha \\ \alpha^2 \\ \vdots \\ \alpha^{n-1} \\ \alpha^n - f_A(\alpha) \end{pmatrix} = \alpha\mathbf{x}(\alpha)$$

したがって，A の特性根を $\alpha_1, \ldots, \alpha_n$ とするとき，これらは相異なるという仮定の下で，$P = (\mathbf{x}(\alpha_1), \ldots, \mathbf{x}(\alpha_n))$ は正則行列であり（$\det P$ はヴァンデルモンドの行列式であるから，$\alpha_1, \ldots, \alpha_n$ の差積である），$P^{-1}AP = \mathrm{diag}(\alpha_1, \ldots, \alpha_n)$ となる．

(3) (2) の計算より

$$A\mathbf{x}(\lambda) = \begin{pmatrix} \lambda \\ \lambda^2 \\ \vdots \\ \lambda^{n-1} \\ -a_1\lambda^{n-1} - \cdots - a_{n-1}\lambda - a_n \end{pmatrix} = \begin{pmatrix} \lambda \\ \lambda^2 \\ \vdots \\ \lambda^{n-1} \\ \lambda^n - f_A(\lambda) \end{pmatrix} = \lambda\mathbf{x}(\lambda) + \begin{pmatrix} 0 \\ \vdots \\ 0 \\ -f_A(\lambda) \end{pmatrix}$$

(4) (3) で得た式を λ について k 回微分して $\lambda = \alpha_i$ とすればよい．つぎに注意せよ．

$$\frac{d^k f_A}{d\lambda^k}(\alpha_i) = 0 \quad (k = 0, 1, \ldots, m_i - 1)$$

(5) m 次のシフト行列 Λ_m をつぎで定める．

$$\Lambda_m = \begin{pmatrix} 0 & 1 & 0 & \cdots & 0 \\ 0 & 0 & 1 & & 0 \\ \vdots & \vdots & & \ddots & \ddots \\ 0 & 0 & \cdots & 0 & 1 \\ 0 & 0 & \cdots & \cdots & 0 \end{pmatrix}$$

そして，$J_m(\alpha) = \alpha E_m + \Lambda_m$ とおく．これを固有値 α の m 次の**ジョルダン細胞**という．そして

$$J = \begin{pmatrix} & m_1 & m_2 & & m_r \\ m_1 & J_{m_1}(\alpha_1) & O & \cdots & O \\ m_2 & O & J_{m_2}(\alpha_2) & \cdots & O \\ \vdots & \vdots & \vdots & \ddots & \vdots \\ m_r & O & O & \cdots & j_{m_r}(\alpha_r) \end{pmatrix}$$

とおくと，(4) より $AP = PJ$ が従う．また

$$\det P = \prod_{j > i} (\alpha_j - \alpha_i)^{m_j m_i} \neq 0$$

であることがヴァンデルモンドの行列式を微分することにより分るので，P は正則行列である．したがって，つぎのようになる．J は A のジョルダン標準形である．

$$P^{-1}AP = J$$

11.10 T の固有ベクトルからなる V の正規直交基底 $\mathbf{v}_1,\ldots,\mathbf{v}_n$ をとる．T の固有値がすべて正とすると，その固有値は $\alpha_1 > 0,\ldots,\alpha_n > 0$ である．$\mathbf{v} \in V$ を $\mathbf{v} = \sum_{i=1}^{n} c_i \mathbf{v}_i$ と表すと

$$\bigl(T(\mathbf{v}),\mathbf{v}\bigr) = \sum_{i=1}^{n} \alpha_i |c_i|^2 \geq 0$$

であり，これが 0 となるのは $\mathbf{v} = \mathbf{0}$ のときに限る．すなわち T は正値である．逆に T が正値であればつぎのようになる．

$$\bigl(T(\mathbf{v}_i),\mathbf{v}_i\bigr) = \alpha_i > 0$$

11.11 $(T^* \circ T)^* = T^* \circ (T^*)^* = T^* \circ T$ であるので，$T^* \circ T$ はエルミート変換である．また，$\bigl(T^*(T(\mathbf{v})),\mathbf{v}\bigr) = \|T(\mathbf{v})\|^2 \geq 0$ である．よって，$T^* \circ T$ は半正値エルミート変換である．さらに，T が線型同型であるならば，$\|T(\mathbf{v})\| = 0$ となるのは $\mathbf{v} = \mathbf{0}$ のときに限るので，$T^* \circ T$ は正値エルミート変換である．

11.12 T のスペクトル分解を

$$T = \alpha_1 P_1 + \cdots + \alpha_r P_r$$
$$P_i^2 = P_i,\ P_i^* = P_i,\ P_1 + \cdots + P_r = \mathrm{id}_V,\ P_i \circ P_j = O_V\ (i \neq j)$$

とする．$\alpha_i > 0$ であるから，$S = \sqrt{\alpha_1} P_1 + \cdots + \sqrt{\alpha_r} P_r$ とおくと，S は正値エルミート変換でありつぎのようになる．

$$S^2 = \sum_{i,j=1}^{r} \sqrt{\alpha_i}\sqrt{\alpha_j} P_i \circ P_j = \sum_{i=1}^{r} \alpha_i P_i = T$$

11.13 $H = \sqrt{T \circ T^*}$ とおくと，これは問 11.10 より正値エルミート変換である．また $U = H^{-1} \circ T$ とおくと

$$U^*U = (H^{-1} \circ T)^* \circ (H^{-1}T) = T^* \circ (T \circ T^*)^{-1} \circ T = (T^* \circ (T^*)^{-1}) \circ (T^{-1} \circ T) = \mathrm{id}_V$$

よって，U はユニタリ変換で，$T = HU$ である．

11.14 A の固有値を $\alpha_1,\ldots,\alpha_n$ とすると，適当なユニタリ行列 P で，$P^*AP = \mathrm{diag}(\alpha_1,\ldots,\alpha_n)$ となるものが存在する．A は正値なので固有値はすべて正である．よって，$\det A = \alpha_1 \cdots \alpha_n > 0$ である．

11.15 $\mathbf{x}_k = x_1\mathbf{e}_1 + \cdots + x_k\mathbf{e}_k$ とすると

であるので，A_k は正値エルミート行列である．前問の結論より，$\det A_k > 0$ である．

逆の主張を，n に関する帰納法で示そう．$n=1$ のとき，主張は明らかである．

$$A = \begin{pmatrix} A_{n-1} & \mathbf{a} \\ \mathbf{a}^* & a_{nn} \end{pmatrix}$$

とする．ただし $\mathbf{a}^* = \overline{{}^t\mathbf{a}}$ である．$\det A_{n-1} \neq 0$ であるので，

$$A_{n-1}\mathbf{b} + \mathbf{a} = \mathbf{0}$$

をみたすベクトル $\mathbf{b}$ が存在する．$T = \begin{pmatrix} E_{n-1} & \mathbf{b} \\ \widehat{\mathbf{0}} & 1 \end{pmatrix}$ とすると

$$T^*AT = \begin{pmatrix} A_{n-1} & \mathbf{0} \\ \widehat{\mathbf{0}} & c \end{pmatrix}$$

となる．ただし $c = \mathbf{a}^*\mathbf{b} + a_{nn}$ である．$\det T = 1$ なので，$\det(T^*AT) = \det A = c\det A_{n-1}$ である．仮定より $\det A > 0$, $\det A_{n-1} > 0$ であるから，$c > 0$ である．帰納法の仮定より，A_{n-1} は正値エルミート行列であるから，$A_{n-1} = B_{n-1}^2$ をみたす正値エルミート行列が存在する．

$$B = \begin{pmatrix} B_{n-1} & \mathbf{0} \\ \widehat{\mathbf{0}} & \sqrt{c} \end{pmatrix}$$

とおくと，B はエルミート行列であり，$T^*AT = B^2$ をみたす．よって

$$A = (T^*)^{-1}B^2T^{-1} = (BT^{-1})^*(BT^{-1})$$

である．これより，A は半正値である．しかも $\det A > 0$ であるので，固有値はすべて正であることが分る．よって A は正値である．

11.16 (1) $B(\lambda)$ は λ の高々 $n-1$ 次の多項式であるからつぎのように展開できる．

$$B(\lambda) = B_0 + \lambda B_1 + \cdots + \lambda^{n-1}B_{n-1}$$

(2) $B(\lambda)(\lambda E - A) = (\lambda E - A)B(\lambda) = \det(\lambda E - A)E$ であるので，$\det(\lambda E - A) = f(\lambda) = a_n\lambda^n + a_{n-1}\lambda^{n-1} + \cdots + a_1\lambda + a_0$ とおくと $(a_n = 1$ である$)$

$$a_k E = B_{k-1} - B_k A$$

(ただし，$B_n = O$, $B_{-1} = O$ としている) を得る．

(3) (2) で示した漸化式よりつぎを得る．

$$f(A) = \sum_{k=0}^{n} a_k A^k = \sum_{k=0}^{n}(B_{k-1} - B_k A)A^k = B(A)A - B(A)A = O$$

あとがき

　本書を読了し，大学一年次での線型代数の教程を学び終えたとしても，それが線型代数のすべてであるはずがない．理学，工学の応用方面に進んだ後，あるいは数学の専門課程では，より深い線型代数の知識が必要となる．そこで，線型代数に関連した書物をいくつか挙げておく．ここで取り上げた書物は，そのようなより深い線型代数の知識の必要なときに，皆さんの座右にあって良き相談相手となる書物である．

[1] 　線型代数学入門：福井常孝，上村外茂男，入江昭二，宮寺功，前原昭二，
　　　　境正一郎 内田老鶴圃，1962

[2] 　線型代数学：佐武一郎 裳華房，1958

[3] 　線型代数入門，線型代数演習：齋藤正彦 東京大学出版会，1966

[4] 　演習ベクトル解析：寺田文行，坂田泩，斎藤偵四郎 サイエンス社，1980

[5] 　線型代数：竹之内脩，浅野洋 朝倉書店，1979

[6] 　線型代数：岩井斉良 学術図書出版社，1995

[7] 　線型代数：長谷川浩司 日本評論社，2004

[8] 　代数学：彌永昌吉，布川正巳編 岩波書店，1968

[9] 　加群十話：堀田良之 朝倉書店，1988

　[1] は理工系大学初年次で学ぶべき線型代数についての規範的な教科書の一つ．本書においても，第4章，第6章，第8章，付録Aの執筆において参考にした．[2], [3] も線型代数のスタンダードというべき教科書である．[2] ではジョルダン標準形，テンソル代数などについても論じられている．[3] は，ジョルダン標準形を単因子論を使って議論している．本書を執筆するにあたりさまざまな局面で [3] を参考にした．

　[4] はベクトル解析の教科書である．空間ベクトルのことを詳しく論じており，本書の第2章を書くにあたり参考にした．[5] は練習問題を解きながらジョルダン標準形を学ぶことができる教科書である．[6] は一般逆行列やムーア–ペンローズ逆行列の説明に特色がある．[7] は線型代数を，物理学との関連に重きを置きながら，多彩な切り口から論じている．

　最後の二冊は線型代数以外の代数学のテーマも扱っている．[8] は数学科の学生が学部時

代に学んでおくべき代数学の要諦を豊富な演習問題とともにまとめている．[9] では単因子論によるジョルダン標準形の議論が著者独特の語り口で分りやすく語られている．

索　　引

い
一次方程式 ······················ 129
一般逆行列 ······················ 179
一般の位置 ······················· 27

う
ヴァンデルモンドの行列式 ········ 14, 109
上三角行列 ···················· 80, 97

え
n 項行ベクトル ··················· 71
n 項複素行ベクトル ··············· 85
n 項複素列ベクトル ··············· 85
n 項列ベクトル ··················· 71
n 次行列式 ·················· 93, 96
n 次元の座標空間 ················ 136
n 次方程式 ···················· 107
n 乗根 ·························· 60
$n-1$ 次小行列式 ·················· 102
m 行 n 列の行列 ·················· 71
エルミート共役行列 ·········· 179, 188
エルミート行列 ·················· 188
　　　　反—— ·················· 212
エルミート積 ····················· 63
エルミート変換 ·················· 188

か
解空間 ·························· 136
階数 ···························· 122
外積 ······························ 8
回転行列 ························· 51
可解 ····························· 18
　　　　——条件 ················· 132
可換 ····························· 81
可逆行列 ····················· 45, 79
核 ······························ 148
拡大 ····························· 32
　　　　——係数行列 ············· 129
関数 ····························· 31

——空間 ························ 147

き
擬逆行列 ························ 179
奇順列 ··························· 95
基底 ···························· 153
　　　　——の変換 ··············· 168
　　　　正規直交—— ············· 183
　　　　双対—— ················· 197
　　　　標準—— ················· 168
基本行列 ························ 119
基本対称式 ······················ 108
基本変形 ························ 117
逆関数 ··························· 35
逆行列 ······················· 45, 79
　　　　一般—— ················· 179
　　　　擬—— ··················· 179
　　　　ムーア–ペンローズ—— ···· 179
逆写像 ··························· 35
逆像 ····························· 32
逆ベクトル ··················· 1, 145
球面 ····························· 23
行 ··························· 38, 71
鏡映 ····························· 23
行ベクトル ························ 2
　　　　n 項—— ·················· 71
　　　　n 項複素—— ·············· 85
　　　　——表示 ··············· 2, 73
共役複素数 ······················· 56
行列 ····························· 38
　　　　上三角—— ············· 80, 97
　　　　m 行 n 列の—— ············ 71
　　　　エルミート共役—— ·· 179, 188
　　　　エルミート—— ··········· 188
　　　　回転—— ·················· 51
　　　　可逆—— ·············· 45, 79
　　　　拡大係数—— ············· 129
　　　　基本—— ················· 119
　　　　逆—— ············ 45, 79, 179

索　引

係数 ･････････････････････････ 129
　3 次 ･･････････････････････ 40
　下三角 ･･････････････････ 80, 97
　実対称 ･･･････････････････ 188
　スカラー ････････････････ 43, 86
　正則 ･･･････････････････ 45, 79
　正方 ･････････････････････ 71
　対角 ･････････････････････ 80
　単位 ･････････････････････ 41, 75
　直交 ･････････････････････ 188
　転置 ･････････････････････ 91, 98
　2 次 ･････････････････････ 38
　反対称 ･･･････････････････ 115
　表現 ････････････････ 39, 170, 177
　複素共役 ･･･････････････ 179, 188
　複素 ･････････････････････ 64, 85
　冪零 ･････････････････････ 177
　変換 ･････････････････････ 168
　ユニタリ ･････････････････ 188
　余因子 ･･･････････････････ 104
　零 ･････････････････････ 41, 74
行列式 ････････････････ 4, 10, 89, 96
　ヴァンデルモンドの ･････ 14, 109
　n 次 ･･･････････････････ 93, 96
　$n-1$ 次小 ･･･････････････ 102
　――の第 i 行に関する展開 ･･ 92
　――の第 j 列に関する展開 ･･ 91
　3 次 ･･････････････････････ 89
　2 次の小 ･･･････････････････ 91
　p 次小 ･･･････････････････ 124
行列単位 ･･････････････････････ 78
極表示 ･･･････････････････････ 59
虚数単位 ･････････････････････ 55
虚部 ･････････････････････････ 55

く

空間直線の方程式 ･････････････ 16
偶奇 ･････････････････････････ 90
空集合 ･･･････････････････････ 24
偶順列 ･･･････････････････････ 95
クラメールの公式 ･･･････････ 141
クロネッカーのデルタ記号 ･････ 78

区分け ･･･････････････････････ 82

け

K 上のベクトル空間 ･････････ 145
係数行列 ････････････････････ 129
ケーリー変換 ･･･････････････ 212
元 ･･････････････････････････ 29
原像 ････････････････････････ 32

こ

交換可能 ･･･････････････････ 81
合成 ･･･････････････････････ 31
交代性 ････････････ 4, 9, 11, 90, 101
恒等写像 ･･･････････････････ 32
互換 ･･･････････････････････ 93
固有空間 ･･････････････････ 206
固有多項式 ･･･････････････ 200
固有値 ･････････････････ 84, 199
固有ベクトル ･･･････････ 84, 199
固有方程式 ･･･････････････ 200
根 ･･･････････････････････ 107
　――と係数の関係 ･･････ 108

さ

差 ･･･････････････････････････ 1
　――集合 ･････････････････ 35
　――積 ･････････････････ 14, 94
座標空間 ･････････････････････ 6
座標平面 ･････････････････････ 2
三角不等式 ･････････････ 3, 7, 57, 181
3 項複素列ベクトル ･･････････ 62
3 次行列 ･････････････････････ 40
　――式 ･･････････････････ 89
三重線型性 ･･･････････････････ 11

し

次元 ･･････････････････････ 157
　――定理 ･･･････････････ 159
四元数 ･･･････････････････････ 67
次数 ･････････････････････････ 71
下三角行列 ･････････････････ 80, 97
実対称行列 ･････････････････ 188

実対称変換 · 188	線型写像 · · · · · · · · · · · · · · · · 31, 36, 148

実対称変換 · 188
実部 · 55
実ベクトル空間 · · · · · · · · · · · · · · · · · 146
実ユークリッド・ベクトル空間 · · · 183
自明な解 · 134
射影 · 167
　　——作用素 · · · · · · · · · · · · · · · · · 167
写像 · 31
シュヴァルツの不等式 · · · · · · 3, 7, 181
終結式 · 110
重根 · 108
重複度 · 108
シュミットの直交化法 · · · · · · · · 8, 185
ジョルダン細胞 · · · · · · · · · · · · · · · · · 274
ジョルダン標準形 · · · · · · · · · · · · · · · 214

す
随伴変換 · 192
数直線 · 29
スカラー行列 · · · · · · · · · · · · · · · · · 43, 86
スカラー倍 · · · · · · · · · · · · · · · · 1, 74, 145
　　線型写像の—— · · · · · · · · · · · · · · · 149
スペクトル分解 · · · · · · · · · · · · · · · · · 207

せ
正規化条件 · · · · · · · · · · · · · · · 12, 91, 101
正規直交基底 · · · · · · · · · · · · · · · · · · · 183
正規直交系 · 184
正規変換 · 221
制限 · 32
斉次 · 134
正射影 · 3, 22
　　——作用素 · · · · · · · · · · · · · · 187, 193
生成系 · 153
生成される · 153
正則行列 · 45, 79
正値 · 214
　　——性 · · · · · · · · · · · · · · · · · · · 63, 181
正方行列 · 71
積 · 38, 40, 75
接平面 · 24
線型関係式 · 152

線型写像 · · · · · · · · · · · · · · · · 31, 36, 148
　　——のスカラー倍 · · · · · · · · · · · · · 149
　　——の和 · 149
線型従属 · · · · · · · · · · · · · · · · · · · 5, 9, 152
線型常微分方程式 · · · · · · · · · · · · · · · 151
線型同型 · 150
　　——写像 · 150
線型独立 · · · · · · · · · · · · · · · · · · · 5, 9, 151
線型微分作用素 · · · · · · · · · · · · · · · · · 151
線型変換 · 170
全射 · 33
全単射 · 33

そ
像 · 32
相似変換 · · · · · · · · · · · · · · · · · · · 84, 173
双射 · 33
双線型性 · · · · · · · · · · · · · · · · · 2, 9, 63, 181
双対基底 · 197

た
第 i 行に関する展開 · · · · · · · · · · · · · 103
第 1 列に関する展開 · · · · · · · · · · · · · 103
対応 · 31
対角化 · 84
　　——可能 · 84
対角行列 · 80
対角成分 · 71
第 j 列に関する展開 · · · · · · · · · · · · · 103
対称性 · · · · · · · · · · · · · · · · · · · 2, 63, 181
代数学の基本定理 · · · · · · · · · · · 107, 217
代数方程式 · 107
互いに素 · 115
多重線型性 · 101
単位行列 · 41, 75
単位ベクトル · · · · · · · · · · · · · · · · 2, 7, 76
単射 · 33

ち
超平面 · 136
直線 · 136, 139
　　——のベクトル表示 · · · · · · · · · · · · 15

282　索　引

――の方向ベクトル ･････････････ 15
直和 ･････････････････････････ 166
直交 ･････････････････････････ 182
　　――行列 ････････････････････ 188
　　――変換 ････････････････････ 187
　　――補空間 ･･････････････････ 185

て
転置行列 ･･････････････････ 91, 98
転倒 ･････････････････････････ 95
　　――数 ･･･････････････････････ 95

と
特性根 ････････････････････････ 200
特性多項式 ････････････････････ 200
特性方程式 ････････････････････ 200
ド・モルガンの法則 ････････････ 30
ド・モワブルの公式 ････････････ 59
トレース ･･････････････････････ 52

な
内積 ･･････････････････････ 2, 6, 63
　　――空間 ･･････････････････ 181
　　――部分空間 ････････････････ 182
長さ ･･･････････････････ 2, 63, 181

に
2項複素列ベクトル ･･･････････ 62
2次行列 ････････････････････････ 38
2次の小行列式 ･････････････････ 91

ね
ねじれの位置 ･････････････････ 17

は
掃き出し法 ･･･････････････････ 120
パッフィアン ･････････････････ 115
ハミルトン–ケイリーの定理 ･･････ 215
反エルミート行列 ････････････ 212
半正値 ･･･････････････････････ 214
反対称行列 ･･･････････････････ 115
判別式 ･･･････････････････････ 112

ひ
p次小行列式 ････････････････ 124
左基本変形 ･･･････････････････ 117
表現行列 ･･････････････ 39, 170, 177
標準基底 ･････････････････････ 168
標準形 ･･･････････････････････ 122

ふ
複素共役行列 ･･････････････ 179, 188
複素行列 ･･･････････････････ 64, 85
複素平面 ･･････････････････････ 57
複素ベクトル空間 ･･･････････ 63, 146
複素ユークリッド・ベクトル空間 ･････ 183
符号 ･･･････････････････････ 90, 96
部分空間 ･･････････････････ 136, 146
部分集合 ･･････････････････････ 29
ブロック分け ･････････････････ 82

へ
平面 ･･････････････････････ 136, 137
　　――π への正射影 ･････････････ 22
　　――のベクトル表示 ･････････ 19
冪零行列 ･････････････････････ 177
ベクトル ･････････････････････ 145
ベクトル空間 ･････････････････ 2, 35
　　K 上の―― ･･･････････････ 145
　　実ユークリッド・―― ･･････ 183
　　複素―― ･････････････････ 63, 146
　　複素ユークリッド・―― ･･･ 183
　　ユークリッド・―― ･･････ 183
ベクトル部分空間 ･･･････････ 146
偏角 ･････････････････････････ 59
変換行列 ･････････････････････ 168
変形 ･････････････････････････ 120

ほ
包含写像 ･･････････････････････ 32
法線ベクトル ･････････････････ 19
補集合 ････････････････････････ 30

み
右基本変形 ･･･････････････････ 117

索　引

う
右手系 ································· 9
未知関数 ···························· 151

む
ムーア–ペンローズ逆行列 ············· 179

や
ヤコビの定理 ························ 114

ゆ
ユークリッド内積 ···················· 183
ユークリッド・ベクトル空間 ·········· 183
ユニタリ行列 ························ 188
ユニタリ変換 ························ 187

よ
余因子 ······························ 104
　　──行列 ························ 104
要素 ································· 29

り
リュービルの定理 ···················· 217

れ
零行列 ··························41, 74
零写像 ······························ 148
零ベクトル ··············· 1, 6, 74, 145
零変換 ······························ 148
列 ································38, 71
列ベクトル ····························· 1
　　n 項複素── ····················· 85
　　n 項── ·························· 71
　　3 項複素── ························ 62
　　2 項複素── ························ 62
　　──表示 ·············· 1, 38, 40, 73
連立一次方程式 ······················ 129

わ
和 ······················ 1, 74, 145, 165

著者紹介

上野 喜三雄（うえの きみお）
1952年　東京に生れる
1977年　早稲田大学理工学部数学科卒業
1982年　京都大学大学院理学研究科博士課程修了
1983年　横浜市立大学文理学部専任講師
1988年　早稲田大学理工学部数学科助教授
1993年　早稲田大学理工学部数学科教授
現　在　早稲田大学理工学術院教授（基幹理工学部数学科）
理学博士（京都大学）
専門は代数解析学，可積分系
著書：「ソリトンがひらく新しい数学」，岩波書店，1993

2011年3月31日　第1版発行

線型代数の基礎

著　者 ⓒ 上 野 喜 三 雄
発 行 者　内　田　　　学
印 刷 者　山　岡　景　仁

著者の了解により検印を省略いたします

発行所　株式会社　内田老鶴圃　〒112-0012 東京都文京区大塚3丁目34番3号
　　　　電話 03(3945)6781(代)・FAX 03(3945)6782
http://www.rokakuho.co.jp
印刷・製本/三美印刷 K.K.

Published by UCHIDA ROKAKUHO PUBLISHING CO., LTD.
3-34-3 Otsuka, Bunkyo-ku, Tokyo, Japan
ISBN 978-4-7536-0029-8 C3041　　U. R. No. 584-1

理工系のための微分積分 I
鈴木 武・山田義雄・柴田良弘・田中和永 著　A5・260頁・本体2800円

第1章 序論　第2章 実数と連続性　第3章 1変数関数の微分　第4章 1変数関数の積分　第5章 多変数関数の微分

理工系のための微分積分 II
鈴木 武・山田義雄・柴田良弘・田中和永 著　A5・284頁・本体2800円

第6章 多変数関数の積分　第7章 関数列の収束　第8章 ベクトル解析　第9章 陰関数定理と逆写像定理

理工系のための微分積分 問題と解説 I
鈴木・山田・柴田・田中 著　B5・104頁・本体1600円

第1章 序論　第2章 実数と連続性　第3章 1変数関数の微分　第4章 1変数関数の積分　第5章 多変数関数の微分

理工系のための微分積分 問題と解説 II
鈴木・山田・柴田・田中 著　B5・96頁・本体1600円

第6章 多変数関数の積分　第7章 関数列の収束　第8章 ベクトル解析　第9章 陰関数定理と逆写像定理　付録　ベクトル解析と惑星の運動

解析学入門
福井・上村・入江・宮寺・前原・境 共著　A5・416頁・本体2800円

第1章 序論　第2章 微分法　第3章 積分法　第4章 偏微分法　第5章 微分方程式　第6章 級数　第7章 重積分　第8章 ベクトル解析

線型代数学入門
福井・上村・入江・宮寺・前原・境 共著　A5・344頁・本体2500円

1章 行列式　2章 複素数　3章 整式および整方程式　4章 幾何学的ベクトル　5章 直線・平面の方程式　6章 座標変換　7章 二次曲線の分類　8章 行列算　9章 二次曲面の方程式,標準形　10章 ベクトル空間　11章 ベクトル空間の次元　12章 連立一次方程式　13章 ベクトルの内積　14章 対称行列と直交変換　15章 二次曲面の分類

現代解析の基礎
荷見守助・堀内利郎 共著　A5・302頁・本体2800円

第I章 集合　第II章 実数　第III章 関数　第IV章 微分　第V章 積分　第VI章 級数　第VII章 2変数関数の微分と積分

複素解析の基礎
堀内利郎・下村勝孝 共著　A5・256頁・本体3300円

第1章 プロローグ 複素世界への招待　第2章 べき級数の世界　第3章 べき級数で定義される関数の世界　第4章 正則関数の世界　第5章 コーシーの積分定理　第6章 特異点をもつ関数の世界　第7章 正則関数のつくる世界　第8章 調和関数のつくる世界　第9章 正則関数列と有理型関数列の世界　第10章 エピローグ

ベクトル解析
鶴丸・久野・渡部・志賀野 共著　A5・142頁・本体1700円

§1 ベクトル代数　§2 ベクトル値関数の微分と積分　§3 スカラー場とベクトル場　§4 線積分と面積分　§5 積分定理　§6 積分定理の応用　§7 テンソル　§8 付録

藤原松三郎 著

代数学 全2巻
I 巻　A5・664 頁・本体 6000 円
II 巻　A5・765 頁・本体 9000 円

第一巻　有理数体(4節)―有理数体の数論(10節)―無理数(5節)―有理数による無理数の近似(8節)―複素数(2節)―整函数(8節)―行列式(10節)―方程式(6節)―方程式と二次形式(5節)

第二巻　群論(8節)―ガロアの方程式論(7節)―方列の理論(10節)―二元二次形式の数論(3節)―一次変換群(4節)―不変式論(5節)―代数数体の数論(6節)―超越数(2節)

数学解析 第一編 微分積分学 全2巻
I 巻　A5・688 頁・本体 9000 円
II 巻　A5・655 頁・本体 5800 円

第一巻　基本概念(8節)―微分(6節)―積分(6節)―二変数の函数(7節)

第二巻　多変数の函数(5節)―曲線と曲面(3節)―多重積分(5節)―常微分方程式(6節)―偏微分方程式(5節)

リーマン面上のハーディ族
荷見守助 著　A5・436 頁・本体 5300 円

第 I 章　正値調和函数　第 II 章　乗法的解析函数　第 III 章　Martin コンパクト化　第 IV 章　Hardy 族　第 V 章　Parreau-Widom 型 Riemann 面　第 VI 章　Green 線　第 VII 章　Cauchy 定理　第 VIII 章　Widom 群　第 IX 章　Forelli の条件つき平均作用素　第 X 章　等質 Denjoy 領域の Jacobi 逆問題　第 XI 章　Hardy 族による平面領域の分類　付録　§A. Riemann 面の基本事項／§B. 古典的ポテンシャル論／§C. 主作用素の構成／§D. 若干の古典函数論／§E. Jacobi 行列　参考文献一覧／著者索引／記号索引／事項索引

ルベーグ積分論
柴田良弘 著　A5・392 頁・本体 4700 円

§1　準備　§2　n 次元ユークリッド空間上のルベーグ測度と外測度　§3　一般集合上での測度と外測度　§4　ルベーグ積分　§5　フビニの定理　§6　測度の分解と微分　§7　ルベーグ空間　§8　Fourier 変換と Fourier Multiplier Theorem

関数解析入門
荷見守助 著　A5・192 頁・本体 2500 円

第 1 章　距離空間とベールの定理　第 2 章　ノルム空間の定義と例　第 3 章　線型作用素　第 4 章　バナッハ空間統論　第 5 章　ヒルベルト空間の構造　第 6 章　関数空間 L^2　第 7 章　ルベーグ積分論への応用　第 8 章　連続関数の空間　付録 A　測度と積分　付録 B　商空間の構成

関数解析の基礎
堀内利郎・下村勝孝 共著　A5・296 頁・本体 3800 円

第 1 章　ベクトル空間からノルム空間へ　第 2 章　ルベーグ積分：A Quick Review　第 3 章　ヒルベルト空間　第 4 章　ヒルベルト空間上の線形作用素　第 5 章　フーリエ変換とラプラス変換　第 6 章　プロローグ：線形常微分方程式　第 7 章　超関数　第 8 章　偏微分方程式とその解について　第 9 章　基本解とグリーン関数の例　第 10 章　楕円型境界値問題への応用　第 11 章　フーリエ変換の初等的偏微分方程式への適用例　第 12 章　変分問題　第 13 章　ウェーブレット　エピローグ

数理論理学
江田勝哉 著　A5・168 頁・本体 2900 円

第 1 章　論理式　第 2 章　論理式の解釈と構造　第 3 章　定義可能集合　第 4 章　冠頭標準形と否定命題　第 5 章　証明と推論規則　第 6 章　完全性定理　第 7 章　1 階述語論理の表現可能性の限界について　第 8 章　初等部分構造について　第 9 章　簡単な超準解析の導入　第 10 章　数理論理学と数学　11 章　超準解析の応用　Asymptotic Cone について／超離散について／トロピカル代数幾何について

表示価格は税別の本体価格です．　　http://www.rokakuho.co.jp

応用解析の基礎 1 　微分積分（上）（下）

入江昭二・垣田高夫
杉山昌平・宮寺　功　共著
A5・各216頁・本体各1700円

【内容主目】
上巻　　1章　序論　2章　微分法　3章　偏微分法　4章　積分法
下巻　　5章　重積分　6章　ユークリッド空間の位相と関数空間
　　　　7章　写像と曲面

応用解析の基礎 2 　複 素 関 数 論

入江昭二・垣田高夫　共著
A5・220頁・本体2200円

【内容主目】
1章　複素数と複素関数　2章　正則関数　3章　複素関数の積分　4章　正則関数の基礎的な諸定理　5章　Laurent展開，特異点と留数　6章　有理型関数　7章　等角写像　8章　写像定理の証明　9章　解析接続

応用解析の基礎 3 　常微分方程式

入江昭二・垣田高夫　共著
A5・216頁・本体2300円

【内容主目】
1章　序論　　　　　　　　　　2章　1階の方程式の求積法
3章　線型微分方程式　　　　　4章　存在と一意性の定理
5章　定数係数の線型方程式系　6章　べき級数解
7章　境界値問題とGreen関数

応用解析の基礎 4 　フーリエの方法

入江昭二・垣田高夫　共著
A5・124頁・本体1400円

【内容主目】
1章　Fourier級数　　　　　　　2章　Fourier積分
熱方程式とFourierの方法，　　Fourierの積分定理，応用例，
Fourier級数の収束，他　　　　Fourier変換の性質，他

応用解析の基礎 5 　ルベーグ積分入門

洲之内治男　著
A5・264頁・本体3000円

【内容主目】
0章　準備　　　　　　　　　　1章　実　数
2章　連続関数と関数列の収束　3章　ルベーグ積分
4章　多変数の関数の積分　　　5章　可測性
6章　微分と積分の関係　　　　7章　ルベーグ空間

表示価格は税別の本体価格です．　　　　http://www.ROKAKUHO.co.jp